全国水利行业规划教材　高职高专水利水电类
中国水利教育协会策划组织

水泵与电气设备

主　编　马艳丽　陶家俊　王建军
副主编　张孟希　刘军号　王兵利
主　审　吴宏平

黄河水利出版社
·郑州·

内容提要

本书是全国水利行业规划教材，是根据中国水利教育协会全国水利水电高职教研会制定的水泵与电气设备课程标准编写完成的。全书分两篇共十四章，第一篇为电工与电气设备，主要介绍了电路的基本概念和基本定律，正弦交流电路，三相正弦交流电路，变压器，三相异步电动机，电气设备，接地、防雷保护与安全用电等内容；第二篇为水泵与水泵站，主要介绍了水泵的基本构造与工作原理，叶片泵的性能，水泵的运行，机组的选型与配套，排灌工程泵站和城镇给排水工程泵站的规划、设计、布置原则和运行与管理等内容。

本书可作为高等职业技术学院、高等专科学校的农田水利工程、城市水利、给排水工程、环境工程等专业的教材，也可供土木建筑类其他专业、中等专科学校相应专业的师生及工程技术人员参考。

图书在版编目(CIP)数据

水泵与电气设备/马艳丽，陶家俊，王建军主编. —郑州：黄河水利出版社，2013.8

全国水利行业规划教材

ISBN 978-7-5509-0512-2

Ⅰ. ①水… Ⅱ. ①马… ②陶… ③王… Ⅲ. ①水泵-高等职业教育-教材②电气设备-高等职业教材-教材Ⅳ. ①TH38②TM64

中国版本图书馆 CIP 数据核字(2013)第 161401 号

组稿编辑：王路平　电话：0371-66022212　E-mail：hhslwlp@163.com

出 版 社：黄河水利出版社

地址：河南省郑州市顺河路黄委会综合楼 14 层　邮政编码：450003

发行单位：黄河水利出版社

发行部电话：0371-66026940、66020550、66028024、66022620(传真)

E-mail：hhslcbs@126.com

承印单位：郑州海华印务有限公司

开本：787 mm×1 092 mm　1/16

印张：15.75

字数：360 千字　印数：1—4 100

版次：2013 年 8 月第 1 版　印次：2013 年 8 月第 1 次印刷

定价：32.00 元

前 言

本书是根据《教育部关于全面提高高等职业教育教学质量的若干意见》(教高[2006]16号)、《教育部关于推进高等职业教育改革创新引领职业教育科学发展的若干意见》(教职成[2011]12号)等文件精神,由全国水利水电高职教研会拟定的教材编写规划,在中国水利教育协会指导下,由全国水利水电高职教研会组织编写的第二轮水利水电类专业规划教材。第二轮教材以学生能力培养为主线,具有鲜明的时代特点,体现出实用性、实践性、创新性的教材特色,是一套理论联系实际、教学面向生产的高职高专教育精品规划教材。

在本书编写中,考虑到高等职业技术教育教学改革的要求和专业课程整合的需要,将原有电工与电气设备和水泵与水泵站课程压缩为一门课程,本着既要贯彻“少而精”,又力求突出科学性、先进性、针对性、实用性和注重技能培养的原则,将本书分为上、下两篇。上篇介绍了电路的基本概念、基本定律和基本的计算方法以及泵站常用的电气设备的原理和结构,主要内容有直流电路、单相正弦交流电路、三相正弦交流电路、电动机、变压器、高低压电气设备及其配电设备、防雷接地和安全用电等;下篇为水泵与水泵站部分,主要讲述常用泵的类型、构造、工作性能、选型配套和使用方法以及排灌工程泵站和城镇给排水工程泵站的规划设计、布置原则和运行与管理等内容。

本书紧紧把握高职高专人才培养的目标,注重学生基本技能、专业技能的培养以及在实践工程中的应用,增加了泵站运行管理和节能的新技术、新方法、新设备、新成果的应用。在内容上符合国家现行的规范、标准的要求。各专业可根据自身的教学目标及教学时数,对教材内容进行取舍。

本书编写人员及编写分工如下:杨凌职业技术学院马艳丽编写绪论、第二章、第三章、第六章,杨凌职业技术学院王兵利编写第一章、第四章、第五章、第七章,安徽水利水电职业技术学院刘军号编写第八章,安徽水利水电职业技术学院陶家俊编写第九章、第十三章,湖南水利水电职业技术学院张孟希编写第十章、第十四章,河南水利与环境职业学院王建军编写第十一章、第十二章。本书由马艳丽、陶家俊、王建军担任主编,马艳丽负责全书统稿,由张孟希、刘军号、王兵利担任副主编,由浙江同济科技职业学院吴宏平担任主审。

在编写过程中,杨凌职业技术学院水利工程学院拜存有教授、机电工程学院解建军教授和龙建明教授给予了极大的支持,谨此致以衷心的感谢!

本教材在高职高专课程开发和工学结合等方面进行了有益的尝试和探索,不当和疏漏之处在所难免,敬请各院校的同行和读者批评指正,并提出意见和建议。

编 者

2013 年 4 月

目　录

第二篇　水泵与水泵站

绪　论

一、水泵与水泵站在国民经济中的地位和作用

在我国国民经济中，泵对工农业生产及人们的日常生活起着越来越重要的作用。无论是轻工业、重工业，还是农业、交通运输业，无论是尖端科学，还是人们的日常生活，都离不开泵，到处都可以看到它在运行。因此，泵被称为通用机械，它的产量仅次于电动机的产量，它所消耗的电能约占世界发电总量的1/4。

在火力发电厂中，由锅炉给水泵向锅炉供水，锅炉将水加热变为蒸汽，推动汽轮机旋转并带动发电机发电。从汽轮机排出的废气到冷凝器冷却成水，需要冷凝泵将冷凝水压入加热器进行再次循环，冷凝器用的冷却循环水由循环水泵供给。此外，还有输送各种润滑油、排除锅炉灰渣的特殊专用泵等。

在采矿工业中，矿井的井底排水、矿床的疏干、掘进斜井的排水、水力掘进、水力采矿、水力选矿及水力输送等都需要建造一系列的泵站来满足需要。在煤炭开采中，排水泵不仅对安全生产至关重要，而且所消耗的能源占消耗总能源的比重较大，其运行中的节能降耗对降低生产成本具有较大的影响。

在化学工业中，无论是化工液体的输送，还是化工工艺流程中的工艺用水、循环冷却用水，均由相应的泵来实现。泵被称为化工工艺流程的心脏，泵在化学工业中具有举足轻重的作用。

在工程施工开挖基槽中，需用水泵抽水降低地下水位或排除基坑中的积水；施工工地的供水，输送混凝土、砂浆和泥浆等，也必须由泵来实现。

在农田排水和灌溉中，水泵的使用极为广泛，有大流量低扬程的排涝泵站，有高扬程的梯级灌溉泵站，有跨流域调水泵站，还有开采地下水的井泵站以及解决边远地区人畜饮水的泵站。这些泵站在抗御洪涝、干旱灾害，改善农业生产条件，实现高产稳产，跨流域调水，乡镇供水排水等方面起着极为重要的作用。我国地域幅员辽阔，而水资源却极为短缺，人均拥有水量仅为世界人均水量的1/4，由于受自然地理条件的影响，天然降水的时空分布很不平衡，有一半的国土处于缺水或严重缺水状态。西北高原地区、华北平原井灌区和南方丘陵地区，都必须用水泵提取地表水或地下水进行农田灌溉；而我国另一部分地区，如南方和华北平原河网区，东北、华中圩垸低洼区，又必须用水泵排水。

进行农田排水和灌溉的泵站在我国国民经济各领域的泵站中所占比重最大，工程的规模也最大。如江都水利枢纽由4座泵站组成，泵站设计流量达508.2 m^3/s，共装机5.3万kW，现已成为南水北调东线工程的源头泵站。抽送江水至京杭大运河和苏北灌溉总渠，灌溉沿线农田，并排除里下河地区的内涝，还可提供大运河航运及沿岸工业和城镇生活用水。陕西合阳东雷抽黄泵站，设计流量60 m^3/s，分8级提水，总净扬程311 m，总装机容量12万kW。

南水北调东线工程从江都水利枢纽抽长江水北上，沿途经 13 级泵站，将长江水抬高约 40 m 后，穿过黄河后自流到天津，输水主干线长达 1 156 km，跨越长江、淮河、黄河、海河四大流域。其主体工程由输水工程（包括输水河道工程、泵站枢纽工程、穿黄工程）、蓄水工程和供电工程三部分组成。工程规模浩大，设备先进，运行管理和调度系统复杂，并采用很多先进技术。

在市政建设中，水泵及泵站是城镇给水和排水工程中的重要组成部分，是保证给水、排水系统正常运行的重要设施，在给水、排水工程中具有举足轻重的作用。城镇中水的循环是借助于一系列不同功能的水泵站的正常运行来完成的。在给水系统中取水泵站从水源取水并将其送至水厂，净化后的清水由送水泵站送到城镇管网中去，对于城镇中排出的生活污水和工业废水，经排水管渠汇集后，由排水泵站将污水抽送至污水处理厂，经过处理后的污水由另一座排水泵站（或自流）排放到江河湖海中去，或者作为农田灌溉之用。在排水系统中排水泵站的类型很多，有抽排生活污水和工业废水的泵站，有专门抽排雨水的泵站，有排除立交桥积水的立交泵站，有对整个城镇排水的总泵站，也有对地势低洼区排水的区域性泵站。在污水处理厂中，从沉淀池把新鲜污泥抽送到污泥消化池、从沉砂池中排除沉渣、从二次沉淀池中抽送回流活性污泥等需要用各种不同类型的泵和泵站来完成。

在我国许多城市的给水工程中，“引滦入津”工程是一项规模较大的跨流域引水工程。它将滦河流域的水调往海河流域的天津市，该工程全长 234 km，年引水量大于 10 亿 m^3。工程中修建了 11.39 km 的引水隧洞，加固了于桥水库，建设了日产水能力为 50 万 t 的新开河水厂，修建了 4 座大型泵站，分别采用了多台叶片可调的大型轴流泵和高压离心泵，总装机容量为 2 万 kW。

二、电能在水泵站的应用

电工学是研究电能的基本理论及其在生产领域中的应用的技术基础课程。电气部分则重点介绍电能在生产、传输、使用和控制过程中的电气设备和元件。电能是现代生产和生活的重要能源。电能可以由其他形式的能源转换而来，同时它又可以方便地转换为热能、光能、机械能和声能等。利用整流器可以实现泵站控制柜交流电与直流电之间的转换，利用逆变器可以将备用的直流电源转换成交流供交流电气设备使用，利用传感器可实现泵站温度、压力等非电量的自动检测与控制。而且电能的输送、分配、控制和测试都简单易行，可以实现自动化和远动化的操作与控制。例如，由电动机拖动水泵等各种生产机械，从启动、调速、正反转到制动停车等各生产阶段，只需要按一下按钮即可实现。又如，利用微机监控系统可以实现泵站的程序控制、数字控制或最佳状态控制，以及巡回检测、程序显示、处理故障等功能。

运行水泵及水泵站要消耗大量的电能，其在给水排水系统中的经常运行、维护费用中占有相当大的比重。对一般城镇水厂来说，泵站运行所消耗的电费，一般占自来水制水成本的 40% ~70%，有的甚至更多。因此，降低泵站运行的电耗对降低自来水的制水成本非常重要。近年来，国内许多水厂采取了节能降耗措施。如北京市的水源九厂，从怀柔水库取水，一期工程日供水能力达 50 万 m^3，有两台取水泵和两台配水泵采用了从德国西门子公司引进的变频电动机调速装置，单台电动机的功率达2 500 kW，这是国内首次在大容量水泵机组采用变频调速装置，每年节电达940万kW·h，3年节约的电费就可以把购买这套变频调速装置的成本收回来。除此之外，泵站中还采用了多种形式的节能措施，如采用微阻缓闭式止回阀、液压自控蝶阀等，均收到了良好的节能效果。

三、本课程的内容和要求

本课程是高职高专水利类有关专业的专业课之一，它的研究内容是水泵技术应用、泵站机械设备及其电气设备的运行与管理等。水泵技术是泵站运行管理的基础和核心，泵站运行与管理是水泵技术的具体运用。

本课程内容较多，主要涉及水力机械、农田水利、电气设备、土木工程等方面的基础知识。讲授时应注意突出本课程的特点和基本内容，主要讲述水泵技术应用、泵站运行与管理和水泵机电设备的安装技术，配合实践性教学环节，使学生获得一定的生产实践知识和技能，具有水泵运行和泵站管理的初步能力。

本课程的具体要求是：掌握水泵的工作原理、构造、性能、选型配套和使用方法，熟悉交、直流电路的分析方法和基本定理，了解电力系统供电和安全用电常识，了解变压器、异步电动机、高低压电气设备的基本结构，同时熟悉常用电工工具及仪表的使用、线路故障检查与排除等技能，深刻理解并掌握它们的基本知识、基本理论和基本计算及合理使用方法等；具备应用知识分析问题、解决问题的能力，并获得一定的生产实践知识和技能，具有水泵运行和泵站管理的初步能力；满足毕业后就业于中小型泵站、供水公司的水泵机组安装、检修、运行及其泵站管理等方面工作的需求。

第一篇　电工与电气设备

第一章　电路的基本概念和基本定律

第一节　电路与电路模型

一、电路及其组成

电路就是电流通过的路径。把一些电工设备或元件按照一定的方式连接起来构成电流的通路叫做电路。

电路一般由电源、负载和中间环节三部分组成。电源能将非电能转换成电能，向电路提供电能，如蓄电池将化学能转换成电能，发电机将机械能转换成电能。负载将电能转换成非电能，是用电设备，如电灯将电能转换成光能，电动机将电能转换成机械能。中间环节是指将电源与负载连接起来的部分，是用来传输和控制电能的，如导线、开关设备、保护设备及测量设备等。

二、电路模型

实际电路由多种电工元件组成。由于实际元器件所表征的电磁现象和能量转换特征一般都比较复杂，为便于分析研究，我们必须把实际电路元件抽象成理想电路元件。由理想电路元件组合的模型，简称电路模型。常见的电路图就是电路模型图。

所谓理想电路元件，是指电特性是单一的，可以用来表征实际元件主要性能的理想化模型。

图 1-1(a)是按实物作出的手电筒电路的示意图。它由电源、负载和中间环节(连接导线和开关)三部分组成。图 1-1(b)是它的电路模型，即电路图。电路图不反映实际电路的大小尺寸和设备的具体结构，它反映电气方面相互联系的实际情况。

在电路图中，电路元件均用国家标准规定的图形符号来表示。干电池的符号如图 1-2(a)所示，理想电压源(端电压不随通过的电流而变化的电源)的符号如图 1-2(b)所示，理想电流源(输出的电流不随端电压的变化而变化的电源)的图形符号如图 1-2(c)所示。一般电压源是由一个理想电压源和其内阻串联表示的，一般电流源是由一个理想电流源和其内阻并联表示的。

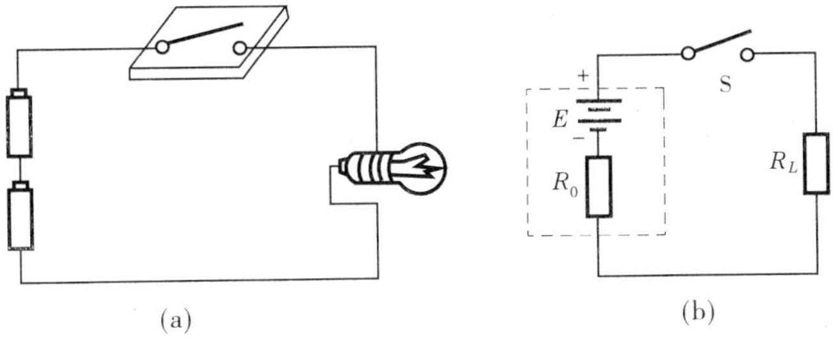

图 1-1 手电筒电路模型

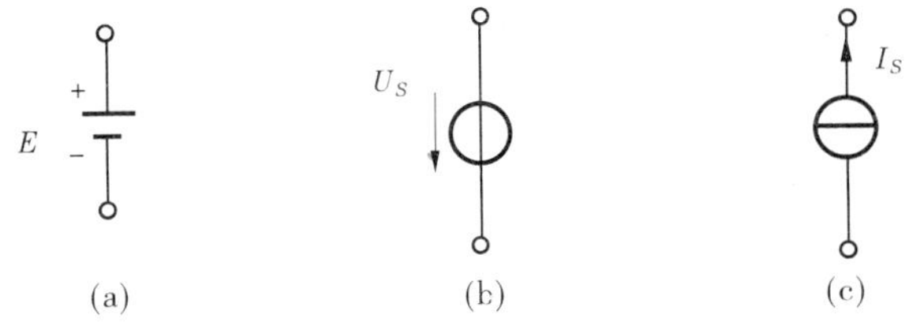

图 1-2 电源符号

三、电路的作用

电路的作用可概括为两个:一是实现电能的传输、分配和转换,例如供电电路;二是实现电信号的传递和处理,例如电话线路。

第二节 电流、电压、电位、电动势及其参考方向

一、电流

电荷的定向移动形成电流。规定正电荷移动的方向为电流的实际方向。

计量电流大小的物理量称电流强度,简称电流,用 I 表示。电流强度可定义为单位时间内通过导体某一横截面的电荷量,即

$$I = \frac{Q}{t} \tag{1-1}$$

式中 Q——在时间 t 内通过导体横截面的电荷量。

当电流的大小和方向都不随时间变化时,称为直流电流,用大写字母 I 表示。对随时间变化的电流,用小写字母 i 表示,即

$$i = \frac{\mathrm{d}q}{\mathrm{d}t} \tag{1-2}$$

式中 q——通过导体横截面随时间变化的电荷量;

i——t 时刻的瞬时电流。

在国际单位制中,电流的单位是安培,简称安(A)。实用中,电流的单位还有千安(kA)、毫安(mA)、微安(μA)和纳安(nA),它们的换算关系为

$$1\ \text{A} = 10^{-3}\ \text{kA} = 10^{3}\ \text{mA} = 10^{6}\ \mu\text{A} = 10^{9}\ \text{nA}$$

二、电压与电位

在图1-3中，电池正极板 a 带正电荷，负极板 b 带负电荷，于是两极板之间就存在电场。若用导线将电源极板和负载灯泡相连，则正电荷就在电场力的作用下，从 a 极板经导线、灯泡移到 b 极板，形成电流并使灯泡发光，这说明电场力做了功。为衡量电场力做功能力的大小，引入电压这个物理量。

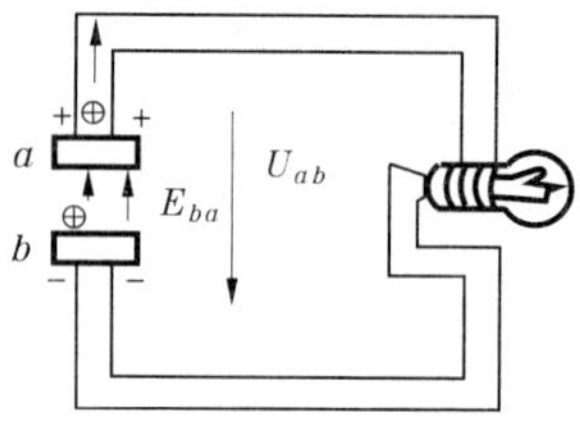

图1-3　电荷的运动回路

电路中 a、b 两点的电压 U_{ab} 在数值上等于电场力把单位正电荷从 a 点移到 b 点所做的功，即

$$U_{ab} = \frac{W_{ab}}{Q} \tag{1-3}$$

式中　W_{ab}——电场力将正电荷 Q 由 a 点移至 b 点时所做的功。

当电压的大小和方向都不随时间变化时，称为直流电压，用大写字母 U 表示。当电压随时间而变化时，称为交流电压，用小写字母 u 表示，即

$$u_{ab} = \frac{\mathrm{d}W_{ab}}{\mathrm{d}q} \tag{1-4}$$

电路中某点的电位是指电场力将单位正电荷从该点移至参考点（零电位点）所做的功。电位用符号 φ 表示，如 a 点的电位记作 φ_a，即

$$\varphi_a = \frac{W_{ao}}{Q} \tag{1-5}$$

式中　W_{ao}——电场力将正电荷 Q 由 a 点移至零电位点 o 点时所做的功。

电位的高低与参考点的选择有关，参考点可以任意选取。电路中某一点的电位随参考点的选择不同而不同，但在同一电路中只能选择一个参考点。在电路中常选大地或电气设备的外壳作为参考点。

电压也常用电位差来表示，即

$$U_{ab} = \varphi_a - \varphi_b \tag{1-6}$$

我们规定电压的方向就是电位降低的方向。通常高电位端用“+”表示，低电位端用“-”表示；也可以用箭头表示电压的方向，即由高电位端指向低电位端。

在国际单位制中，电压的单位为伏特，简称伏（V）。电位和电压具有相同的单位。电压的常用单位还有千伏（kV）、毫伏（mV）、微伏（μV），其换算关系为

$$1\ \text{V} = 10^{-3}\ \text{kV} = 10^{3}\ \text{mV} = 10^{6}\ \mu\text{V}$$

【例1-1】　如图1-4所示电路，以 O 点为参考点，试求 φ_A、φ_B、U_{AB} 的大小。若选 B 点为参考点，则 φ_A、φ_B、U_{AB} 的大小又为多少？

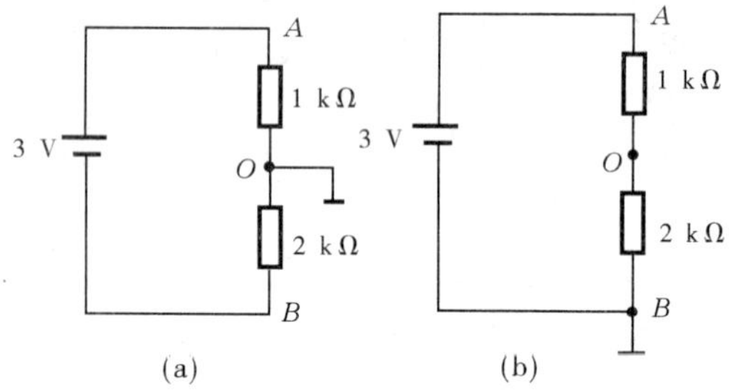

图1-4　例1-1图

解：（1）以 O 为参考点，如图1-4（a），则 $\varphi_O=0$，根据3 V电源电压方向，A 点比 O

点高，电位为正；B 比 O 点低，电位为负。则 A、B 两点的电位分别为

$$\varphi_A = \varphi_A - \varphi_O = U_{AO} = 1\ \text{V}$$
$$\varphi_B = \varphi_B - \varphi_O = U_{BO} = -2\ \text{V}$$
$$U_{AB} = \varphi_A - \varphi_B = 1-(-2) = 3\ (\text{V})$$

(2) 以 B 为参考点，如图 1-4(b)，则 $\varphi_B = 0$，根据 3 V 电源电压方向，A 点比 B 点高，电位为正。A 点的电位为

$$\varphi_A = \varphi_A - \varphi_B = U_{AB} = 3\ \text{V}$$

三、电动势

在图 1-3 中，假定 a、b 极板分别聚集一定量的正、负电荷。当外电路接通后，由于电荷在电场力的作用下移动，发生正负电荷的中和而消失，两极间的电压很快减小到零，电流也随之减小到零。为了维持电流不断，在电源内部必须有一种电源力（非静电力），它能将正电荷从电源负极通过电源内部移到电源正极，以维持两极分别聚集一定量的正、负电荷。电源中的电源力就是完成这一任务的。在电池中，电源力是电极和电解液进行化学反应时所产生的化学力。

电源力将正电荷从负极通过电源内部移到正极，就要克服电场力而做功。为了衡量电源力对电荷的做功能力，引入了电动势这一物理量。电源力将单位正电荷从负极 b 经电源内部移至正极 a 所做的功，称为电源的电动势，用 E 表示，即

$$E_{ba} = \frac{W}{Q} \tag{1-7}$$

式中　W——电源力将正电荷 Q 由负极移至正极时所做的功。

电动势与电压具有相同的量纲。值得注意的是，电压和电动势虽然同单位，但却有不同的物理概念。

我们规定电动势的实际方向是由电源负极指向电源正极，即由低电位指向高电位。

四、电流、电压的参考方向

在分析和计算电路时，常用数学式表示电流、电压等物理量之间的关系，因此需要知道电流、电压等的方向。但分析之前无法知道它们的实际方向，就需任意设定一个方向作为参考，这个任意设定的方向称为参考方向（正方向），并用箭头在电路中标出，如图 1-5 所示。

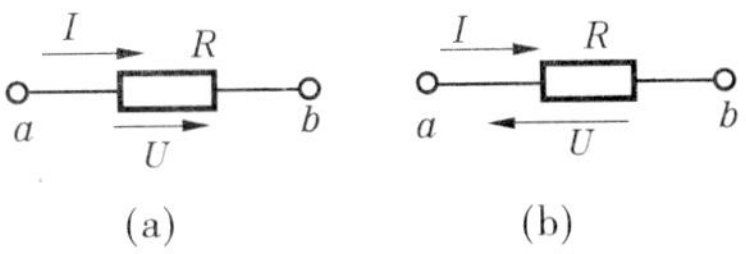

图 1-5　参考方向的选择

根据参考方向列出方程进行电路计算，求出的电流或电压值若为正值，说明参考方向与实际方向一致；若为负值，说明参考方向与实际方向相反。电路中没有标明电流和电压的参考方向时，讨论其正、负是没有意义的。

参考方向的设定是任意的，但为了方便计算，对于同一个电路元件，常将电压的参考方向与电流的参考方向设定得一致，即所谓关联参考方向，如图 1-5(a) 所示。若电压的参考方向设定得与电流的参考方向不一致，则称为非关联方向，如图 1-5(b) 所示。

【例 1-2】　在图 1-5(b) 中，元件的电压和电流参考方向已标出，已知：$I = -1$ A，$U = 5$

V，试说明电流的实际方向和电压的实际极性。

解： 电流 I 是负值，这表明电流的实际方向与参考方向相反，即由 b 流向 a；电压为正值，表明其实际方向与参考方向相同，即 b 端为正，a 端为负。

第三节　电功率、电能和焦耳－楞次定律

接通电路后，在电源和负载之间存在能量的交换。它们在单位时间内产生或接收的电能叫做电功率，简称功率，用 P 表示。

由电动势的定义，电源力在 t 时间内对电路提供的电能为

$$W_E = EQ = EIt$$

考虑到电功率的定义，相应的电功率则为

$$P_E = EI$$

在负载中，电场力做功将电能转换成非电能。由电压的定义可知，由电能转换成的非电能相应的电功为

$$W = QU = UIt \tag{1-8}$$

相应的电功率为

$$P = UI \tag{1-9}$$

考虑到 $U = IR$，故电阻的功率可以写成

$$P_R = I^2R = U^2/R \tag{1-10}$$

电阻 R 在 t 时间内将电能转换成的热能为

$$W_R = UIt = I^2Rt = U^2t/R \tag{1-11}$$

式(1-11)即为焦耳－楞次定律的表达式。

在国际单位制中，电能和热能的单位为焦耳，简称焦(J)；功率的单位为瓦特，简称瓦(W)。常用的功率单位还有千瓦(kW)和兆瓦(MW)，其换算关系为 1 W = 10^{-3} kW = 10^{-6} MW。工程上，常用千瓦时(kWh)表示时间 t 内产生(或消耗)电能的单位。1 kWh又称为 1 度电，即 1 kW 的用电器工作 1 h 消耗的电能为 1 度电。

在完整的电路中，电源提供的能量(功率)应正好等于负载消耗的能量(功率)，即所谓的功率平衡。经分析可知：对于元件两端的电压与其中的电流，当两者实际方向相同时，该元件吸收电功率；当两者实际方向相反时，该元件产生电功率。但在电路中，事先不知道元件电压和电流的实际方向，应根据参考方向来计算该元件的功率，并由计算结果来判断该元件在电路中是作为电源还是作为负载(如电池在电路中可处于充电或放电状态)。具体方法简述如下：

(1)当元件两端的电压和其中电流的参考方向相关联时，用公式 $P = UI$ 计算该元件的功率；当元件两端的电压和其中电流的参考方向为非关联时，则用公式 $P = -UI$ 计算该元件的功率。

(2)按上述条件计算结果，若 $P > 0$，该元件在电路中消耗功率，为负载；若 $P < 0$，该元件在电路中产生功率，为电源。

第四节　电气设备的额定值及电路的三种状态

一、电气设备的额定值

电气设备的额定值是制造厂家根据设计、制造材料及制造工艺等因素，所给出的设备的各项性能指标和技术数据，如额定电压 U_N、额定电流 I_N、额定功率 P_N 等。额定值往往标在设备的铭牌上。按额定值使用电气设备最为安全可靠、经济合理。超过额定值运行会缩短电气设备的使用寿命，甚至使其损坏。用户应该按额定值来使用电气设备。

二、电路的三种状态

(一)通路(有载)状态

通路就是电源与负载接通成闭合回路，在图 1-6(a)中，FU 为熔断器，开关 S 闭合后，在电源电动势 E 的作用下，电路中将通过电流 I，其参考方向如图所示。

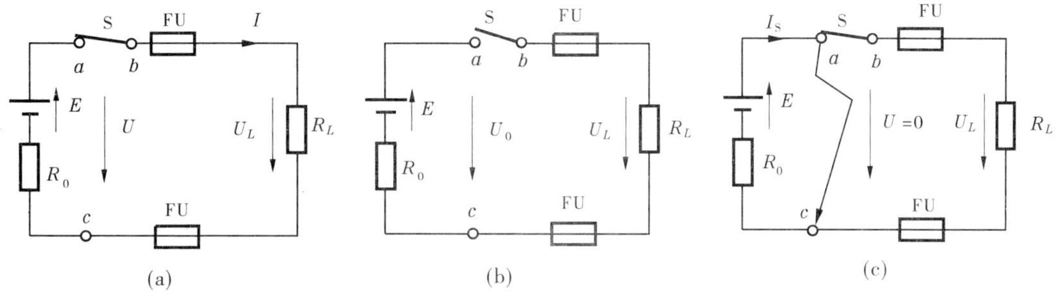

图 1-6　电路的三种状态

电路中的电流

$$I = \frac{E}{R_0 + R_L}$$

负载的端电压

$$U_L = IR_L$$

电源的端电压

$$U = E - IR_0$$

在额定电压下，负载电流小于额定值称为欠载，负载电流等于额定值称为满载，负载电流大于额定值称为超载。电气设备长时间超载运行是不允许的。

(二)开路状态

开路就是电源和负载未接通成闭合回路，如图 1-6(b)所示电路中的开关 S 断开时的工作状态。此时，电路中的电流等于零，即

$$I = 0$$

电源不向负载提供电功率，即

$$P_E = 0;P_L = 0$$

这种情况称为电源空载。电源空载时的端电压 U_0 称为开路电压。电源的开路电压就等于其电动势,即

$$U_0 = E$$

(三)短路状态

如图 1-6(c)所示,当电源两端由电阻为零的导体接通成闭合回路时,电源处于短路状态,其端电压为

$$U_L = E - I_S R_0 = 0$$

此时电源通过的电流为

$$I_S = E/R_0$$

此电流称为短路电流。因为一般电源的内阻很小,所以这时的电流很大。

电源短路时,电源的电动势全部降落在内阻上,负载吸收的功率等于零,电源产生的功率完全消耗在内阻上。

电源短路是严重的事故状态,如果不迅速排除,将会引起短路电流通过的电气设备烧毁或遭受机械损坏。为了迅速排除短路事故,通常在电路中安装熔断器或其他保护装置,以保证电路工作安全。有时由于某种需要,可将部分电路或某些元件两端予以短接,这种情况不是事故,应与电源短路事故严格区别。

第五节　电路的基本定律

一、欧姆定律

欧姆定律是电路的基本定律之一,它说明流过电阻的电流与该电阻两端电压之间的关系。如图 1-7 所示,我们通过实验可以知道:一段含电阻的电路,流过其中的电流 I 与它两端所加的电压 U 成正比,与它的阻值 R 成反比。即

$$I = \frac{U}{R} \tag{1-12}$$

式(1-12)只适用于电阻两端的电压和电流设定为关联参考方向时的情况。若为非关联参考方向,则应改用

$$I = -\frac{U}{R} \tag{1-13}$$

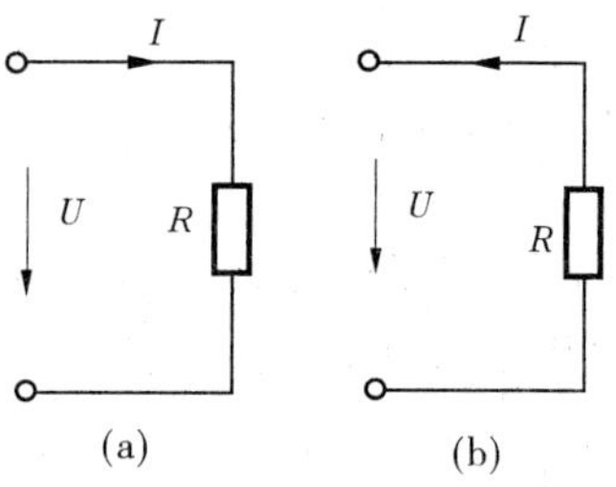

图 1-7　欧姆定律

这里应注意,欧姆定律仅适用于线性电阻或线性电阻电路。所谓线性电阻,是指阻值不随通过的电流或两端电压的变化而变化的电阻。严格地说,绝对的线性电阻是不存在的。但在一定条件下,当电流或电压在所应用的范围内,其电阻值相对地保持不变时,则可将此电阻看作线性电阻元件。

在国际单位制中,电阻的单位为欧姆,简称欧(Ω)。在实际应用中,还有千欧(kΩ)、兆欧(MΩ)。其换算关系为

$$1\ \Omega = 10^{-3}\ \mathrm{k\Omega} = 10^{-6}\ \mathrm{M\Omega}$$

线性电阻元件也可以用电导来表示其特征，电导用符号 G 表示，其定义为

$$G = \frac{1}{R} \tag{1-14}$$

在国际单位制中，电导的单位是西门子(S)。用电导表征线性电阻元件时，欧姆定律为

$$\left.\begin{aligned} U &= \frac{I}{G} \\ I &= GU \end{aligned}\right\} \tag{1-15}$$

【例 1-3】 电路如图 1-7 所示，给定了电流和电压的参考方向。试求：

(1) 图 1-7(a) 中，$U=-5$ V，$I=-0.1$ mA，电阻 R 的值；

(2) 图 1-7(b) 中，$U=-20$ V，$R=10\ \Omega$，电流 I 的值。

解： (1) 在图 1-7(a) 中，电压和电流的参考方向相同，根据欧姆定律表达式可得

$$R = \frac{U}{I} = \frac{-5}{-0.1\times 10^{-3}} = 50\ 000(\Omega) = 50\ \text{k}\Omega$$

(2) 在图 1-7(b) 中，电压和电流的参考方向相反，则

$$I = -\frac{U}{R} = -\frac{-20}{10} = 2(\text{A})$$

二、基尔霍夫定律

基尔霍夫定律和欧姆定律一样，是分析电路的重要定律之一。它包括基尔霍夫电流定律(KCL)和基尔霍夫电压定律(KVL)。它既适用于研究线性直流和交流电路，也适用于研究非线性直流和交流电路。

(一) 几个名词术语

(1) 支路：电路中一个或几个元件相串联，其通过的电流相同的一段电路，称为支路。如图 1-8 中的 adc、abc、ac 三条支路，其中 ac 为无源支路，adc、abc 称为含源支路。

(2) 节点：电路中三条或三条以上支路的连接点称为节点，如图 1-8 中的 a 和 c 两点。

(3) 回路：电路中的任一闭合路径称为回路，如图 1-8 中的 $abca$、$acda$、$abcda$。

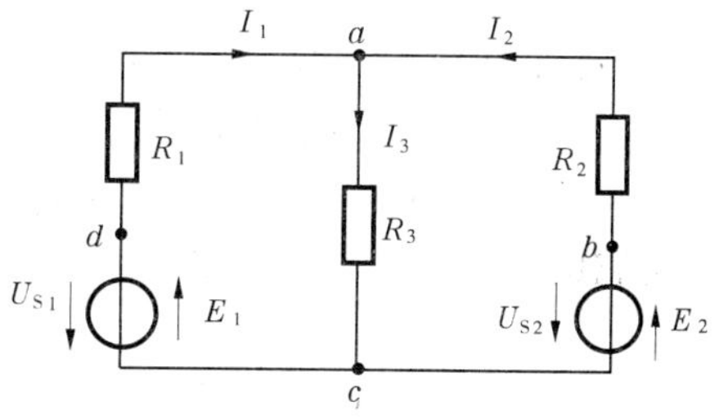

图 1-8　电路结构举例

(4) 网孔：内部不包含其他支路的回路称为网孔，如图 1-8 中的 $abca$、$acda$。

(二) 基尔霍夫电流定律(KCL)

KCL 又称为基尔霍夫第一定律，是用来确定电路中连接在同一节点上的各支路电流之间关系的定律。其内容为：任一时刻流入(或流出)节点的电流的代数和恒等于零。表达式为

$$\sum I = 0 \tag{1-16}$$

式中规定：流入节点的电流取"+"，流出节点的电流为"−"。由此，对于图 1-8 中的节点 a，应用 KCL 可列出电流方程式为

$$I_1 + I_2 - I_3 = 0$$

应用KCL时,必须在电路图上标明参考方向后,才能列出相应的方程式。KCL不仅适用于电路中的任意节点,也可推广应用到电路中的任意封闭曲面。如图1-9所示电路中虚线包围的部分,可称为广义节点。

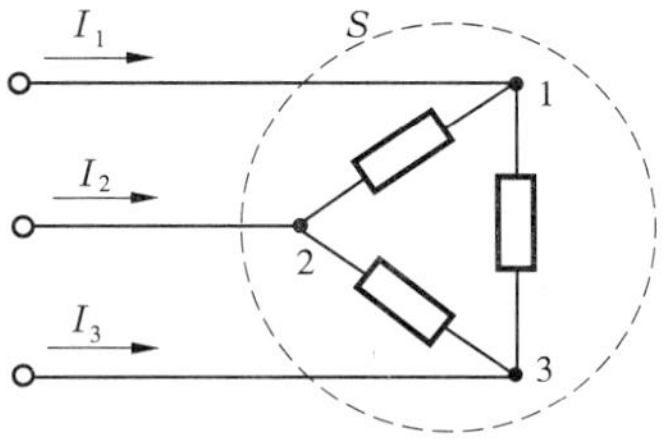

图1-9　KCL的推广

根据图1-9中各电流的参考方向可得

$$I_1 + I_2 + I_3 = 0$$

【例1-4】 如图1-10所示是某电路的一部分,各支路电流的参考方向在图上已标出。已知:$I_1 = 10$ A,$I_2 = 2$ A,$I_3 = -6$ A,求流过元件A的电流I_4。

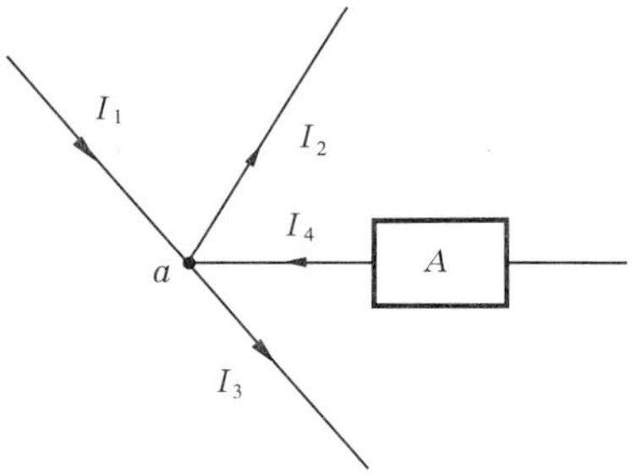

图1-10　例1-4图

解: 对节点a,应用KCL列方程可得

$$I_1 - I_2 - I_3 + I_4 = 0$$

代入数值解得

$$I_4 = -10 + 2 + (-6) = -14\ (\text{A})$$

(三)基尔霍夫电压定律(KVL)

KVL又称为基尔霍夫第二定律,是用来确定回路中各部分电压关系的定律。其内容为:任一时刻,沿电路中的任意回路绕行一周,所有元件上的电压降的代数和恒等于零。数学表达式为

$$\sum U = 0 \tag{1-17}$$

应用式(1-17)时,首先对回路选一绕行方向,凡元件上电压参考方向与回路绕行方向一致时,该电压取"+",否则取"-"。图1-11中,应用KVL可列出方程式为

$$-E_1 + U_1 + E_2 + U_2 - E_3 - U_3 = 0$$

KVL还可推广应用于开口电路,如图1-12所示电路不是闭合电路,但在电路A、B开口端存在电压U_{AB},可假想成是一个闭合回路。如按顺时针绕行,其方程为

$$U_{AB} = U_1 + U_2 = IR + E$$

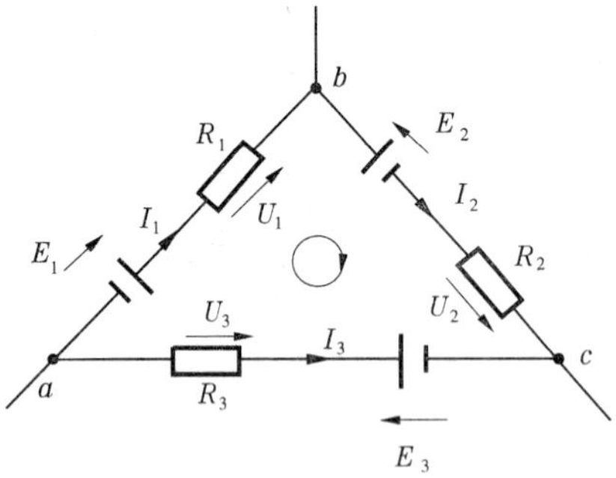

图1-11　KVL举例

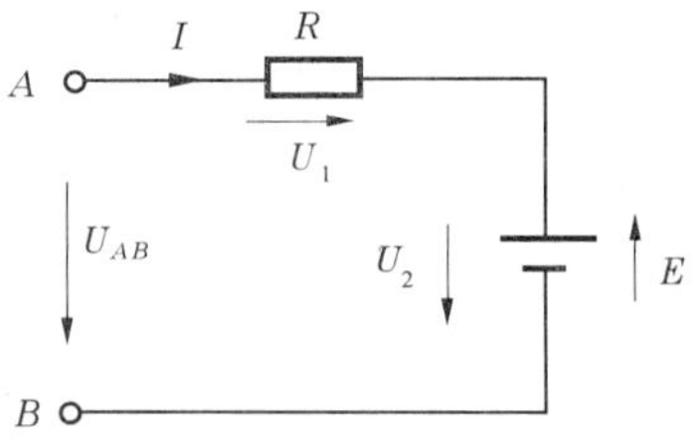

图1-12　KVL推广

本章小结

本章介绍了电压、电流的参考方向，线性电阻电路的分析计算方法和一些重要的电路定律。虽然这些方法和定律是在直流电路中引出的，但对所有线性电路都具有普遍意义，在后续章节中都要用到。电压、电流的参考方向不能与物理学中电压、电流的实际方向混淆，应弄清楚它们之间的关系。

欧姆定律、基尔霍夫定律是电路分析的基础，其内容虽然简单，但要灵活准确地掌握，还需进一步从物理概念上加深理解，并从解题过程中积累处理问题的实际经验。

各种电气设备的电压、电流和功率都有一定的额定值。电气设备处在额定值时的运行，称为额定工作状态。额定工作状态下运行效率高、安全可靠。开路和短路是电路的特殊状态。

习　题

1-1　有一闭合回路如图 1-13 所示，各支路的元件是任意的，已知 $U_{AB}=5\ \text{V}$，$U_{BC}=-4\ \text{V}$，$U_{DA}=-3\ \text{V}$。试求：(1) U_{CD}；(2) U_{CA}。

1-2　写出图 1-14 所示电路中 u_{ab} 和电流 i 的关系式。

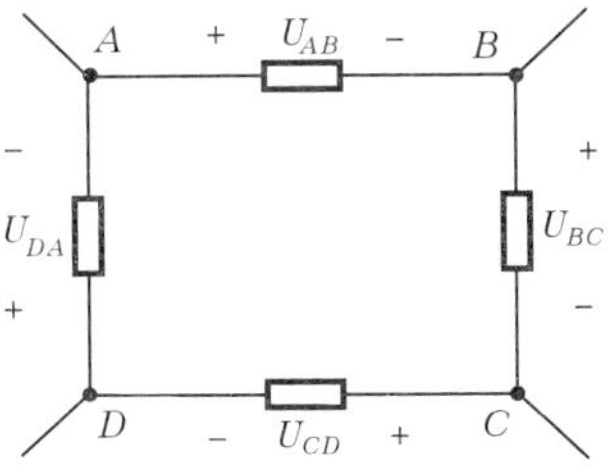

图 1-13　题 1-1 图

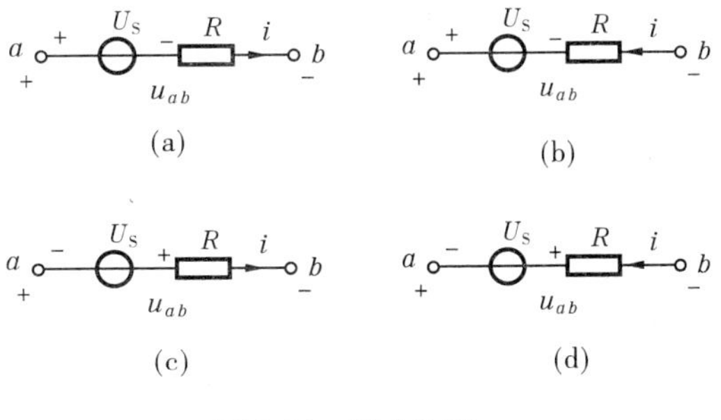

图 1-14　题 1-2 图

1-3　求图 1-15 所示电路中 a、b 两点间的等效电阻 R_{ab}。

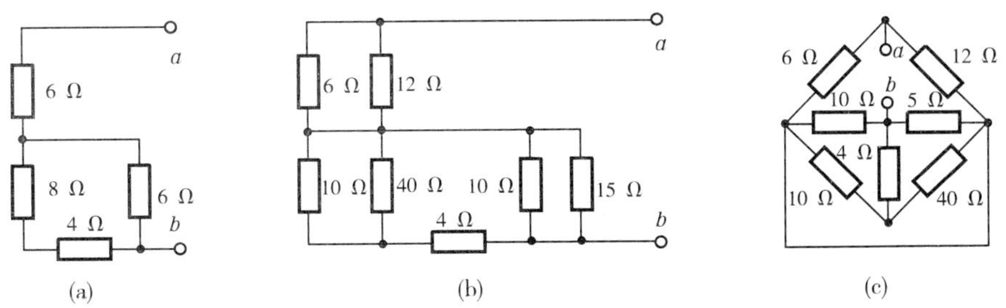

图 1-15　题 1-3 图

1-4　求图 1-16 所示电路中的 U_{ab}。

1-5　求图 1-17 所示电路中的电流 I、电压 U。

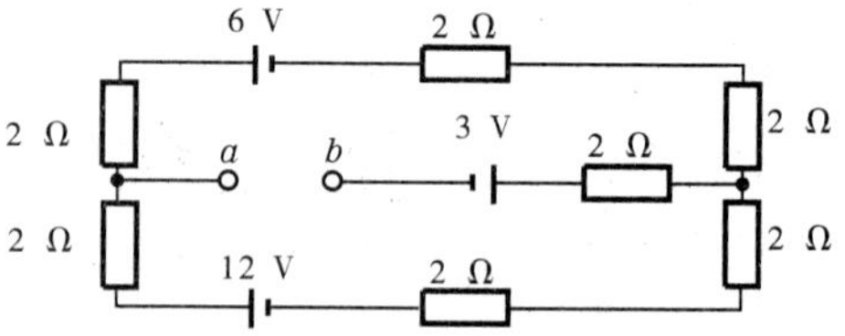

图 1-16　题 1-4 图

1-6　图 1-18 中 A、B、C 为电源或电阻，按图中所示的电压和电流，计算各元件的功率，指出哪个产生功率，哪个消耗功率，哪个是电源，哪个是电阻？验证产生的功率是否等于消耗功率。

1-7　额定值为 1 W，100 Ω 的金属膜电阻，在使用时电流和电压不能超过多大数值？

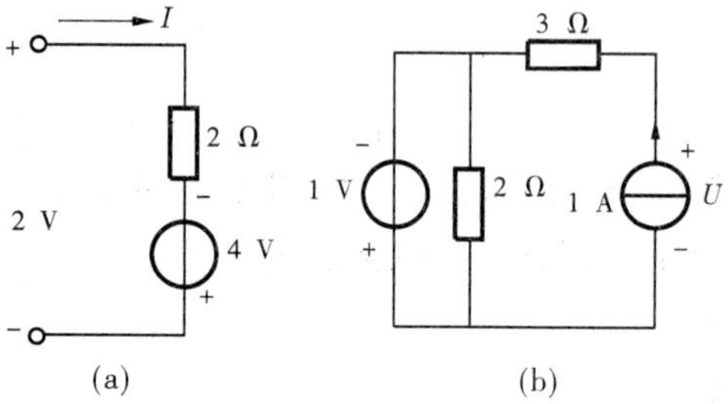

图 1-17　题 1-5 图

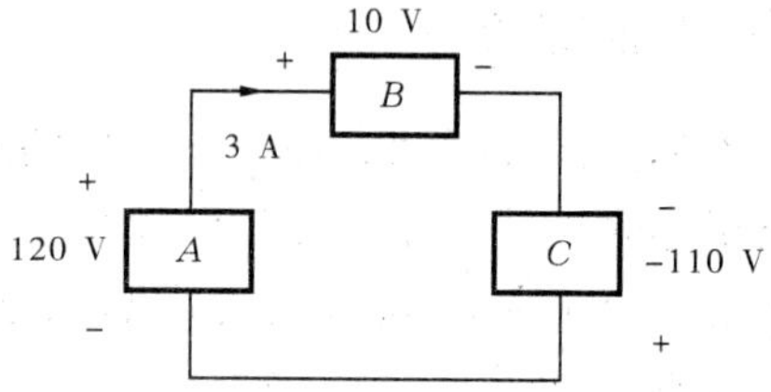

图 1-18　题 1-6 图

1-8　某单位有 220 V、60 W 电灯 50 盏和 220 V、40 W 日光灯 100 支，平均每天用 4 h，求每天用多少度电？

1-9　图 1-19 所示电路中，电流表 A_1 的读数为 3 A，A_2 读数为 −6 A。参考方向如图所示，求电流表 A_3 的读数。

1-10　求图 1-20 所示电路中的 I_1 和 I_2。

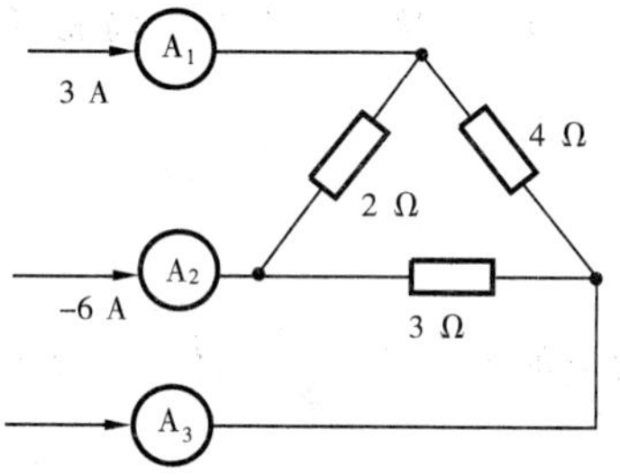

图 1-19　题 1-9 图

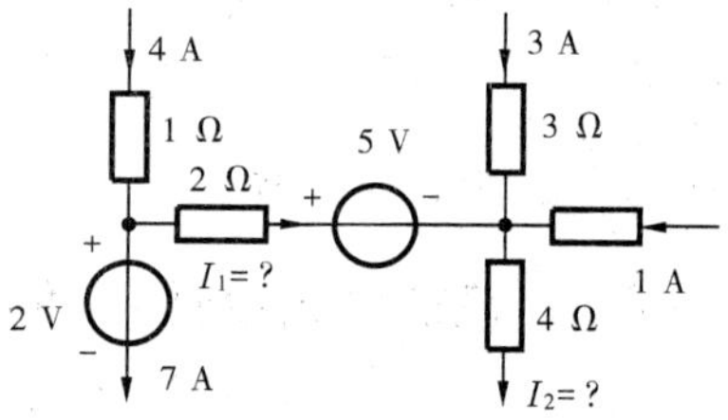

图 1-20　题 1-10 图

第二章　正弦交流电路

第一节　正弦交流电

一、正弦交流电

大小和方向随时间做周期性变化的电动势、电压和电流统称为交流电，在交流电作用下的电路称为交流电路。按正弦规律变化的交流电则称为正弦交流电。

表达交流电随时间变化规律的数学表达式称为解析式，正弦交流电动势、电压、电流的一般表达式为

$$\left.\begin{aligned} e &= E_{\mathrm{m}}\sin(\omega t+\varphi_e) \\ u &= U_{\mathrm{m}}\sin(\omega t+\varphi_u) \\ i &= I_{\mathrm{m}}\sin(\omega t+\varphi_i) \end{aligned}\right\} \tag{2-1}$$

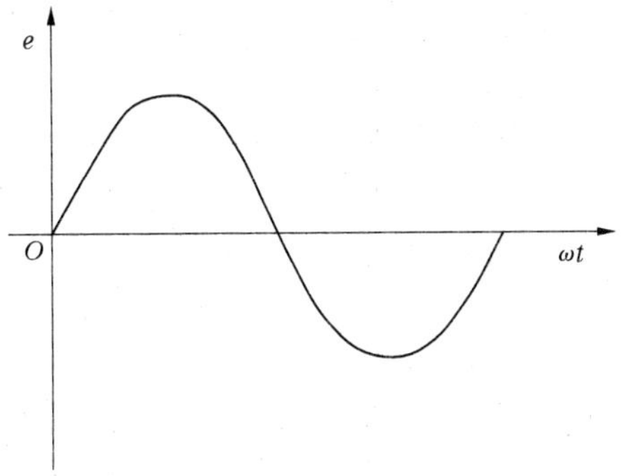

图 2-1　正弦交流电动势的波形图

表达交流电随时间变化规律的图像称为波形图，图 2-1 就是交流电动势 $e=E_{\mathrm{m}}\sin\omega t$ 的波形图。在分析交流电路中某一瞬时的电动势、电压或电流时必须首先设定参考方向。

正弦交流电可由交流发电机产生，也可由信号发生器产生。

二、正弦交流电的三要素

图 2-2(a) 表示一段正弦交流电路。电流 i 在所指定的参考方向下，其一般解析式为

$$i(t) = I_{\mathrm{m}}\sin(\omega t+\varphi) \tag{2-2}$$

波形如图 2-2(b) 所示（设 $\varphi>0$）。正弦量的大小、方向随时间变化，瞬时值为正，表示其方向与所选参考方向一致；瞬时值为负，表示其方向与所选参考方向相反。

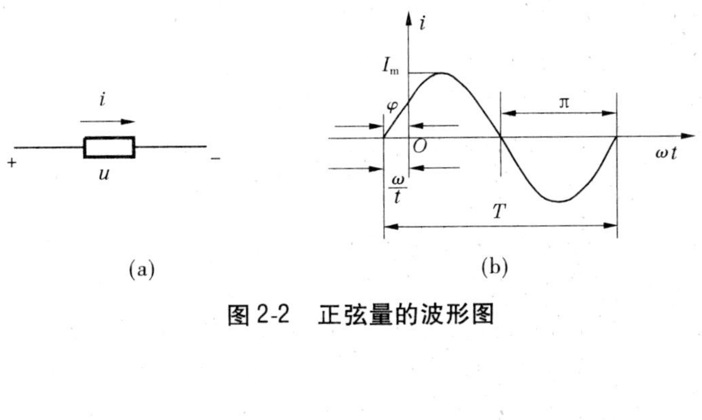

(a)　　(b)

图 2-2　正弦量的波形图

（一）最大值

正弦量解析式中 I_m 为正弦电流的幅值，它是正弦电流在整个变化过程中所能达到的最大值。

（二）周期、频率和角频率

（1）周期：指正弦量变化一次所需要的时间，用 T 表示，单位为秒（s）。

（2）频率：指单位时间内正弦量重复变化的次数，用 f 表示，$f=\frac{1}{T}$，单位为周/秒（1/s）或赫兹（Hz），我国工业电网所供交流电的频率为 50 Hz（简称工频）。

（3）角频率：正弦交流电在单位时间内变化的电角度称为角频率，用 ω 表示，单位为弧度/秒（rad/s）。角频率与正弦量的周期和频率有如下关系：

$$\omega = \frac{2\pi}{T} = 2\pi f \tag{2-3}$$

ω、T、f 都是反映正弦量变化快慢的量，ω 越大，即 f 越大或 T 越小，正弦量变化越快，直流量也可以看成 $f=0(T=\infty)$ 的正弦量。

（三）初相位和相位差

1. *初相位*

正弦量解析式中 $(\omega t+\varphi)$ 叫做正弦量的相位角，简称相位。相位反映了正弦量每一瞬间的状态。随着时间的推移，相位逐渐增大。相位每增加 2π 弧度，正弦量就经历了一个周期。$t=0$ 时，相位为 φ，称其为正弦量的初相位（又称初相）。初相反映了正弦量在计时起点的状态。规定 $|\varphi|\leqslant 180°$。

正弦量的初相与计时起点的选择有关。当 $t=0$ 时，函数值的正负与对应 φ 的正负号相同。如图 2-3所示。

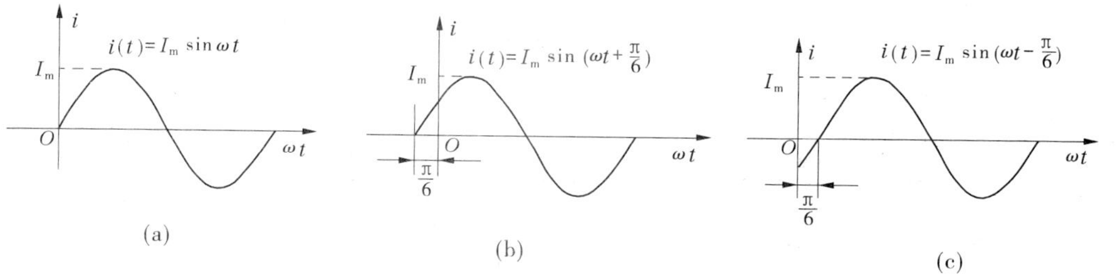

图 2-3　计时起点的选择

当 $\varphi=0$ 时，正弦量达到零值（正弦量一个周期内瞬时值两次为零，规定瞬时值由负向正变化之间的一个叫做它的零值）的瞬间为计时起点，如图 2-3（a）所示；当 $\varphi>0$ 时，正弦波零点在计时起点之左，如图 2-3（b）所示；当 $\varphi<0$ 时，正弦波零点在计时起点之右，如图 2-3（c）所示。

I_m 反映了正弦量的幅度，ω 反映了正弦量变化的快慢，φ 反映了正弦量在 $t=0$ 时的状态。一个正弦量的 I_m、ω、φ 三者确定了，这个正弦量才是确定的，故 I_m、ω、φ 合起来称为正弦量的三要素。

【例 2-1】 已知选定参考方向下的波形如图 2-4 所示，试写出正弦量的解析式。

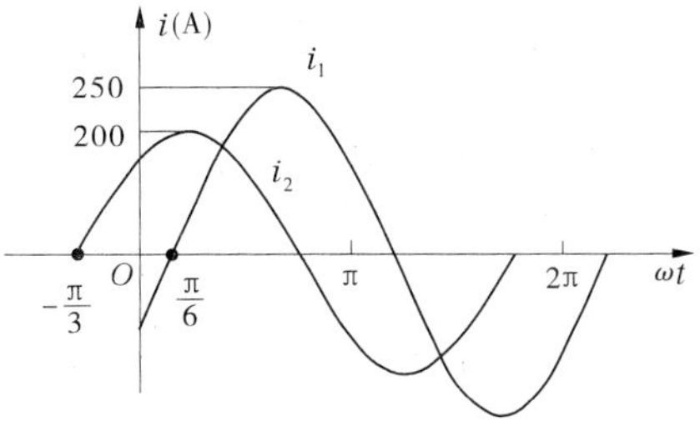

图 2-4 例 2-1 图

解： $i_1 = 250\sin(\omega t - \frac{\pi}{6})$ A

$$i_2 = 200\sin(\omega t + \frac{\pi}{3})\ \text{A}$$

2. 相位差

设有两个同频率的正弦量为

$$u_1(t) = U_{1m}\sin(\omega t + \varphi_1)$$
$$u_2(t) = U_{2m}\sin(\omega t + \varphi_2)$$

它们的相位之差称为相位差，用 φ_{12} 表示，即

$$\varphi_{12} = (\omega t + \varphi_1) - (\omega t + \varphi_2) = \varphi_1 - \varphi_2$$

可见，同频率正弦量的相位差等于它们的初相之差。

若 $\varphi_{12} > 0$，表示 u_1 超前 u_2，或者说 u_2 滞后 u_1，如图 2-5(a)所示。

若 $\varphi_{12} = 0$，表明 u_1 与 u_2 同时达到零值和最大值，称之为同相，如图 2-5(b)所示。

若 $\varphi_{12} = \pm 180°$，称之为反相，如图 2-5(c)所示。

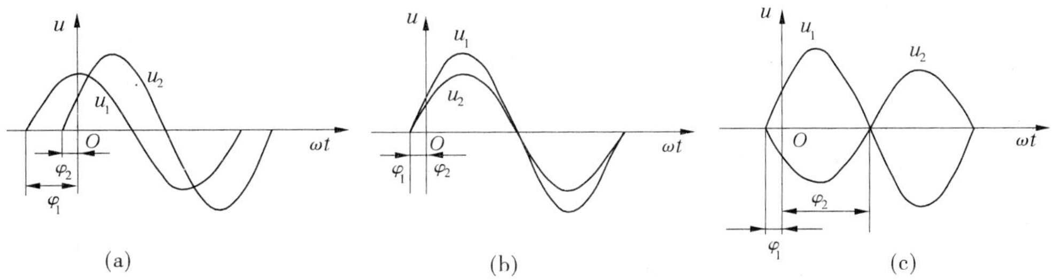

图 2-5 相位差的几种情况

在正弦电路的分析计算中，为了比较同一电路中同频率的各正弦量之间的相位关系，可选其中一个作为参考正弦量，取其初相为零，这样，其他正弦量的初相便由它们与参考正弦量之间的相位差来确定。

【例 2-2】 三个正弦电压 $u_A(t) = 310\sin 314t$ V，$u_B(t) = 14.1\sin(314t - 30°)$ V，$u_C(t) = 220\sin(314t + 45°)$ V，若以 $u_B(t)$ 为参考正弦量，写出三个正弦电压的解析式。

解： 以 $u_B(t)$ 为参考正弦量，则 $u_B(t)$ 的表达式为

$$u_B(t) = 14.1\sin 314t\ \text{V}$$

由于 $u_A(t)$ 与 $u_B(t)$ 的相位差为

$$\varphi_{AB} = \varphi_A - \varphi_B = 0° - (-30°) = 30°$$

故 $u_A(t)$ 的瞬时值表达式为

$$u_A(t) = 310\sin(314t + 30°)\ \text{V}$$

$u_C(t)$ 与 $u_B(t)$ 的相位差为

$$\varphi_{CB} = \varphi_C - \varphi_B = 45° - (-30°) = 75°$$

故 $u_C(t)$ 的瞬时值表达式为

$$u_C(t) = 220\sin(314t + 75°)\ \text{V}$$

三、正弦交流电的有效值

周期电压和电流的瞬时值是随时间变化的，无论是测量还是计算都不方便，因此在工程实际中，引入有效值。周期量的有效值用大写字母表示，如 I、U 等。

交流量的有效值是根据电流的热效应原理来规定的。如某一交流电流和一直流电流分别通过同一电阻 R，若在一个周期 T 内所产生的热量相等，那这个直流电流 I 的数值叫做交流电流 i 的有效值。

由此得出

$$I^2RT = \int_0^T i^2 R\mathrm{d}t$$

所以，交流电流的有效值为

$$I = \sqrt{\frac{1}{T}\int_0^T i^2 \mathrm{d}t} \tag{2-4}$$

同理，交流电压的有效值为

$$U = \sqrt{\frac{1}{T}\int_0^T u^2 \mathrm{d}t}$$

对于正弦交流量，设 $i(t) = I_\mathrm{m}\sin(\omega t + \varphi)$，由式(2-4)可得它的有效值为

$$\begin{aligned} I &= \sqrt{\frac{1}{T}\int_0^T i^2 \mathrm{d}t} = \sqrt{\frac{1}{T}\int_0^T I_\mathrm{m}^2 \sin^2(\omega t + \varphi)\mathrm{d}t} \\ &= \sqrt{\frac{I_\mathrm{m}^2}{2}\frac{1}{T}\int_0^T [1 - \cos 2(\omega t + \varphi)]\mathrm{d}t} \\ &= \frac{I_\mathrm{m}}{\sqrt{2}} \end{aligned} \tag{2-5}$$

可见，正弦电流的有效值等于它的最大值除以$\sqrt{2}$。

同理，交流电压的有效值与最大值之间的关系为

$$U = \frac{U_\mathrm{m}}{\sqrt{2}} \tag{2-6}$$

交流电器设备铭牌上所标的电压、电流值都是有效值。一般交流电压表、电流表的标尺都是按有效值刻度的。如不加说明，交流量的大小都是指有效值。

所以，正弦量的解析式也可以表示为

$$i(t) = \sqrt{2}I\sin(\omega t + \varphi)$$

第二节　正弦交流电的表示方法

正弦交流电可以用解析式（即瞬时值表达式）和波形图来表示，但这两种基本的表示方法不便于对电路中的正弦量进行分析计算，例如两个同频率的正弦电流瞬时值表达式为

$$i_1 = I_{1m}\sin(\omega t + \varphi_1)$$
$$i_2 = I_{2m}\sin(\omega t + \varphi_2)$$

这两个电流之和为

$$i = i_1 + i_2 = I_{1m}\sin(\omega t + \varphi_1) + I_{2m}\sin(\omega t + \varphi_2)$$

可利用三角运算公式计算得出合成电流 i 的最大值、初相位，但很麻烦；若用波形图求和，就需要在同一时刻对 i_1 和 i_2 在纵坐标上进行逐点相加，这种方法太麻烦，又不易准确。为了便于分析计算，在电工技术中，正弦量常用相量表示，而相量又有复数（即相量式）和相量图两种表示形式。

一、正弦量的复数表示法

设 A 为复数，则复数的代数形式为

$$A = a + \mathrm{j}b \tag{2-7}$$

其中，a、b 分别为复数的实部和虚部，可分别用 $\mathrm{Re}[a]$、$\mathrm{Im}[b]$ 来表示，$\mathrm{j} = \sqrt{-1}$ 为虚单位。

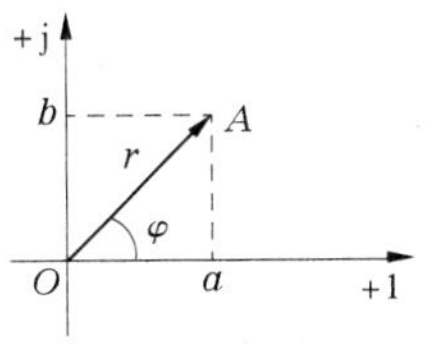

图 2-6　相量的复数表示法

复数 A 可以用复平面上的复矢量 $\overrightarrow{OA}$ 来表示，如图 2-6 所示。

$$r = \sqrt{a^2 + b^2} \tag{2-8}$$

式中　r——复数的大小，称为复数的模。

$$\varphi = \arctan\frac{b}{a} \tag{2-9}$$

式中　φ——复数与实轴正方向的夹角，称为复数的辐角，由图 2-6 可知

$$a = r\cos\varphi;b = r\sin\varphi$$

复数的三角函数形式为

$$A = r\cos\varphi + \mathrm{j}r\sin\varphi \tag{2-10}$$

根据欧拉公式 $\cos\varphi + \mathrm{j}\sin\varphi = \mathrm{e}^{\mathrm{j}\varphi}$，则式(2-10)可写为

$$A = r\mathrm{e}^{\mathrm{j}\varphi}$$

即为复数的指数形式。

复数的指数形式写成极坐标形式为

$$A = r\angle\varphi \tag{2-11}$$

复数的四种表示形式可以相互转换，复数的加减运算可用代数形式，复数的乘除运算可用指数形式或极坐标形式。

二、正弦量的相量图表示法

用复数表示正弦量，并用于正弦电路分析计算的方法称为正弦量的相量法。设正弦电流为

$$i = I_m\sin(\omega t + \varphi) = \sqrt{2}I\sin(\omega t + \varphi)$$

我们把模等于正弦量的有效值，辐角等于正弦量的初相的复数，称为该正弦量的相量。相量由该对应正弦量的模量符号顶上加一圆点来表示。

相量的模等于正弦量的有效值时,称有效值相量,用 $\dot{I}$ 表示。

$$\dot{I} = I\angle\varphi \tag{2-12}$$

将同频率正弦量的相量画在同一复平面上,所成的图形叫相量图。但把不同频率的正弦量画在同一复平面上,是没有意义的。

【例 2-3 】 已知 $i_1 = 1.41\sin(\omega t + \frac{\pi}{6})$ A, $i_2 = 4\sqrt{2}\sin(\omega t - \frac{\pi}{3})$ A,写出 i_1 和 i_2 的相量并画相量图。

解: i_1 的相量为

$$\dot{I}_1 = \frac{1.41}{\sqrt{2}}\angle\frac{\pi}{6} = 1\angle\frac{\pi}{6}(\text{A})$$

i_2 的相量为

$$\dot{I}_2 = \frac{4\sqrt{2}}{\sqrt{2}}\angle -\frac{\pi}{3} = 4\angle -\frac{\pi}{3}(\text{A})$$

相量图见图 2-7。

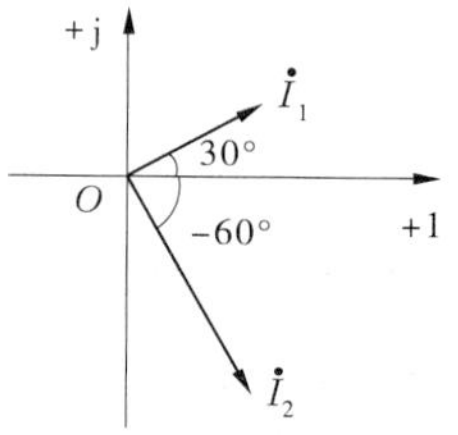

图 2-7 例 2-3 图

第三节 单一参数的正弦交流电路

一、纯电阻电路

在实际电路中,如电阻炉、电烙铁、白炽灯等电器,其主要表现为电阻性质,其他参数的影响很小,可忽略不计,这样的元件称为纯电阻元件,由纯电阻元件构成的电路称为纯电阻电路,图 2-8(a)所示即为一纯电阻元件。

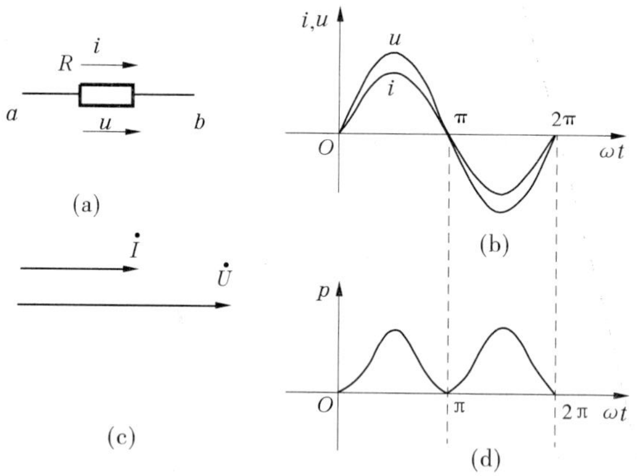

图 2-8 电阻元件的 i、u、p 波形及电压、电流相量图

(一)电压与电流关系

在图 2-8(a)中,设电流为

$$i = \sqrt{2}I\sin(\omega t + \varphi_i)$$

关联参考方向下电阻元件的电压、电流关系为

$$u = Ri = \sqrt{2}RI\sin(\omega t + \varphi_i)$$
$$= \sqrt{2}U\sin(\omega t + \varphi_u)$$

上式表明：电阻两端电压 u 和电流 i 是同频率的正弦量。它们之间关系如下：

$$U = IR \tag{2-13}$$

$$\varphi_u = \varphi_i \tag{2-14}$$

波形如图 2-8(b)所示(设 $\varphi_i=0$)。

相量关系为

$$\frac{\dot{U}}{\dot{I}} = \frac{U\angle\varphi_u}{I\angle\varphi_i} = R\angle\varphi_u - \varphi_i = R$$

即

$$\dot{U} = \dot{I}R \tag{2-15}$$

式(2-15)既表明了 u、i 的相位关系，又表明了 u、i 的有效值关系，体现了相量形式的欧姆定律。相量图如图 2-8(c)所示。

(二)功率

在交流电路中，任意瞬间元件的电压瞬时值与电流瞬时值的乘积，叫做该元件的瞬时功率，用小写字母 p 表示。

设 $\varphi_i=0$，电阻元件所吸收的瞬时功率为

$$p = ui = \sqrt{2}U\sin\omega t \cdot \sqrt{2}I\sin\omega t = 2UI\sin^2\omega t = UI(1 - \cos2\omega t) \tag{2-16}$$

p 的波形如图 2-8(d)所示，它是随时间以 2 倍于电流的频率而变化的，但 p 的值总是正的，因为电阻是耗能元件。

瞬时功率无实用意义，工程上都是计算一个周期内瞬时功率的平均值，称为平均功率或有功功率，简称功率，用大写字母 P 表示，其单位是瓦(W)或千瓦(kW)。

$$P = \frac{1}{T}\int_0^T p\mathrm{d}t = \frac{1}{T}\int_0^T UI(1 - \cos2\omega t)\mathrm{d}t$$
$$= UI = I^2R = \frac{U^2}{R} \tag{2-17}$$

【例 2-4】 一个电阻 $R=100\ \Omega$，通过的电流 $i(t)=1.41\sin(\omega t+60°)$ A，试求：

(1) R 两端的电压相量 $\dot{U}$ 及瞬时值表达式 u；

(2) R 消耗的功率 P。

解： (1)电流相量为

$$\dot{I} = I\angle\varphi_i = \frac{1.41}{\sqrt{2}}\angle 60° = 1\angle 60°(\mathrm{A})$$

电压相量为

$$\dot{U} = \dot{I}R = 1\angle 60° \times 100 = 100\angle 60°(\mathrm{V})$$

电压瞬时值表达式

$$u = \sqrt{2}U\sin(\omega t + \varphi_u) = 141\sin(\omega t + 60°)\ \mathrm{V}$$

(2)平均功率

$$P = UI = 100 \times 1 = 100(\mathrm{W})$$

二、纯电感元件

将导线绕制成 N 匝螺管线圈，就构成电感线圈，若线圈中没有铁磁性物质，称为线性电感线圈；若线圈中有铁磁性物质，称为非线性电感线圈。当线圈中有电流 i 通过时，线圈内部产生磁通 Φ。对 N 匝线圈，乘积 $N\Phi$ 称为线圈的磁链 Ψ，规定电流的参考方向和磁链的参考方向之间符合右手螺旋定则。

线性电感线圈的磁链与线圈中的电流成正比，即

$$L = \frac{\Psi}{i} = \frac{N\Phi}{i} \tag{2-18}$$

式中　L——自感系数，简称电感，国际单位为亨利（H）。

线性电感线圈的自感系数 L 是一个与 i 和 Ψ 无关的常数。非线性电感线圈的自感系数与 i 和 Ψ 有关，不是常数。线圈的电感与线圈的形状、几何尺寸、匝数，以及周围介质的磁导率有关。

若线圈的电阻很小，可忽略不计，则该线圈在电路中可用纯电感元件来表示，它的电路符号如图 2-9（a）所示。

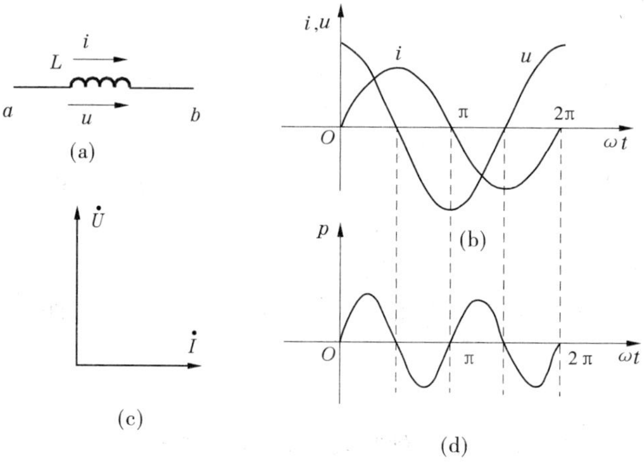

图 2-9　电感元件的 i、u、p 波形及电压电流相量图

在图 2-9（a）中，若电流 i 的参考方向和电动势 e_L 的参考方向，与磁链 Ψ 的参考方向之间符合右手螺旋定则，由法拉第电磁感应定律和楞次定律，则有

$$e_L = -\frac{\mathrm{d}\Psi}{\mathrm{d}t} = -N\frac{\mathrm{d}\Phi}{\mathrm{d}t} = -L\frac{\mathrm{d}i}{\mathrm{d}t} \tag{2-19}$$

式（2-19）说明，当流过电感线圈的电流发生变化时，在其中产生感应电动势；该电动势的大小与电流的变化率成正比，式中负号表示感应电动势的方向总是企图阻止磁通 Φ 的变化。这种由于流过线圈自身的电流的变化所引起的电磁感应现象，称为自感现象，所产生的电动势称为自感电动势。

（一）电压与电流之间的关系

在图 2-9（a）中，设电流为

$$i = \sqrt{2}I\sin(\omega t + \varphi_i)$$

关联参考方向下，电感元件的电压、电流关系为

$$u(t)=L\frac{\mathrm{d}i}{\mathrm{d}t}=\sqrt{2}\omega LI\cos(\omega t+\varphi_i)$$

$$=\sqrt{2}\omega LI\sin(\omega t+\varphi_i+\frac{\pi}{2})$$

$$=\sqrt{2}U\sin(\omega t+\varphi_u)$$

上式表明：电感两端电压 u 和电流 i 是同频率的正弦量，电压超前电流$\frac{\pi}{2}$。它们之间的关系如下：

$$\varphi_u=\varphi_i+\pi/2 \tag{2-20}$$

$$U=\omega LI \tag{2-21}$$

从式(2-21)可得

$$I=\frac{U}{\omega L}$$

即 U 一定时，ωL 越大，I 就越小。ωL 反映了电感对正弦电流的阻碍作用，称为感抗，用 X_L 表示，单位为欧姆(Ω)。

$$X_L=\omega L=2\pi fL \tag{2-22}$$

当 L 一定时，频率越高，感抗越大。当 $\omega=0$(直流)时，$X_L=\omega L=0$，电感元件如同短路。

相量关系为

$$\frac{\dot{U}}{\dot{I}}=\frac{U\angle\varphi_u}{I\angle\varphi_i}=X_L\angle\varphi_u-\varphi_i=X_L\angle 90^\circ=\mathrm{j}X_L$$

即

$$\dot{U}=\mathrm{j}X_L\dot{I} \tag{2-23}$$

式(2-23)不仅表明了电感元件电压、电流有效值的关系，也表明了它们之间的相位关系。相量图如图 2-9(c)所示。

(二)功率

设 $\varphi_i=0$，关联参考方向下电感元件吸收的瞬时功率为

$$p=ui=\sqrt{2}U\sin(\omega t+\frac{\pi}{2})\cdot\sqrt{2}I\sin\omega t$$

$$=2UI\sin\omega t\cos\omega t$$

$$=UI\sin 2\omega t \tag{2-24}$$

瞬时功率 p 是以 2 倍于电流的频率按正弦规律变化的，最大值为 UI。波形如图 2-9(d)所示，从图中可以看出，在电流的第一个 1/4 周期内，电流为正而且增加，电压和电流方向一致，$p>0$，电感元件从外部接收能量，转变为磁场能量储存着。第一个 1/4 周期末，电流达最大值，磁场能量达最大值。在第二个 1/4 周期内，电流减小，电压和电流方向相反，$p<0$，电感元件向外释放储能，磁场能量减少。到第二个 1/4 周期末，电流为零，磁场能量也为零，原先的储能全部释放给外部。电感中的能量就这样交替进行，在一个周期内吸收和放出的能量相等，即电感元件接收的平均功率为零，因为它是储能元件，不消耗能量，只与外部进行能量的交换。P 也可以由下式计算出：

$$P = \frac{1}{T}\int_0^T p\mathrm{d}t = \frac{1}{T}\int_0^T UI\sin 2\omega t\mathrm{d}t = 0 \tag{2-25}$$

为了衡量电感与外部进行能量交换的规模，引入无功功率 Q_L，它是瞬时功率的最大值。

$$Q_L = UI = I^2X_L = U^2/X_L \tag{2-26}$$

Q_L 只反映电感中能量交换的速率，不是实际做功的功率，它的单位是乏(var)或千乏(kvar)。

【例 2-5】 已知一个电感元件，电感 $L=0.1$ H，电阻可忽略不计，流过它的电流为 $i=15\sqrt{2}\sin(200t+10°)$ A。试求：

(1)该电感的感抗 X_L；

(2)电感两端的电压相量 $\dot{U}$ 及瞬时值表达式 u；

(3)无功功率 Q_L。

解： (1)感抗

$$X_L = \omega L = 200 \times 0.1 = 20(\Omega)$$

(2)电流相量为

$$\dot{I} = 15\angle 10°\ \mathrm{A}$$

电压相量为

$$\dot{U} = \mathrm{j}X_L\dot{I} = \angle 90° \times 20 \times 15\angle 10° = 300\angle 100°(\mathrm{V})$$

电压瞬时值表达式为

$$u = 300\sqrt{2}\sin(200t + 100°)\ \mathrm{V}$$

(3)无功功率

$$Q_L = UI = 15 \times 300 = 4\,500(\mathrm{var})$$

三、纯电容电路

由介质损耗很小、绝缘电阻很大的电容器组成的交流电路可看成纯电容电路，如图 2-10(a)所示。

(一)电压与电流之间的关系

在图 2-10(a)中，设电压为

$$u = \sqrt{2}U\sin(\omega t + \varphi_u)$$

关联参考方向下，电容元件的电压、电流关系为

$$\begin{aligned} i = C\frac{\mathrm{d}u}{\mathrm{d}t} &= \sqrt{2}\omega CU\cos(\omega t + \varphi_u) \\ &= \sqrt{2}\omega CU\sin(\omega t + \varphi_u + \pi/2) \\ &= \sqrt{2}I\sin(\omega t + \varphi_i) \end{aligned}$$

上式表明：电容两端电压 u 和电流 i 是同频率的正弦量，电流超前电压为 $\pi/2$。它们之间的关系如下：

$$\varphi_i = \varphi_u + \pi/2 \tag{2-27}$$

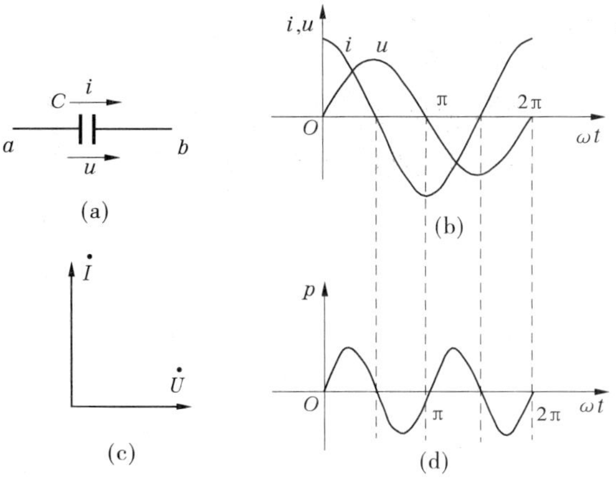

图 2-10　电容元件的 i、u、p 波形及电压、电流相量图

$$U = \frac{1}{\omega C} I \tag{2-28}$$

从式(2-28)可得

$$I = \frac{U}{1/(\omega C)}$$

当 U 一定时,$1/(\omega C)$ 越大,I 就越小。$1/(\omega C)$ 反映了电容对正弦电流的阻碍作用,称为容抗,用 X_C 表示,单位为欧姆(Ω)。

$$X_C = \frac{1}{\omega C} = \frac{1}{2\pi fC} \tag{2-29}$$

当 C 一定时,频率越高,容抗越小。当 $\omega = 0$(直流)时,$X_C \to \infty$,电容元件如同开路。

u、i 波形如图 2-10(b)所示(设 $\varphi_u = 0$)。

相量关系为

$$\frac{\dot{U}}{\dot{I}} = \frac{U\angle\varphi_u}{I\angle\varphi_i} = X_C\angle -90° = -\mathrm{j}X_C$$

即

$$\dot{U} = -\mathrm{j}X_C\dot{I} \tag{2-30}$$

式(2-30)不仅表明了电容元件电压、电流有效值的关系,也表明了它们之间的相位关系。u、i 相量图如图 2-10(c)所示。

(二)功率

设 $\varphi_u = 0$,关联参考方向下电容元件吸收的瞬时功率为

$$\begin{aligned} p = ui &= \sqrt{2}U\sin\omega t \cdot \sqrt{2}I\sin(\omega t + \pi/2) \\ &= 2UI\sin\omega t\cos\omega t \\ &= UI\sin 2\omega t \end{aligned} \tag{2-31}$$

瞬时功率 p 是以 2 倍于电源的频率按正弦规律变化的,最大值为 UI。

瞬时功率 p 的波形如图 2-10(d)所示,从图中可以看出,在电压的第一个 1/4 周期内,电压为正而且增加,电压和电流方向一致,$p > 0$,电容元件从外部接收能量,转变为电场能量储存着。第一个 1/4 周期末,电压达最大值,电场能量达最大值。在第二个 1/4 周

期内，电压减小，电压和电流方向相反，$p<0$，电容元件向外释放储能，电场能量减少。到第二个1/4周期末，电压为零，电场能量也为零，原先的储能全部释放给外部。电容中的能量就这样交替进行，在一个周期内吸收和放出的能量相等，即电容元件接收的平均功率为零，因为它是储能元件，不消耗能量，只与外部进行能量的交换。P 也可以由下式计算出：

$$P=\frac{1}{T}\int_0^T p\mathrm{d}t=\frac{1}{T}\int_0^T UI\sin2\omega t\mathrm{d}t=0 \tag{2-32}$$

同样，为了衡量电容与外部进行能量交换的规模，引入无功功率 Q_C。

$$Q_C=UI=I^2X_C=U^2/X_C \tag{2-33}$$

【例2-6】 流过0.5 F电容的电流 $i=\sqrt{2}\sin(100t-30°)$ A，试求

(1)该电容的容抗 X_C；

(2)电容两端的电压相量 $\dot{U}$ 及瞬时值表达式 u；

(3)无功功率 Q_C。

解： (1)容抗

$$X_C=\frac{1}{\omega C}=\frac{1}{100\times0.5}=0.02(\Omega)$$

(2)电流相量为

$$\dot{I}=1\angle-30°\ \mathrm{A}$$

电压相量为

$$\begin{aligned}\dot{U}&=-\mathrm{j}X_C\dot{I}=0.02\angle-90°\times\angle-30°\\&=0.02\angle-120°(\mathrm{V})\end{aligned}$$

电压瞬时值表达式为

$$u=0.02\sqrt{2}\sin(100t-120°)\ \mathrm{V}$$

(3)无功功率

$$Q_C=UI=0.02\times1=0.02(\mathrm{var})$$

第四节 电阻、电感和电容元件串联的交流电路

单一参数的交流电路，是一种理想电路，而实际电路不可能只有一个参数，例如当一个线圈和电容元件串联时，如线圈由电阻 R、电感 L、电容 C 三种元件串联的电路，这种电路很常见，通常称为 RLC 串联电路。

一、电压与电流的关系

RLC 串联电路如图2-11所示，按习惯选各量参考方向示于图中，由于各元件电流相等，故以电流为正弦参考量。相量图如图2-12所示。

设 $\dot{I}=I\angle0°$，则各元件的电压相量分别为

$$\dot{U}_R=R\dot{I};\dot{U}_L=\mathrm{j}X_L\dot{I};\dot{U}_C=-\mathrm{j}X_C\dot{I}$$

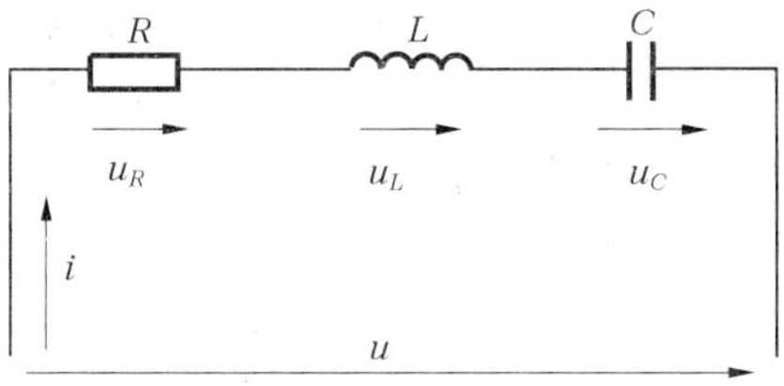

图 2-11　*RLC* 串联电路

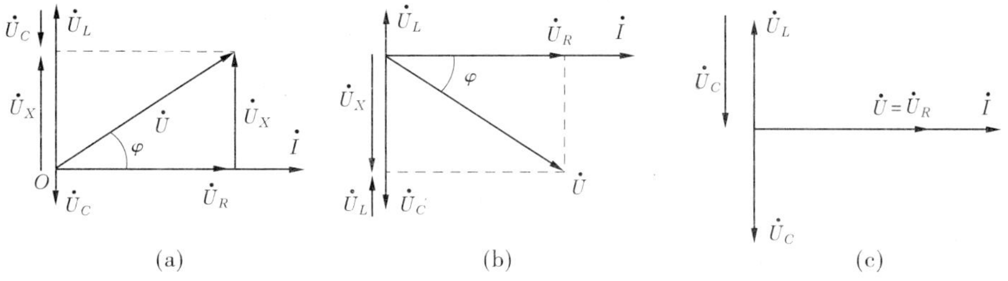

图 2-12　*RLC* 串联电路的相量图

由 KVL 得端口电压相量之间的关系

$$\begin{aligned}\dot{U} &= \dot{U}_R + \dot{U}_L + \dot{U}_C = \dot{I}[R + \mathrm{j}(X_L - X_C)] \\ &= \dot{I}(R + \mathrm{j}X) = \dot{I}Z \end{aligned} \tag{2-34}$$

端口电压大小之间的关系

$$U = \sqrt{U_R^2 + (U_L - U_C)^2} \tag{2-35}$$

二、电路的性质

RLC 串联电路有以下三种不同性质:

(1)当电抗 $X>0$,即 $X_L>X_C$ 时,$U_L>U_C$,$\dot{U}_X=\dot{U}_L+\dot{U}_C$ 比电流超前 $\pi/2$,阻抗角$\varphi>0$,电压$\dot{U}$超前电流 $\dot{I}$ 角度 φ,电感的作用大于电容的作用,此时电路呈感性,相量图如图 2-12(a)所示。

(2)当电抗 $X<0$,即 $X_L<X_C$ 时,$U_L<U_C$,$\dot{U}_X=\dot{U}_L+\dot{U}_C$ 比电流滞后 $\pi/2$,阻抗角$\varphi<0$,电压$\dot{U}$滞后电流 $\dot{I}$ 角度 φ,电容的作用大于电感的作用,此时电路呈容性,相量图如图 2-12(b)所示。

(3)当电抗 $X=0$,即 $X_L=X_C$ 时,$U_L=U_C$,$\dot{U}_X=\dot{U}_L+\dot{U}_C=0$,阻抗角 $\varphi=0$,电压$\dot{U}$与电流$\dot{I}$同相,这样的电路叫串联谐振,相量图如图 2-12(c)所示。

【例 2-7】　一个 $R=5\ \Omega$,$L=150$ mH 的线圈和 $C=100\ \mu$F 的电容器串联,接到 220 V 的工频电源上,求电路电流及线圈电压。

解:　$X_L=\omega L=2\pi fL=100\pi\times150\times10^{-3}=47.12(\Omega)$

$$X_C=\frac{1}{\omega C}=\frac{1}{2\pi fC}=\frac{1}{100\pi\times100\times10^{-6}}=31.83(\Omega)$$

电路的阻抗

$$Z=R+\mathrm{j}(X_L-X_C)$$
$$=5+\mathrm{j}(47.12-31.83)=5+\mathrm{j}15.29=16.09\angle71.89^\circ(\Omega)$$

设$\dot{U}=220\angle0^\circ$ V,则电流

$$\dot{I}=\frac{\dot{U}}{Z}=\frac{220\angle0^\circ}{16.09\angle71.89^\circ}=13.67\angle-71.89^\circ(\mathrm{A})$$

线圈阻抗

$$Z_{RL}=R+\mathrm{j}X_L=5+\mathrm{j}47.12=47.38\angle83.94^\circ(\Omega)$$

线圈电压

$$\dot{U}_{RL}=\dot{I}Z_{RL}=13.67\angle-71.89^\circ\times47.38\angle83.94^\circ=647.7\angle12.05^\circ(\mathrm{V})$$

【例 2-8】 用电感降压来调整的电风扇的等效电路如图 2-13(a)所示,已知 $R=190$ Ω,$X_{L_1}=260$ Ω,电源电压 $U=220$ V,$f=50$ Hz,要使 $U_2=180$ V,问串联的电感 L_x 应为多少?

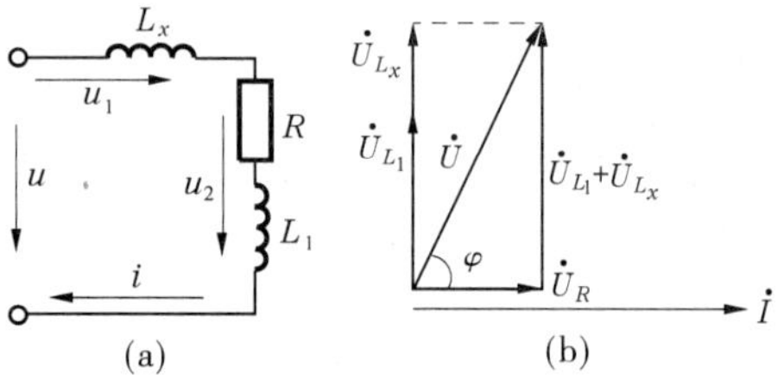

图 2-13 例 2-8 图

解: 以$\dot{I}$为参考量,即设$\dot{I}=I\angle0^\circ$A,如图 2-13(b)所示。由已知条件得

$$Z=R+\mathrm{j}X_{L_1}=190+\mathrm{j}260=322\angle53.8^\circ(\Omega)$$

所以

$$I=\frac{U_2}{|Z|}=\frac{180}{322}=0.56(\mathrm{A})$$
$$U_R=IR=0.56\times190=106.4(\mathrm{V})$$
$$U_{L_1}=IX_{L_1}=0.56\times260=145.6(\mathrm{V})$$

由相量图得

$$U=\sqrt{U_R^2+(U_{L_1}+U_{L_x})^2}$$

代入数据

$$220=\sqrt{106.4^2+(145.6+U_{L_x})^2}$$

解得

$$U_{L_x}=46.96(\mathrm{V})$$

$$X_{L_x}=\frac{U_{L_x}}{I}=\frac{46.96}{0.56}=83.9(\Omega)$$

$$L_x = \frac{X_{L_x}}{2\pi f} = \frac{83.9}{2\pi \times 50} = 0.27(\text{H})$$

第五节　正弦交流电路中的功率

一、瞬时功率

以正弦交流电路中一个二端网络为对象，关联参考方向下，设其电压、电流分别为

$$u = \sqrt{2}U\sin(\omega t + \varphi)$$

$$i = \sqrt{2}I\sin\omega t$$

其中，φ 为网络的阻抗角。

网络吸收的瞬时功率为

$$\begin{aligned} p = ui &= \sqrt{2}U\sin(\omega t + \varphi) \cdot \sqrt{2}I\sin\omega t \\ &= 2UI\sin\omega t\sin(\omega t + \varphi) \\ &= 2UI\sin\omega t[\sin\omega t\cos\varphi + \cos\omega t\sin\varphi] \\ &= UI\cos\varphi(1 - \cos2\omega t) + UI\sin2\omega t\sin\varphi \\ &= p_a(t) + p_r(t) \end{aligned}$$

上式表明，瞬时功率由 $p_a(t)$、$p_r(t)$ 两个分量组成。分量 $p_a(t) = UI\cos\varphi(1 - \cos2\omega t)$ 总是正值，类似于电阻元件的瞬时功率，它是网络接收能量的瞬时功率，它的平均值为 $UI\cos\varphi$。

分量 $p_r(t) = UI\sin2\omega t\sin\varphi$ 是正弦量，类似于电感、电容的瞬时功率，它是网络与其外部交换能量的瞬时功率，它的最大值是 $UI\sin\varphi$。

二、有功功率、无功功率、视在功率、功率因数

（一）有功功率

上述 $p_r(t)$ 的平均值为零，所以网络接收的有功功率 P 就等于 $p_a(t)$ 的平均值。

$$P = UI\cos\varphi \tag{2-36}$$

如果二端网络仅由 R、L、C 元件组成，可以证明，有功功率等于各电阻消耗的平均功率之和，即

$$P = U_R I_R = I_R^2 R = \frac{U_R^2}{R}$$

（二）无功功率

交流电路，除消耗能量外，还存在着能量的交换。电路的无功功率 Q 为 $p_r(t)$ 的最大值，即

$$Q = UI\sin\varphi \tag{2-37}$$

（三）视在功率

交流电路中，电压与电流有效值的乘积，称为视在功率，用 S 表示，即

$$S = UI = \sqrt{P^2 + Q^2} \tag{2-38}$$

单位为伏安(VA)或千伏安(kVA)。

有功功率 P、无功功率 Q 和视在功率 S 也组成一直角三角形,称为功率三角形,如图 2-14 所示。

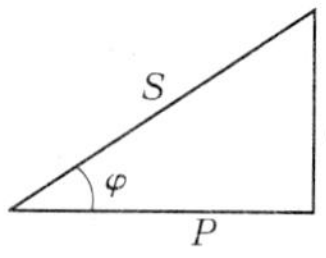

图 2-14 功率三角形

(四)功率因数

有功功率与视在功率的比值叫做网络的功率因数,用 λ 表示,即

$$\lambda = \frac{P}{S} = \cos\varphi = \frac{R}{|Z|} \tag{2-39}$$

【例 2-9】 把一个线圈接到工频的正弦电源上,分别用电压表、电流表、功率表测得它的电压 $U = 110$ V,电流 $I = 5$ A,功率 $P = 400$ W,试求线圈的 R 和 L。

解: 电路的功率是 R 所消耗的功率,可得

$$R = \frac{P}{I^2} = \frac{400}{5^2} = 16(\Omega)$$

电路阻抗
$$|Z| = \frac{U}{I} = \sqrt{R^2 + X_L^2} = \frac{110}{5} = 22(\Omega)$$

$$X_L = \sqrt{|Z|^2 - R^2} = \sqrt{22^2 - 16^2} = 15(\Omega)$$

$$L = \frac{X_L}{\omega} = \frac{X_L}{2\pi f} = \frac{15}{2 \times 3.14 \times 50} = 0.048(\mathrm{H})$$

【例 2-10】 已知一个 R、L 串联电路,$u = 220\sqrt{2}\sin(\omega t + 20°)$ V,$R = 30\ \Omega$,$X_L = 40\ \Omega$,计算电路的有功功率、无功功率及视在功率。

解: 电路的阻抗 $Z = R + \mathrm{j}X_L = 30 + \mathrm{j}40 = 50\angle 53.1°(\Omega)$

电流
$$I = \frac{U}{|Z|} = \frac{220}{50} = 4.4(\mathrm{A})$$

有功功率 $P = UI\cos\varphi = 220 \times 4.4\cos 53.1° = 580.8(\mathrm{W})$

无功功率 $Q = UI\sin\varphi = 220 \times 4.4\sin 53.1° = 774.4(\mathrm{var})$

视在功率 $S = UI = 220 \times 4.4 = 968(\mathrm{VA})$

或
$$P = I^2R = 4.4^2 \times 30 = 580.8(\mathrm{W})$$

$$Q = I^2X_L = 4.4^2 \times 40 = 774.4(\mathrm{var})$$

(五)功率因数的提高

1. 提高功率因数的意义

式(2-39)给出功率因数的定义。在交流电路中,负载多为感性负载,其 λ 较低,$\lambda \neq 1$,它的无功功率就不等于0,这意味着电源供出的能量中总有一部分在负载和电源之间进行交换,λ 越低,交换部分所占比例越大。

为了充分利用电源设备的容量,就需要提高电路负载的功率因数。例如,一台额定容量为 60 kVA 的单相变压器,若在额定电压、额定电流下运行,当负载的 $\lambda = 1$ 时,它传输的有功功率为 60 kW,它的容量得到充分的利用。当负载的 λ 降为 0.8 时,它传输的有功功率降为 48 kW,变压器容量利用较差。

另一方面，在一定的电压下向负载输送一定的有功功率时，$I=\frac{P}{U\lambda}$，负载的 λ 越低，通过输电线的电流越大，导线电阻的能量损耗和导线阻抗的电压降落也大。

功率因数是电力系统中的重要指标，应设法提高功率因数。

2. 提高功率因数的方法

提高感性负载功率因数的常用方法之一是在其两端并联电容器。如图 2-15(a)所示，感性负载并联电容器后，利用超前的容性电流补偿滞后的感性电流，进行一部分能量交换，减少了电源和负载间的能量交换，从而提高了功率因数。

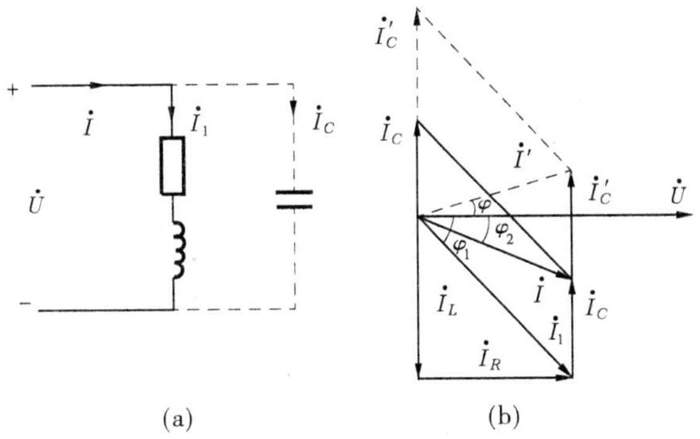

图 2-15　提高功率因数的原理

利用相量图，可以说明感性负载并联一个电容后，可把功率因数提高，如图 2-15(b)所示。

未并电容前，线路中的电流 $\dot{I}$ 等于感性负载的电流 $\dot{I}_1=I_R-\mathrm{j}I_L$，阻抗角为 φ_1（φ_1 也称为功率因数角）。并联电容后，负载的电流 $\dot{I}_1$，端电压 $\dot{U}$，阻抗角 φ_1 均未变，但线路中的电流 $\dot{I}$ 变了，此时 $\dot{I}=\dot{I}_1+\dot{I}_C=I_R+\mathrm{j}(I_C-I_L)$，结合图 2-15(b)可见，其结果使得 $\dot{I}<\dot{I}_1$，φ_1 减小到 φ_2，因此整个电路的功率因数从 $\cos\varphi_1$ 提高到 $\cos\varphi_2$。

但是，值得注意的是，如果并联电容过多，增大了投资，且 $\cos\varphi$ 大于 0.9 以后，再增大电容器的值意义不是很大。一般情况下，我们将功率因数提高到 0.9 左右即可。继续提高功率因数从经济角度来讲，就不是很划算了。

若要将功率因数从 $\cos\varphi_1$ 提高到 $\cos\varphi_2$，所需的电容值为

$$C=\frac{P}{\omega U^2}(\tan\varphi_1-\tan\varphi_2) \tag{2-40}$$

补偿的无功功率的大小为

$$Q_C=P(\tan\varphi_1-\tan\varphi_2) \tag{2-41}$$

本章小结

按正弦规律变化的电动势、电压、电流称为正弦交流电。它的瞬时值可用三角函数式表示，如 $i=I_m\sin(\omega t+\varphi_i)$。其中 I_m、ω、φ_i 分别表示正弦量的最大值、角频率和初相位，把

它们称为正弦量的三要素，分别描述正弦量的大小、变化快慢以及初始时刻的大小和变化进程。

两个同频率正弦交流电的相位之差等于其初相之差，反映了这两个正弦交流电在相位上的超前、滞后关系。

实际工程中用有效值来表示正弦交流电的大小。交流电的有效值是从交流电流与直流电流具有相同的热效应引出的。正弦交流电的有效值和最大值之间有 $U=\frac{U_m}{\sqrt{2}}$、$I=\frac{I_m}{\sqrt{2}}$ 的关系。

正弦交流电可用三角函数式、波形图和相量图（即复数形式）三种方法来表示。同频率的正弦交流量的相量才能画在同一个相量图中进行分析。利用相量图对简单正弦交流电路的分析非常方便。理解和明确相量复数式，可以利用直流电路中所介绍的方法来解决复杂的交流电路问题。

掌握单一参数交流电路中电压与电流之间的关系、功率及能量转换关系，才能使由这些元件组合的各种交流电路的分析和计算得以顺利解决。在 *RLC* 串联电路的分析中，会用到电压三角形、阻抗三角形和功率三角形，它们是相似三角形。

电路的功率因数过低，电源设备得不到充分利用，在供电线路上会引起较大的电损耗和电压降落。一般采用在感性负载两端并联电容的方法，提高功率因数。

习　题

2-1　已知一交流电压 $u=220\sqrt{2}\sin(314t+\frac{\pi}{4})$ V，试求其幅值、频率、周期、初相及 $t=0.002$ s 时的瞬时值。

2-2　计算下列各正弦波的相位差，并说明超前、滞后关系。

(1) $u_1=8\sin(\omega t+30°)$ V 和 $u_2=10\sin(\omega t-60°)$ V；

(2) $i_1=10\sin(18\,000t-120°)$ A 和 $i_2=20\sin(18\,000t+80°)$ A。

(3) $u_1=100\sin(\omega t+65°)$ V 和 $i=-5\sin(\omega t+65°)$ A。

2-3　已知 $u_A=220\sqrt{2}\sin\omega t$ V，$u_B=220\sqrt{2}\sin(\omega t-120°)$ V，$u_C=220\sqrt{2}\sin(\omega t+120°)$ V，试求：u_A-u_B，u_B-u_C，u_C-u_A 以及 $u_A+u_B+u_C$。

2-4　如图 2-16 所示为一交流电路中的元件，已知 $u=220\sqrt{2}\sin314t$ V，试问：

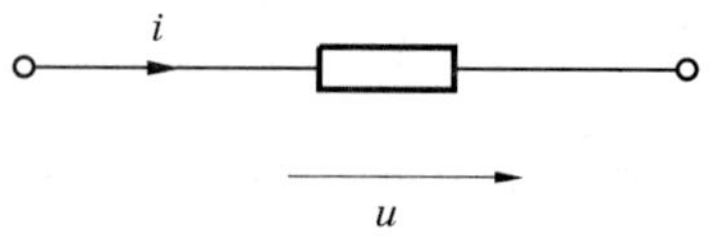

图 2-16　题 2-4

(1) 元件为纯电阻，$R=20\ \Omega$ 时，求电流 i、$\dot{I}$，有功功率 P，并作出电压和电流的相量图。

(2) 元件为纯电感，$L=0.5$ H 时，求电流 i、$\dot{I}$，无功功率 Q_L，并作出电压和电流的相量图。

(3) 元件为纯电容，$C=470\ \mu$F 时，求电流 i、$\dot{I}$，无功功率 Q_C，并作出电压和电流的相量图。

2-5　求图 2-17 所示电路中安培表Ⓐ和伏特表Ⓥ的读数。

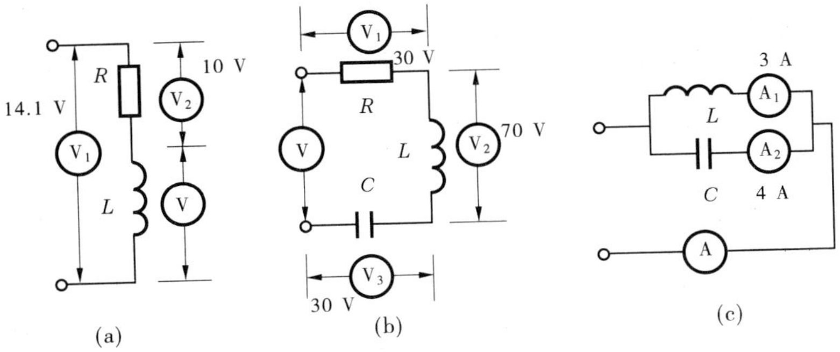

图 2-17　题 2-5 图

2-6　在 RLC 串联电路中，$R = 50\ \Omega$，$L = 150\ \text{mH}$，$C = 50\ \mu\text{F}$，电源电压 $u_C = 220\sqrt{2}\sin(18\ 000t + 20°)\ \text{V}$。要求：

(1) 求出 X_L、X_C、Z 的值；

(2) 求出电流 I 并写出电流 i 的瞬时值表达式；

(3) 求出各部分电压有效值，并写出瞬时值表达式；

(4) 作出相量图；

(5) 求出有功功率 P、无功功率 Q 和视在功率 S。

第三章　三相正弦交流电路

在电力系统中，电能的生产、传输和分配几乎都采用三相制，这是因为三相输电比单相输电节省材料，同时三相电流能产生旋转磁场，从而能制成结构简单、性能良好的三相异步电动机。

第一节　三相交流电动势

三相交流电是由三相交流发电机产生的。图 3-1（a）是三相交流发电机的示意图。在磁极间放一圆柱形铁芯，圆柱表面上对称安置了三个完全相同的线圈，叫做三相绕组。铁芯和绕组合称为转子。U_1、V_1、W_1 为绕组的首端，U_2、V_2、W_2 分别为它们的末端，空间上相差 120°的相位角。当发电机转子以角速度 ω 逆时针旋转时，在三相绕组的两端产生幅值相等、频率相同、相位依次相差 120°的正弦交流电压，这一组正弦交流电压叫做对称三相正弦电压。电压的参考方向规定为由绕组的首端指向末端，如图 3-1（b）所示。

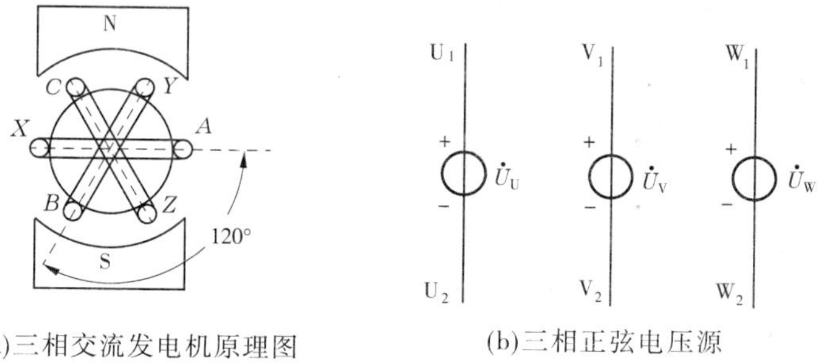

图 3-1　三相交流发电机的示意图

以 U 相电压为正弦参考量，则对称的三相正弦电动势的解析式为

$$\left.\begin{aligned} u_U &= U_m\sin\omega t \\ u_V &= U_m\sin(\omega t - 120°) \\ u_W &= U_m\sin(\omega t + 120°) \end{aligned}\right\} \tag{3-1}$$

它们的波形图和相量图如图 3-2（a）、（b）所示。

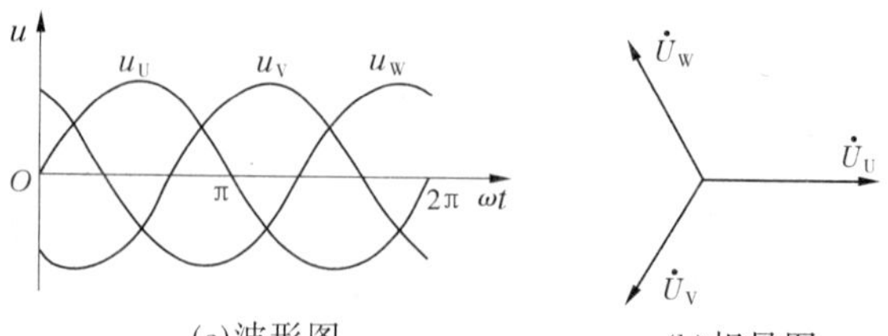

图 3-2　对称三相电源的电压波形图和相量图

用相量表示则为

$$\left.\begin{aligned}\dot{U}_{\mathrm{U}} &= U\angle 0^\circ\ \mathrm{V}\\ \dot{U}_{\mathrm{V}} &= U\angle -120^\circ\ \mathrm{V}\\ \dot{U}_{\mathrm{W}} &= U\angle 120^\circ\ \mathrm{V}\end{aligned}\right\} \tag{3-2}$$

三相交流电在相位上的先后次序称为相序。上述 U 相超前于 V 相,V 相超前于 W 相的顺序,叫做正序,一般的三相电源都是正序。工程上以黄、绿、红三种颜色分别作为 U、V、W 三相的标记。

从波形图可以看出,任意时刻三个正弦电压的瞬时值之和恒等于零,即

$$u_{\mathrm{U}} + u_{\mathrm{V}} + u_{\mathrm{W}} = 0 \tag{3-3}$$

其相量关系为

$$\dot{U}_{\mathrm{U}} + \dot{U}_{\mathrm{V}} + \dot{U}_{\mathrm{W}} = 0$$

即对称的三个正弦量的相量(瞬时值)之和为零。

第二节　三相电源的连接

三相发电机的每一相绕组都是独立的电源,可以单独接负载,成为不相连接的三相电路,但这样使用的导线根数就太多,所以这种电路实际上是不应用的。

三相电源的三相绕组一般都按两种方式连接起来供电,一种方式是星形(Y)连接,一种方式是三角形(△)连接。

一、三相电源的星形(Y)连接

三相电源的星形(Y)连接方式如图 3-3(a)所示,将三个电压源的末端 U_2、V_2、W_2 连接在一起,成为一个公共点 N,叫做中性点,简称中点;从三个首端 U_1、V_1、W_1 引出三根线与外电路相连。由中点引出的线称为中线,也称为零线或地线;由首端 U_1、V_1、W_1 引出的三根线称为端线或相线(俗称火线)。若三相电路中有中线,则称为三相四线制;若无中线,则称为三相三线制。

在三相电路中,每一相电压源两端的电压称为相电压,用 u_{U}、u_{V}、u_{W} 表示,参考方向规定为由首端指向末端;端线与端线之间的电压称为线电压,用 u_{UV}、u_{VW}、u_{WU} 表示,参考方向规定为由 U 到 V,由 V 到 W,由 W 到 U。

根据基尔霍夫电压定律可得

$$u_{\mathrm{UV}} = u_{\mathrm{U}} - u_{\mathrm{V}};u_{\mathrm{VW}} = u_{\mathrm{V}} - u_{\mathrm{W}};u_{\mathrm{WU}} = u_{\mathrm{W}} - u_{\mathrm{U}}$$

用相量表示为

$$\dot{U}_{\mathrm{UV}} = \dot{U}_{\mathrm{U}} - \dot{U}_{\mathrm{V}};\dot{U}_{\mathrm{VW}} = \dot{U}_{\mathrm{V}} - \dot{U}_{\mathrm{W}};\dot{U}_{\mathrm{WU}} = \dot{U}_{\mathrm{W}} - \dot{U}_{\mathrm{U}}$$

当相电压对称时,从相量图 3 3(b),可得线电压与相电压的大小关系为

$$U_{\mathrm{UV}} = 2U_{\mathrm{U}}\cos 30^\circ = \sqrt{3}U_{\mathrm{U}}$$

在相位上线电压 $\dot{U}_{\mathrm{UV}}$ 超前相电压 $\dot{U}_{\mathrm{U}}$ 的角度为 30°,即

$$\dot{U}_{UV} = \sqrt{3}\,\dot{U}_U \angle 30° \tag{3-4}$$

同理可得

$$\dot{U}_{VW} = \sqrt{3}\,\dot{U}_V \angle 30° \tag{3-5}$$

$$\dot{U}_{WU} = \sqrt{3}\,\dot{U}_W \angle 30° \tag{3-6}$$

即线电压也是一组对称三相正弦量。线电压的大小是相电压大小的$\sqrt{3}$倍，在相位上线电压超前相应的相电压 30°。

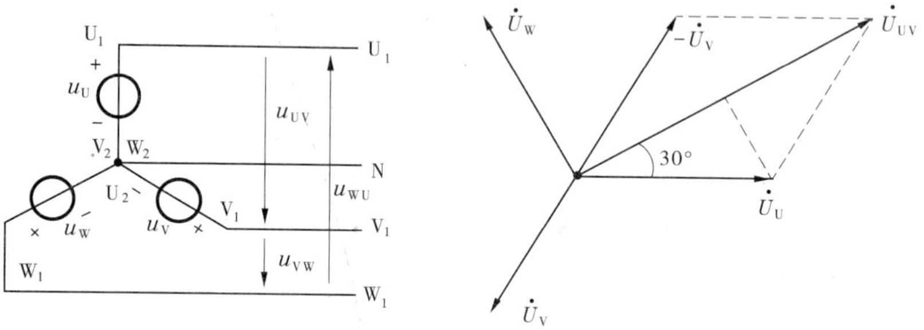

(a)电源的Y连接

(b)电源Y连接的线电压和相电压的相量关系

图 3-3　三相电源的连接

线电压的有效值用 U_l 表示，相电压的有效值用 U_p 表示，即

$$U_l = \sqrt{3}\,U_p \tag{3-7}$$

电源作 Y 连接时，可给予负载两种电压。在低压配电系统中线电压为 380 V，相电压为 220 V。

二、三相电源的三角形(△)连接

将三个电压源首末端依次相连，形成一闭合回路，从三个连接点引出三根端线。当三相电源作△连接时，只能是三相三线制，而且线电压就等于相电压。三相电源的△连接如图 3-4 所示。

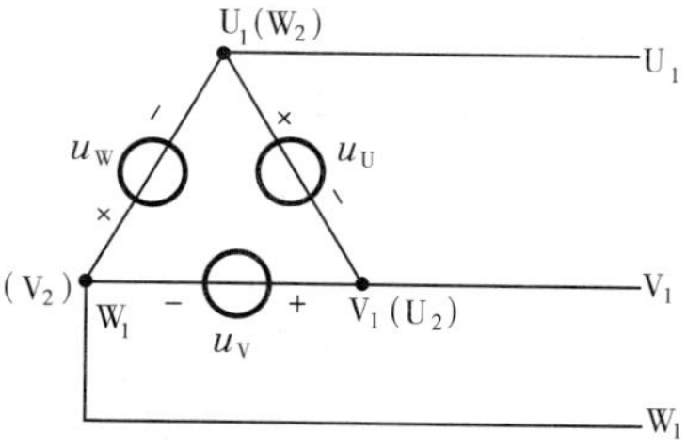

图 3-4　电源的△连接

电源作△连接时，电路中的线电压就是相电压，即

$$\left.\begin{aligned}\dot{U}_{UV} &= \dot{U}_U \\ \dot{U}_{VW} &= \dot{U}_V \\ \dot{U}_{WU} &= \dot{U}_W\end{aligned}\right\}$$

因为三相电压是对称的，所以其有效值关系为

$$U_l = U_p \tag{3-8}$$

第三节　三相负载的连接

三相负载,即三相电源的负载,由互相连接的三个负载组成,其中每个负载称为一相负载。

在三相电路中,负载有两种情况:一种负载是单相的,例如电灯、日光灯等照明负载,它们通过适当的连接组成三相负载;另一种负载是三相的,如电动机,三相绕组中每一相绕组也是单相负载,所以也存在如何将三个单相绕组连接起来接入电网的问题。

三相交流电路中,负载的连接方式有两种:星形(Y)连接和三角形(△)连接。

一、三相负载的星形(Y)连接

三相负载的 Y 连接,就是把三个负载的一端连接在一起,形成一个公共端点 N′,负载的另一端分别与电源三根端线连接。如果电源为 Y 形连接,则负载公共点与电源中点 N 的连线称为中线,两点间的电压 $U_{N'N}$ 称为中点电压。若电路中有中线连接,则构成三相四线制电路;若没有中线连接,或电源为三角形连接,则构成三相三线制电路。

负载 Y 连接的三相四线制电路如图 3-5 所示。其中流过端线的电流为线电流;流过每一相负载的电流为相电流,参考方向选择从电源流向负载。负载相电流等于线电流。流过中线的电流为中线电流,参考方向选择由负载中性点流向电源中性点。

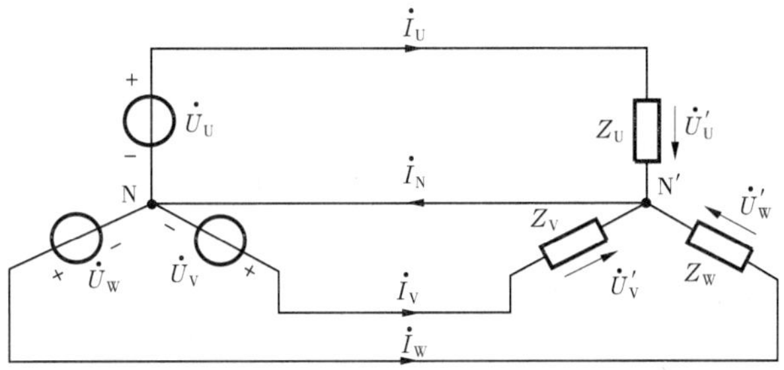

图 3-5　三相四线制 Y—Y 电路

若每相负载的复阻抗都相同,即 $Z_U = Z_V = Z_W = Z$,则称为对称负载;三相电路中若电源对称,负载也对称,则称为对称三相电路。

在三相四线制中,因为有中线存在,负载的工作情况与单相交流电路相同。若忽略连接导线上的阻抗,则负载相电压等于对应电源的相电压,即

$$\dot{U}'_U = \dot{U}_U ; \dot{U}'_V = \dot{U}_V ; \dot{U}'_W = \dot{U}_W$$

负载各相电流为

$$\dot{I}_U = \frac{\dot{U}_U}{Z_U} ; \dot{I}_V = \frac{\dot{U}_V}{Z_V} ; \dot{I}_W = \frac{\dot{U}_W}{Z_W}$$

中线电流

$$\dot{I}_N = \dot{I}_U + \dot{I}_V + \dot{I}_W$$

如果电源电压对称,负载也对称,此时负载端相电流大小相等,相位依次相差 120°,

即

$$\dot{I}_U = \frac{\dot{U}_U}{Z_U}$$

$$\dot{I}_V = \frac{\dot{U}_V}{Z_V} = \frac{\dot{U}_U \angle -120^\circ}{Z} = \dot{I}_U \angle -120^\circ$$

$$\dot{I}_W = \frac{\dot{U}_W}{Z_W} = \frac{\dot{U}_U \angle 120^\circ}{Z} = \dot{I}_U \angle 120^\circ$$

此时中线电流为

$$\dot{I}_N = \dot{I}_U + \dot{I}_V + \dot{I}_W = \dot{I}_U + \dot{I}_U \angle -120^\circ + \dot{I}_U \angle 120^\circ$$

中线没有电流通过,把中线去掉,对电路没有影响,此时便构成三相三线制电路。

【例 3-1】 在图 3-5 所示的三相四线制电路中,已知电源电压对称,其相电压 U_p 为 220 V,负载不对称,三相负载均为纯电阻负载,其数值为 $Z_U = 5\ \Omega$,$Z_V = 10\ \Omega$,$Z_W = 20\ \Omega$。试求:

(1)各负载相电压、相电流及中线电流;

(2)当 U 相短路时各相负载上的电压;

(3)当 U 相短路而中线又断开时各相负载上的电压;

(4)当 U 相断开时负载各相电压;

(5)当 U 相断开而中线也断开时,负载各相电压。

解: (1)设以 $\dot{U}_U$ 为参考正弦量,则

$$\dot{U}_U = 220\angle 0^\circ\ \text{V};\ \dot{U}_V = 220\angle -120^\circ\ \text{V};\ \dot{U}_W = 220\angle 120^\circ\ \text{V}$$

各负载相电流为

$$\dot{I}_U = \frac{\dot{U}_U}{Z_U} = \frac{220\angle 0^\circ}{5} = 44\angle 0^\circ(\text{A})$$

$$\dot{I}_V = \frac{\dot{U}_V}{Z_V} = \frac{220\angle -120^\circ}{10} = 22\angle -120^\circ(\text{A})$$

$$\dot{I}_W = \frac{\dot{U}_W}{Z_W} = \frac{220\angle 120^\circ}{20} = 11\angle 120^\circ(\text{A})$$

$$\begin{aligned}\dot{I}_N &= \dot{I}_U + \dot{I}_V + \dot{I}_W = 44\angle 0^\circ + 22\angle -120^\circ + 11\angle 120^\circ \\ &= 44 + 22\left(-\frac{1}{2} - \text{j}\frac{\sqrt{3}}{2}\right) + 11\left(-\frac{1}{2} + \text{j}\frac{\sqrt{3}}{2}\right) \\ &= 27.5 - \text{j}9.53 = 29.1\angle 19.1^\circ(\text{A})\end{aligned}$$

(2)当 U 相短路时,短路电流很大,U 相中的熔断器熔断,而 V 相和 W 相未受影响,其相电压仍为 220 V。

(3)当 U 相短路而中线又断开时,负载中点 N 与 U 相相连,故负载各相电压为

$$\dot{U}'_U = 0 \qquad U_U = 0$$

$$\dot{U}'_V = \dot{U}'_{VW} = 380\ \text{V}$$

$$\dot{U}'_{W} = U'_{VW} = 380\ \text{V}$$

此时,V 相和 W 相负载上所加的电压都超过其额定电压 220 V,这是不允许的。

(4)当 U 相断开时,V 相和 W 相未受影响,其相电压仍为 220 V。

(5)当 U 相断开而中线也断开时,原来的三相电路就变成单相电路,即 V 相和 W 相负载串联后接在线电压为 $U_{VW}=380$ V 的电源上,因此 V 相和 W 相负载的电流相同,其有效值为

$$I_V = I_W = \frac{U_{VW}}{Z_V + Z_W} = \frac{380}{10+20} = 12.7(\text{A})$$

而 $I_U=0$,则 V 相和 W 相负载的电压有效值分别为

$$U_V = I_V Z_V = 12.7\times 10 = 127(\text{V})$$
$$U_W = I_W Z_W = 12.7\times 20 = 254(\text{V})$$

可见 V 相负载的电压低于它的额定值,而 W 相负载的电压高于它的额定电压,这同样是不允许的。

由以上看到,由于中线的存在,三相负载不对称时,负载的相电压仍能保持不变。但当中线断开后,各相的相电压也就不相等了。与中线未断开时比较,某些相的电压减小而其他相的电压增大,造成负载的不正常工作,甚至可能烧毁。所以,在任何时候中线上不能装保险丝和开关。

当三相负载对称时,各相电流也是对称的,那么三相电流的相量和等于零,即中线电流为零。说明 N 点与 N′点等电位,中线断开后负载相电压与相电流与有中线时一样。可见在对称的三相四线制电路中,中线不起作用,故可省去中线,成为三相三线制电路。

【例 3-2】 三相三线制电路中,已知三相对称电源的线电压 $U_l=380$ V,三相星形对称负载的每相阻抗 $Z=6+\text{j}8\ \Omega$,求各相电流、相电压,并画出相电压与相电流的相量图。

解: 先求相电压

$$U_p = \frac{U_l}{\sqrt{3}} = \frac{380}{\sqrt{3}} = 220(\text{V})$$

设$\dot{U}_{UV}$的初相为 0°,即$\dot{U}_{UV}=380\angle 0°$ V,则

$$\dot{U}_U = 220\angle -30°\ \text{V}$$

根据对称关系 $\dot{U}_V = 220\angle -150°\ \text{V}$;$\dot{U}_W = 220\angle 90°\ \text{V}$

每相阻抗 $Z = 6+\text{j}8 = 10\angle 53°(\Omega)$

各相电流

$$\dot{I}_U = \frac{\dot{U}_U}{Z} = \frac{220\angle -30°}{10\angle 53°} = 22\angle -83°(\text{A})$$

$$\dot{I}_V = \frac{\dot{U}_V}{Z} = \frac{220\angle -150°}{10\angle 53°} = 22\angle 157°(\text{A})$$

$$\dot{I}_W = \frac{\dot{U}_W}{Z} = \frac{220\angle 90°}{10\angle 53°} = 22\angle 37°(\text{A})$$

相量图如图 3-6 所示。

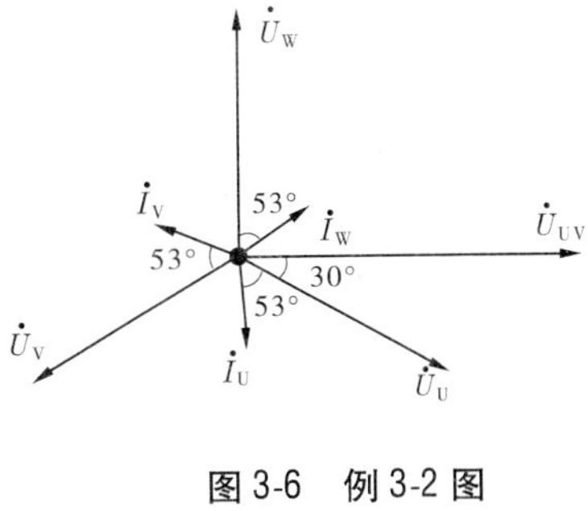

图 3-6 例 3-2 图

二、三相负载的三角形(△)连接

三相负载的△连接,就是将三相负载首尾连接,再将三个连接点与三根电源端线相连。如图 3-7(a)所示,此时只能构成三相三线制,各电流参考方向示于图中。

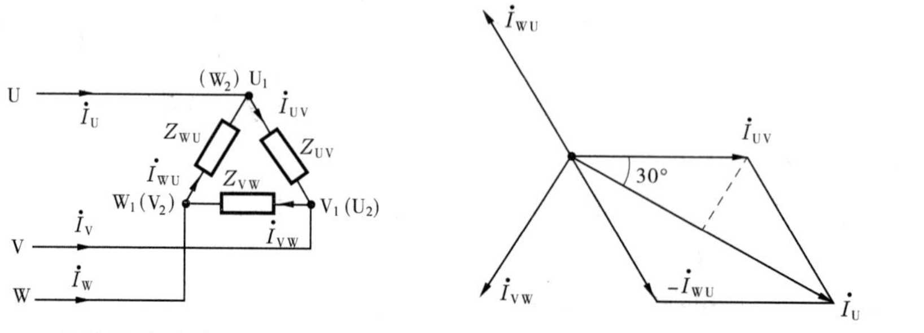

(a)负载的△连接

(b)负载△连接的线电流和相电流的相量关系

图 3-7　三相负载的△连接

负载△连接时,电路有以下基本关系:

(1)各相负载两端电压为电源线电压。

(2)各相电流可按单相正弦交流电路计算,即

$$\dot{I}_{UV} = \frac{\dot{U}_{UV}}{Z_{UV}};\dot{I}_{VW} = \frac{\dot{U}_{VW}}{Z_{VW}};\dot{I}_{WU} = \frac{\dot{U}_{WU}}{Z_{WU}}$$

(3)各线电流可利用 KCL 计算出,即

$$\dot{I}_U = \dot{I}_{UV} - \dot{I}_{WU}$$

$$\dot{I}_V = \dot{I}_{VW} - \dot{I}_{UV}$$

$$\dot{I}_W = \dot{I}_{WU} - \dot{I}_{VW}$$

如果电源电压对称,负载对称,则负载的相电流也是对称的,从相量图 3-7(b)可求出线电流与相电流的关系。

线电流与相电流的大小关系为

$$I_U = 2I_{UV}\cos30° = \sqrt{3}I_{UV}$$

在相位上,线电流$\dot{I}_U$滞后相应的相电流$\dot{I}_{UV}$的角度为 30°,即

$$\dot{I}_U = \sqrt{3}\,\dot{I}_{UV}\angle -30°$$

同理可得

$$\dot{I}_V = \sqrt{3}\,\dot{I}_{VW}\angle -30°$$

$$\dot{I}_W = \sqrt{3}\,\dot{I}_{WU}\angle -30°$$

可见,线电流也是一组对称三相正弦量,其有效值为相电流的$\sqrt{3}$倍,在相位上滞后于相应的相电流 30°。

线电流有效值用 I_l 表示,相电流有效值用 I_p 表示,即

$$I_l = \sqrt{3}I_p$$

【例3-3】 对称负载接成三角形，接入线电压为380 V的三相电源，若每相阻抗 $Z=6+\mathrm{j}8\ \Omega$，求负载各相电流及各线电流。

解： 设 $\dot{U}_{UV}=380\angle 0°$ V，则

$$\dot{I}_{UV}=\frac{\dot{U}_{UV}}{Z}=\frac{380\angle 0°}{6+\mathrm{j}8}=\frac{380\angle 0°}{10\angle 53°}=38\angle -53°(\mathrm{A})$$

$$\dot{I}_{VW}=\frac{\dot{U}_{VW}}{Z}=\frac{380\angle -120°}{6+\mathrm{j}8}=\frac{380\angle -120°}{10\angle 53.1°}=38\angle -173.1°(\mathrm{A})$$

$$\dot{I}_{WU}=\frac{\dot{U}_{WU}}{Z}=\frac{380\angle 120°}{6+\mathrm{j}8}=\frac{380\angle 120°}{10\angle 53.1°}=38\angle 66.9°(\mathrm{A})$$

负载各线电流为

$$\dot{I}_{U}=\sqrt{3}\,\dot{I}_{UV}\angle -30°=\sqrt{3}\times 38\angle -53.1°-30°=66\angle -83.1°(\mathrm{A})$$

$$\dot{I}_{V}=\sqrt{3}\,\dot{I}_{VW}\angle -30°=\sqrt{3}\times 38\angle -173.1°-30°=66\angle 156.9°(\mathrm{A})$$

$$\dot{I}_{W}=\sqrt{3}\,\dot{I}_{WU}\angle -30°=\sqrt{3}\times 38\angle 66.9°-30°=66\angle 36.9°(\mathrm{A})$$

第四节 三相电路的功率

三相电路总的有功功率等于各相有功功率之和，即

$$P=P_U+P_V+P_W=U_UI_U\cos\varphi_U+U_VI_V\cos\varphi_V+U_WI_W\cos\varphi_W$$

式中 U_U、U_V、U_W——负载各相电压有效值；

I_U、I_V、I_W——各相电流有效值；

φ_U、φ_V、φ_W——各相负载的阻抗角。

若三相负载对称，则

$$P=3U_pI_p\cos\varphi$$

当对称负载Y连接时

$$U_l=\sqrt{3}U_p;I_l=I_p$$

当对称负载△连接时

$$U_l=U_p;I_l=\sqrt{3}I_p$$

有

$$P=3U_pI_p\cos\varphi=\sqrt{3}U_lI_l\cos\varphi$$

故在对称三相电路中，无论负载是Y连接还是△连接，总有功功率均为

$$P=\sqrt{3}U_lI_l\cos\varphi \tag{3-9}$$

三相电路总的无功功率也等于三相无功功率之和，在对称三相电路中，三相无功功率为

$$Q=3U_pI_p\sin\varphi=\sqrt{3}U_lI_l\sin\varphi \tag{3-10}$$

而三相视在功率为

$$S=\sqrt{P^2+Q^2} \tag{3-11}$$

一般情况下，三相负载的视在功率不等于各相视在功率之和。只有在负载对称时，三

相视在功率才等于各相视在功率之和，对称三相负载的视在功率为

$$S = 3U_pI_p = \sqrt{3}U_lI_l \tag{3-12}$$

【例 3-4】 一对称三相负载作星形连接，每相负载为 $Z = R + jX = 6 + j8\ \Omega$。已知 $U_l = 380$ V，求三相总的有功功率 P。

解： 每相负载的功率因数

$$\cos\varphi = \frac{R}{|Z|} = \frac{6}{\sqrt{6^2+8^2}} = 0.6$$

相电压
$$U_p = \frac{U_l}{\sqrt{3}} = \frac{380}{\sqrt{3}} = 220(\text{V})$$

负载相电流
$$I_p = \frac{U_p}{|Z|} = \frac{220}{10} = 22(\text{A})$$

有功功率 $P = 3U_pI_p\cos\varphi = 3 \times 220 \times 22 \times 0.6 = 8.7 \times 10^3(\text{W}) = 8.7\ \text{kW}$

或
$$P = \sqrt{3}U_lI_l\cos\varphi = \sqrt{3} \times 380 \times 22 \times 0.6 = 8.7 \times 10^3(\text{W}) = 8.7\ \text{kW}$$

或
$$P = 3I_p^2R = 3 \times 22^2 \times 6 = 8.7 \times 10^3(\text{W}) = 8.7\ \text{kW}$$

本章小结

三相交流电路是一种复杂的交流电路，要解决的主要问题是找出电压和电流的关系以及功率的计算，三相交流电路中的电压与电流遵循电路的基本定律——欧姆定律和基尔霍夫定律。因此，根据电路图和电路的基本定律就不难求出电压与电流的关系。

三相交流发电机发出的三相电压是对称的。当电源作 Y 连接时，线电压和相电压的大小关系是 $U_l = \sqrt{3}U_p$，在相位上线电压超前相应的相电压 30°。当电源作△连接时，线电压等于相电压。

三相负载亦有 Y 和△两种接法，用哪种方式连接必须根据负载的额定电压而定。当负载采用 Y 连接时，对于不对称负载要接成三相四线制，中线必不可少，负载各相电流可根据欧姆定律一相一相地计算。对于三相对称负载，可省去中线，接成三相三线制，且各相负载电流是对称的。负载 Y 连接时线电流等于相电流，负载的线电压是相电压的 $\sqrt{3}$ 倍；当负载作△连接时，负载的线电压等于相电压，当负载对称时，线电流是相电流的 $\sqrt{3}$ 倍。

三相负载的有功功率和无功功率分别等于每相负载的有功功率和无功功率的代数和。若负载对称，不论负载是 Y 接法还是△接法均可用下列公式计算：

$$\left.\begin{aligned} P &= 3U_pI_p\cos\varphi = \sqrt{3}U_lI_l\cos\varphi \\ Q &= 3U_pI_p\sin\varphi = \sqrt{3}U_lI_l\sin\varphi \\ S &= \sqrt{P^2+Q^2} = \sqrt{3}U_lI_l \end{aligned}\right\}$$

但应注意，φ 是相电压与相电流的相位差。

习　题

3-1　某三相对称负载，$R=24\ \Omega$，$X_L=18\ \Omega$ 接在电压为 380 V 的电源上。试求：

(1)当负载额定电压为 220 V 时，应采用何种连接方式？求线电流、相电流和有功功率；

(2)当负载额定电压为 380 V 时，应采用何种连接方式？重求上述问题。

3-2　在三相四线制电路中，电源线电压 $U_l=380$ V。三个电阻性负载连接成星形，其电阻为 $R_U=11\ \Omega$，$R_V=R_W=220\ \Omega$。要求：

(1)求出负载相电压、相电流及中线电流，并作出它们的相量图；

(2)若无中线，求出负载相电压；

(3)若无中线，当 U 相短路时求出各相电压和电流，并作出它们的相量图。

3-3　在线电压为 380 V 的三相电源上，接两组电阻性对称负载，如图 3-8 所示，试求线路电流。

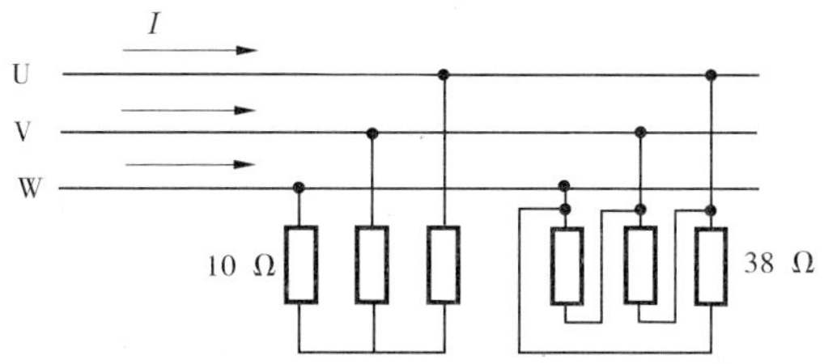

图 3-8　题 3-3 图

3-4　三相对称负载作 Y 连接，每相阻抗为 20 Ω，功率因数 $\cos\varphi=0.8$，电源线电压 $U_l=380$ V。试求负载电流及三相总功率。

3-5　有一三相异步电动机，绕组连接成△接于线电压 $U_l=380$ V 的电源上，从电源所取用的功率 $P=11.43$ kW，功率因数 $\cos\varphi=0.87$，试求电动机的相电流和线电流。

第四章　变压器

第一节　变压器的基本结构和原理

一、变压器的作用和类型

变压器是利用电磁感应原理变换电压(升压或降压)、传输电能的交流电气设备,它还可以变换交流电流、变换阻抗等。例如,在电力系统中用电力变压器把发电机发出的电压升高后进行远距离输电,到达目的地以后再用变压器把电压降低供用户使用;在实验室用自耦调压器改变电源电压;在测量上利用仪用变压器扩大对交流电压、电流的测量范围;在电子设备和仪器中用小功率电源变压器提供多种电压;用耦合变压器传递信号等。

为了适应不同的使用目的和工作条件,变压器的类型很多。根据绕组数目分为双绕组变压器、三绕组变压器和多绕组变压器;根据变压器输入端电源相数分为单相变压器和三相变压器;按调压方式分为无载调压变压器和有载调压变压器;按冷却方式分为油浸自冷变压器、油浸风冷变压器、强迫油循环变压器、强迫油循环导向冷却变压器和干式变压器。

二、变压器的结构

如图4-1所示为油浸自冷式电力变压器。一般电力变压器主要由铁芯和绕组两个基本部分组成。通常绕组套在铁芯上,绕组与绕组之间以及绕组与铁芯之间都是绝缘的。

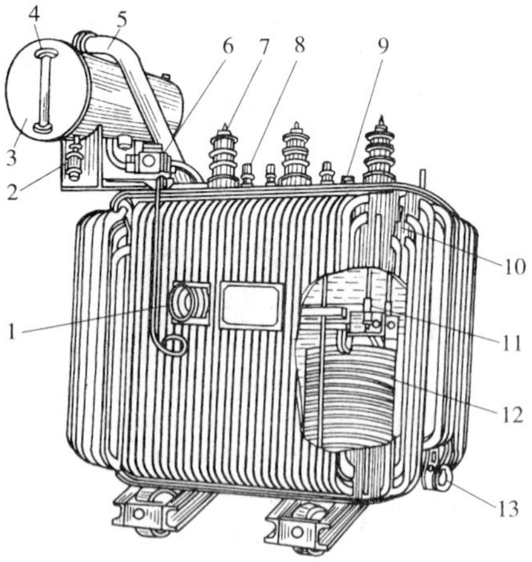

1—讯号式温度计;2—吸湿器;3—储油柜;4—油表;5—安全气道;6—气体继电器;
7—高压套管;8—低压套管;9—分接开关;10—油箱;11—铁芯;12—线圈;13—放油阀门

图4-1　油浸自冷式电力变压器

（一）铁芯

铁芯是构成变压器的磁路部分。为了减少涡流及磁滞损耗，铁芯常用0.35～0.5 mm厚表面涂有绝缘漆的硅钢片交错叠制而成。变压器铁芯有芯式、壳式两种形式，其中芯式变压器的铁芯被绕组包围，它适用于容量较大的单相变压器；壳式变压器的铁芯则包围绕组，它多用于小容量变压器。

（二）绕组

绕组构成变压器的电路部分，用铜线或铝线绕制而成。通常将高、低压绕组同心地套装在铁芯柱上，为了便于绝缘，一般低压绕组套在里面，高压绕组套在外面。

三、变压器的工作原理

变压器是利用电磁感应原理把某一电压值的交流电转变成频率相同的另一电压值的交流电的电气设备。图4-2所示为单相变压器原理图。它的铁芯是一个闭合磁路，共有两个线圈，套在同一个铁芯柱上，以增大其耦合作用。为了画图及分析时简单起见，常把两个线圈画成分别套在铁芯的两边。一个线圈接交流电源，称为原绕组，匝数为N_1；另一个线圈接负载，称为副绕组，匝数为N_2。

（一）变压器的变压作用

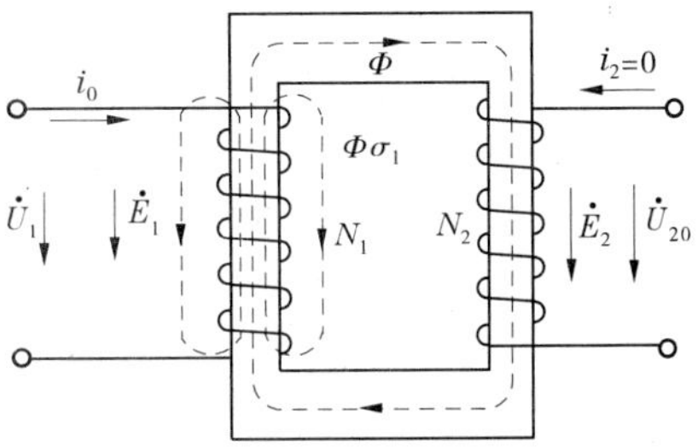

图4-2　单相变压器原理图

变压器的原绕组接交流电压u_1，副绕组开路，这种运行状态就叫做变压器的空载运行，如图4-2所示。这时副绕组中的电流$i_2=0$，电压为开路电压u_{20}；原绕组中便有空载电流i_0通过，空载电流很小，一般仅为变压器额定电流的3%～8%。电流i_0通过匝数为N_1的原绕组，产生磁动势i_0N_1。在其作用下，铁芯中产生正弦交变磁通，主磁通为Φ，其最大值为Φ_m。它同时和原、副绕组交链，还有很小一部分磁通穿过原绕组后沿周围空气而闭合，为原绕组的漏磁通。根据电磁感应原理，交变主磁通必定在原、副绕组中产生感应电动势E_1、E_2，原、副绕组中产生的感应电动势为

$$\left.\begin{aligned}E_1 &= 4.44fN_1\Phi_m\\E_2 &= 4.44fN_2\Phi_m\end{aligned}\right\}\tag{4-1}$$

式中　f——电源频率。

若忽略漏磁通及原、副绕组的电阻，则有

$$U_1 \approx E_1$$
$$U_{20} \approx E_2$$

将式(4-1)代入上式可得

$$\frac{U_1}{U_{20}} \approx \frac{E_1}{E_2} \approx \frac{N_1}{N_2} = K\tag{4-2}$$

式中　K——匝数比，也称电压比或变压器的变比。

由式(4-2)可见，变压器空载运行时，原、副绕组上电压的比值等于两者的匝数比。

原、副绕组匝数不同时，变压器就可实现电压变换作用。当原绕组匝数 N_1 比副绕组匝数 N_2 多时，即 $K>1$，称降压变压器；反之，若 $N_2>N_1$，即 $K<1$，称升压变压器。

（二）变压器的变流作用

变压器的原绕组接交流电压 u_1，副绕组接负载 Z_L，这种运行状态称为变压器的负载运行。如图4-3所示，副绕组有电流 i_2 产生。这时铁芯中的磁通 Φ 是由 i_1N_1 和 i_2N_2 共同产生的。由式 $U\approx E\approx 4.44fN\Phi_m$ 可知，当电源的电压和频率不变时，铁芯中的磁通最大值应保持基本不变，那么磁通势也应保持不变，即

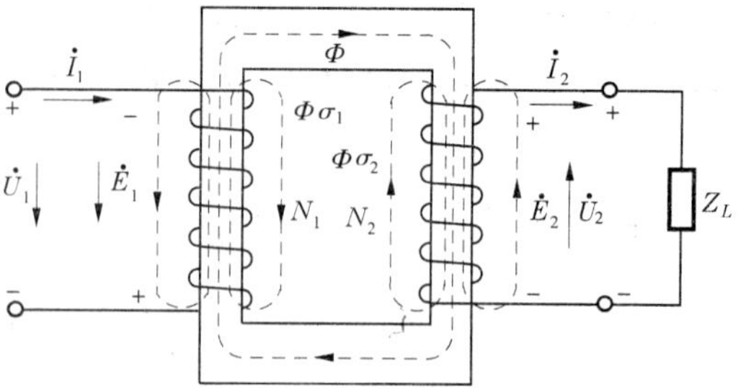

图4-3　变压器的负载运行

$$i_0N_1 = i_1N_1 + i_2N_2$$

或

$$\dot{I}_0N_1 = \dot{I}_1N_1 + \dot{I}_2N_2$$

由于变压器空载电流很小，一般只有额定电流的百分之几，因此当变压器额定运行时，$\dot{I}_0N_1$ 可忽略不计，于是有

$$\dot{I}_1N_1 \approx -\dot{I}_2N_2 \tag{4-3}$$

可见变压器负载运行时，原、副绕组的磁通势方向相反，即副边电流 $\dot{I}_2$ 对原边电流 $\dot{I}_1$ 产生的磁通有去磁作用。由式(4-3)可得原、副绕组电流有效值的关系为

$$\frac{I_1}{I_2} \approx \frac{N_2}{N_1} = \frac{1}{K} \tag{4-4}$$

由式(4-4)可见，当变压器额定运行时，原、副绕组的电流之比近似等于其匝数比的倒数。改变原、副绕组的匝数，可以改变原、副绕组电流的比值，这就是变压器的电流变换作用。

（三）变压器的变阻抗作用

变压器除有变压和变流的作用外，还有变换阻抗的作用。即对电源来说，变压器连同负载 Z 可等效为一个复数阻抗 Z'，由图4-4可知

$$Z' = \frac{\dot{U}_1}{\dot{I}_1} \approx \frac{-K\dot{U}_2}{-\frac{1}{K}\dot{I}_2} = K^2\frac{\dot{U}_2}{\dot{I}_2} = K^2Z \tag{4-5}$$

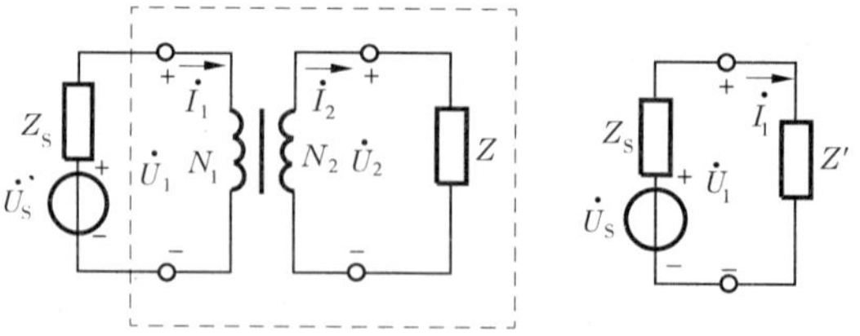

(a)线路图　　(b)等效图

图4-4　变压器的阻抗变换

应用变压器的阻抗变换可以实现阻抗匹配，即选择适当的变压器匝数比能够把负载阻抗折算为电路所需的数值。

【例4-1】 有一台降压变压器，原边电压为220 V，原边绕组匝数为1 760匝，若从副边输出12 V电压，问：(1)副边匝数为多少？(2)若副绕组电流为1 A，原绕组电流为多少？

解： (1)由$\frac{U_1}{U_2}=\frac{N_1}{N_2}$可知

$$N_2=\frac{U_2N_1}{U_1}=\frac{12\times 1\,760}{220}=96(\text{匝})$$

(2)由$\frac{I_1}{I_2}=\frac{N_2}{N_1}$可知

$$I_1=\frac{I_2N_2}{N_1}=\frac{96\times 1}{1\,760}\approx 0.054\,5(\text{A})=54.5\text{ mA}$$

【例4-2】 一只4 Ω的扬声器，经原绕组有600匝、副绕组有80匝的输出变压器接入晶体管功率放大电路时，其等效负载电阻R_L'为多大？

解：

$$R_L'=K^2R_L=\left(\frac{600}{80}\right)^2\times 4=225(\Omega)$$

第二节　变压器的使用

一、电力变压器的型号和主要技术数据

(一)变压器的型号

变压器的型号表示如下：

[1][2][3][4] - [5]/[6]

第一单元，相数(D—单相；S—三相；0—自耦变压器，在型号首位表示降压，在型号末位表示升压)。

第二单元，冷却方式(F—风冷式；S—水冷式；P—强迫油循环；D—强迫油导向循环；油浸自冷不表示)。

第三单元，特殊标志(L—铝绕组，铜绕组不表示；Z—有载调压，无激磁调压不表示；S—三绕组，双绕组不表示)。

第四单元，设计序号(下角标)。

第五单元，额定容量，kVA。

第六单元，高压绕组的电压等级，kV。

例如，S_7 - 1 000/10——三相、油浸自冷、双绕组、无激磁调压、铜绕组，额定容量1 000 kVA，高压绕组电压等级为10 kV。

(二)变压器的额定数据

变压器的额定数据标注在变压器的铭牌上，主要包括以下几种数据。

1. 额定电压 U_{1N}、U_{2N}

U_{1N}、U_{2N}是变压器空载时，在中间分接头下各绕组端电压的保证值，单位为 V 或 kV。原边额定电压 U_{1N}规定了变压器原边应加的电源电压。原边加额定电压、副边开路时的空载电压为副边的额定电压 U_{2N}。对于三相变压器，额定电压指线电压。

2. 额定电流 I_{1N}、I_{2N}

I_{1N}、I_{2N}是指变压器在额定容量情况下，各绕组允许长期通过的线电流，单位为 A。

3. 额定容量 S_N

S_N 是指变压器在额定工作条件下输出能力的保证值，是变压器的额定视在功率，为变压器副边绕组的额定电压和额定电流的乘积。由于双绕组变压器效率高，通常将原、副边的额定容量设计得相等。

单相变压器 $$S_N = U_{1N}I_{1N} = U_{2N}I_{2N}$$

三相变压器 $$S_N = \sqrt{3}\,U_{1N}I_{1N} = \sqrt{3}\,U_{2N}I_{2N}$$

4. 额定频率 f_N

我国规定额定频率 $f_N = 50$ Hz。

5. 短路电压 $U_K(\%)$

$U_K(\%)$是指一边绕组短路，另一边绕组中流过额定电流时所加的电压，一般以额定电压的百分数表示。因为它也反映了变压器在通过额定电流时的漏阻抗压降的情况，所以也称为阻抗电压。

6. 允许温升

变压器的允许温升是以周围环境温度为 40 ℃作参考，根据绝缘材料允许的温度，规定在运行中变压器的温度允许超过周围环境温度的数值。油浸变压器的温升一般是指变压器上层油面的温升。

二、变压器的运行及效率

(一)副边电压变化率

由于变压器原、副绕组有电阻和漏阻抗，当变压器负载工作时，负载电流流经漏阻抗，在变压器内部产生电压降，因此变压器副边输出电压 U_2 将随着负载电流 I_2 的变化而变化。

当原绕组上外加电压和副绕组的负载功率因数 $\cos\varphi_2$ 不变时，副边端电压 U_2 随负载电流 I_2 变化的规律，称为变压器的外特性，即 $U_2 = f(I_2)$，如图 4-5 所示。

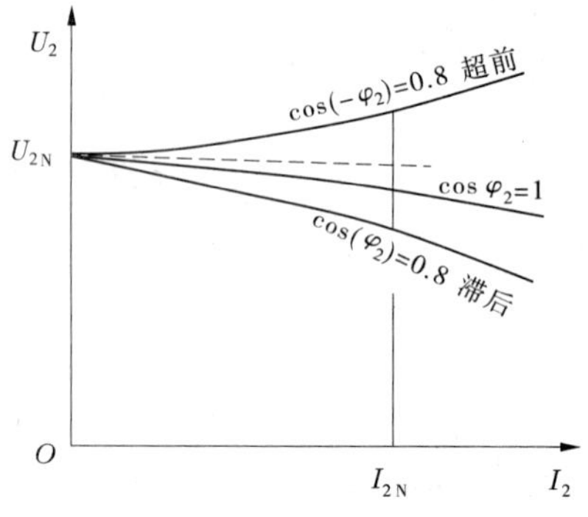

图 4-5 变压器的外特性

从图 4-5 中可看出，负载性质和功率因数不同时，从空载($I_2=0$)到满载($I_2=I_{2N}$)，变压器副边电压 U_2 变化的趋势和程度是不同的，我们用副边电压变化率(或称电压调整率)来表示。副边电压变化率 $\Delta U(\%)$规定为：当原边接在额定电压和额定频率的交流电源上，副边开路电压 U_{2N}和在指定的功率因数下副边输出额定电流时的副边电压 U_2 的

算术差与副边额定电压 U_{2N} 的百分比值,即

$$\Delta U = \frac{U_{2N} - U_2}{U_{2N}} \times 100\% \tag{4-6}$$

电压变化率 $\Delta U(\%)$ 是表征变压器运行性能的重要数据之一,它反映了变压器供电电压的稳定性。电压变化率 $\Delta U(\%)$ 的大小与变压器的参数和负载性质有关。

(二)变压器的效率

变压器负载运行时,原边从电源输入有功功率 P_1,其中很小部分消耗于原绕组的电阻(称为原边铜损)和铁芯(称为铁损,包括磁滞损耗和涡流损耗)中,其余部分以主磁通为媒介通过电磁感应传递给副绕组,称为电磁功率。副边获得的电磁功率,除去副绕组的铜损,其余的传输给负载,这就是变压器的输出功率 P_2。

所以,原绕组输入功率为

$$P_1 = P_2 + P_{Fe} + P_{Cu} \tag{4-7}$$

铁损 P_{Fe} 只与 U_1 有关(近似与 U_1^2 正比),不随负载变化,铜损为

$$P_{Cu} = I_1^2 r_1 + I_2^2 r_2$$

随负载而变化,一般变压器满载时铜损值比铁损值大。

变压器的效率为

$$\eta = \frac{P_2}{P_1} \times 100\% = \frac{P_2}{P_2 + P_{Fe} + P_{Cu}} \times 100\% \tag{4-8}$$

变压器效率与负载电流的关系如图 4-6 所示。一般电力变压器的效率很高,可达 95% ~99%。

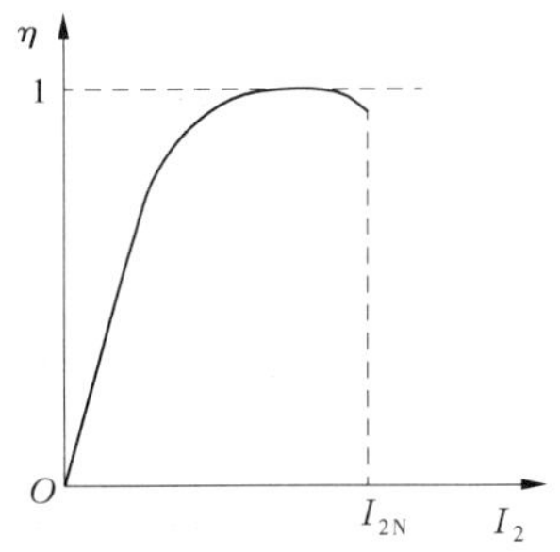

图 4-6　变压器的效率与负载电流的关系

变压器的铁损和铜损可以通过空载试验和短路试验测得。在空载试验中,当变压器原边加额定电压、副边开路时,测出变压器输入功率 P_0(空载损耗功率)。由于此时原边的空载电流 I_{10} 远远小于原边额定电流,数值很小,它在原绕组电阻上的铜损很小,可以忽略,而副边无电流,因而没有铜损,因此可认为输入功率全部损耗在铁芯上,即 $P_0 = P_{Fe}$。

在短路试验中,变压器副边短接(无输出功率),原边加上很低的短路电压 u_K,使原、副边的电流达到额定值,测出变压器的输入功率 P_K(短路损耗功率)。由于短路电压仅为额定电压的百分之几,这时的铁损甚微,可略去不计,从而认为短路损耗功率 P_K 全部耗于铜损上,即 $P_K = P_{Cu}$。

电力变压器的空载损耗和短路损耗都可以从变压器的产品目录中查出,对于三相变压器是指三相总损耗功率。

第三节　三相变压器

电力系统一般采用三相制供电,因而三相变压器得到了广泛的应用。实际中对三相电源进行电压变换时,可用三台单相变压器组成的三相变压器组,如图 4-7 所示。或用一

台三相芯式变压器来完成,如图 4-8 所示。

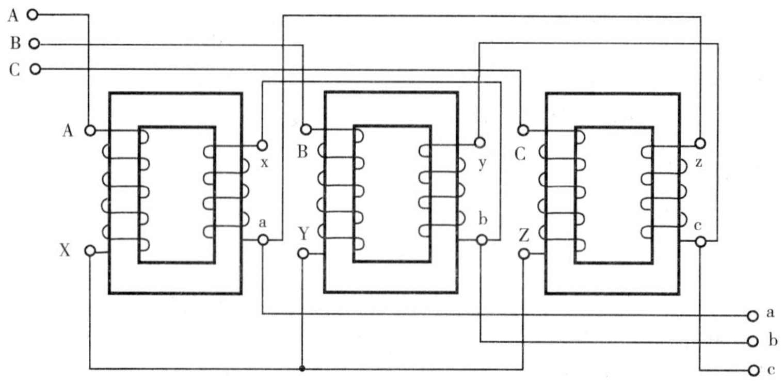

图 4-7　三相变压器组

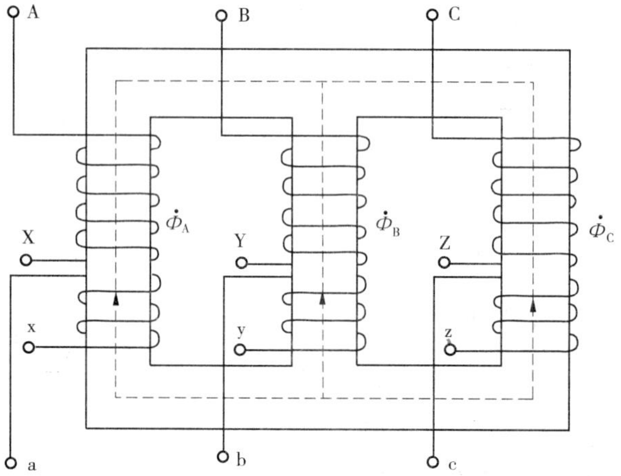

图 4-8　三相芯式变压器

三相芯式变压器用得最多,原理结构如图 4-8 所示。它的铁芯有三个芯柱,每个芯柱上装有属于同一相的两个绕组,就每一相来说,其工作情况和单相变压器完全相同。

三相变压器的高、低压绕组不仅有星形和三角形接法之分,高、低压绕组首端之间还有同极性端和异极性端之分,使得三相变压器一次、二次的线电压会出现不同的相位差。这种相位关系常采用"时钟法"判定,即把高压侧线电压相量作为时钟上的分针,始终指着"12",而以低压侧线电压相量作为时针,这个"时针"指的数字即称为三相变压器连接组的组号,这时它指的数字与"12"之间的角度就表示高、低压侧线电压相量之间的相位差。

由于三相绕组可以采用不同的连接,为了避免混乱和考虑并联运行的方便,国家标准规定,电力变压器的连接组有 Y,yn0;YN,y0;Y,y0;Y,d11;YN,d11 等五种标准连接组。大写字母表示高压边,小写字母表示低压边,Y 或 y 表示星形连接,D 或 d 表示三角形连接,N 或 n 表示接中线。

图 4-9 为 Y,yn0 连接组的接线图,用于副边电压为 400 ~ 230 V 的配电变压器,可供给动力和照明混合负载。图 4-10 为 Y,d11 连接组的接线图。

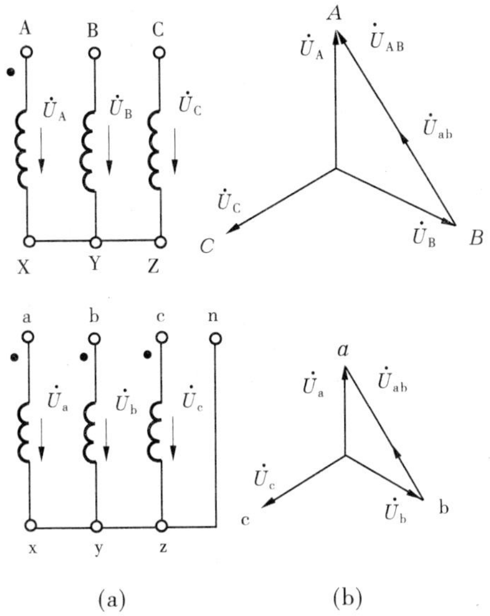

(a)　　(b)

图 4-9　Y,yn0 连接组

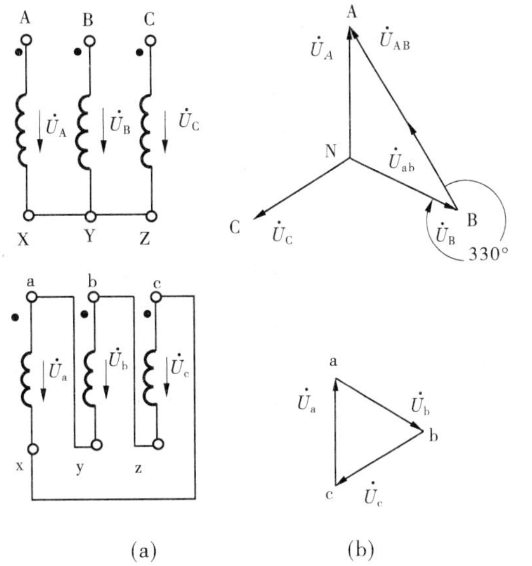

(a)　　(b)

图 4-10　Y,d11 连接组

第四节　特殊变压器

一、自耦变压器

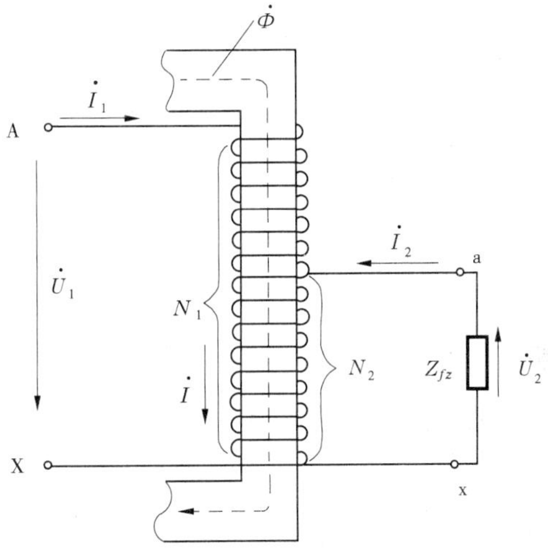

图 4-11　自耦变压器

前面介绍的双绕组变压器,其原、副绕组是相互绝缘而绕在同一铁芯上,两绕组之间仅有磁的耦合而无电的联系。而自耦变压器是将原绕组的一部分兼作副绕组使用,其结构如图 4-11 所示。自耦变压器原、副绕组之间既有磁的耦合,又有电的联系。

自耦变压器的工作原理和普通的双绕组变压器相同。由于同一主磁通穿过绕组,所以原、副绕组电压仍然近似与匝数成正比。

$$\frac{U_1}{U_2} \approx \frac{E_1}{E_2} = \frac{N_1}{N_2} = K \qquad (4\text{-}9)$$

在电源电压 U_1 一定时,主磁通最大值 $\boldsymbol{\Phi}_{\mathrm{m}}$ 基本不变,同样存在着磁动势平衡关系。略去空载电流,则原、副边电流之比为

$$\frac{\dot{I}_1}{\dot{I}_2} \approx \frac{1}{K} \qquad (4\text{-}10)$$

由于$\dot{I}_1$ 与$\dot{I}_2$ 近似反相位,因此自耦变压器线圈中原、副绕组公共部分的电流大小为

$$I = I_2 - I_1 \qquad (4\text{-}11)$$

若变比 K 接近于 1，I_1 与 I_2 的数值相差不大，公共部分的电流 I 很小。这部分线圈可用截面较小的导线，以节省铜材，若不减小导线截面，这部分的铜损减小，能提高变压器的效率。此优点在变比较大时不显著。自耦变压器的变比一般为 1.5～2。

自耦变压器的低压绕组与高压绕组直接有电的联系，要采用同样的绝缘，并有使用不够安全的缺点。因此，一般变比要求很大的变压器和输出电压为 12 V、36 V 的安全灯变压器都不采用自耦变压器。

有的自耦变压器采用滑动触头均匀改变副绕组的匝数，从而能改变输出电压。这种可以平滑地调节输出电压的自耦变压器称为调压器。它常用于实验室中，如图 4-12 所示。

自耦变压器也可以做成三相的，为三相调压器。电力网中也常用三相自耦变压器，如图 4-13 所示。

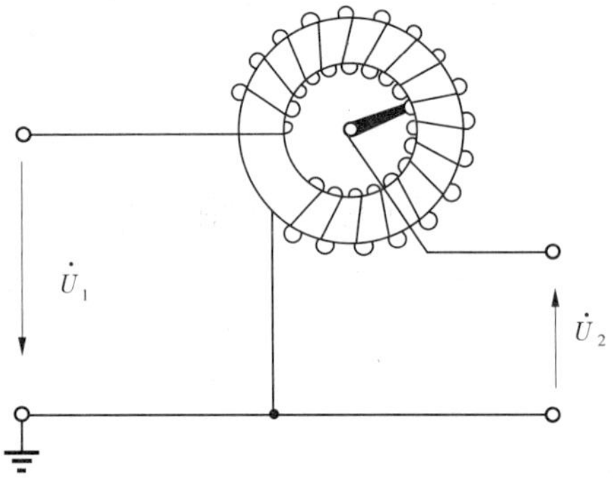

图 4-12　单相调压器接线原理

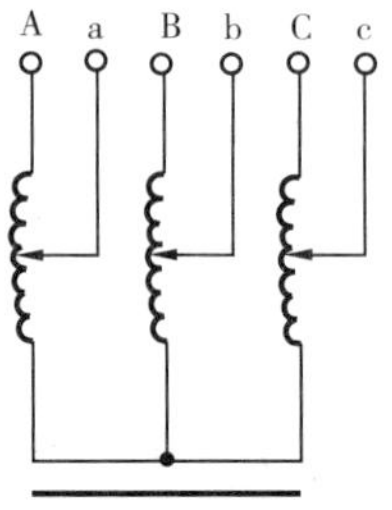

图 4-13　三相调压器接线原理

二、仪用互感器

仪用互感器是供测量、自动控制及保护用的一种特殊用途变压器。使用互感器，可将交流高电压变换成低电压或将交流大电流变换为小电流，然后送给测量仪表或控制、保护和自动装置。这样可扩大测量仪表的量程，满足自动控制和保护装置对电压、电流信号的要求，并且能使仪表、控制设备与高压电路相隔离，以保证仪表、控制设备及工作人员的安全。按用途不同，互感器可分为电压互感器和电流互感器两种。

（一）电压互感器

电压互感器结构原理和接线图如图 4-14 所示。原绕组为高压绕组，其匝数 N_1 很多，并联在待测的高压线路中。副绕组为低压绕组，匝数 N_2 较少，各种仪表（电压表、功率表等）的电压线圈或控制保护电器的电压线圈并联在副绕组的两端。

各种仪表、电器的电压线圈阻抗都很大，故电压互感器的运行与电力变压器的空载运行情况相似。原、副绕组电压比为

$$\frac{U_1}{U_2} \approx \frac{N_1}{N_2} = K_u \qquad (4\text{-}12)$$

式中　K_u——电压互感器的变比。

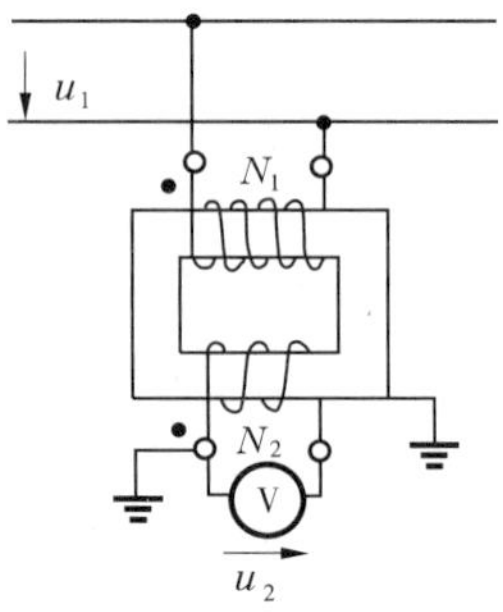

图 4-14　电压互感器

(二)电流互感器

电流互感器结构原理和接线图如图4-15所示。其原绕组匝数很少(有的只有1匝),导线粗,串联在待测电流的线路中,使待测电流流过原绕组。副绕组匝数多,导线细,电流表、功率表和控制、保护装置的电流线圈与它串联接成闭合回路。因为变压器有电流变换作用,即有

$$\frac{I_1}{I_2} \approx \frac{N_2}{N_1} = \frac{1}{K} \tag{4-13}$$

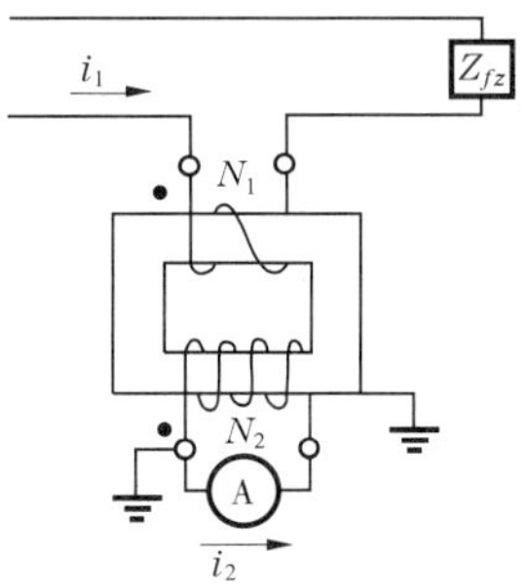

图4-15　电流互感器

故

$$I_1 \approx \frac{1}{K} I_2 = K_i I_2$$

式中　K_i——电流互感器的变流比。

因此,测量时只要将电流表的读数乘上变流比 K_i 就等于被测电流 I_1。如果电流互感器与电流表是配套的,就可以从表盘上直接读出 I_1 的数值。电流互感器副边额定电流通常为标准值5 A。

与电力变压器不同,电流互感器的原绕组是串联在待测电流的电路之中,其原边电流的大小并不随副边电流的变化而变化。由于各种仪表电流线圈的阻抗都很小,电流互感器在运行中,其副绕组工作在接近短路的状态下。正常工作时原、副绕组的磁动势相互抵消,铁芯中磁通较小。如果副边开路,则副边电流为零,副边不能产生与原边相抵消的磁动势,在原边磁动势的作用下,铁芯中的磁通将大增,匝数多的副绕组上要感应出上千伏的高电压,这样将会击穿绕组绝缘、损坏设备、危及工作人员的安全,同时铁损大增、铁芯急剧发热会使电流互感器烧毁。因此,在运行中,电流互感器副边严禁开路。在副边电路中拆装仪表时,必须先将副绕组短接。电流互感器副边电路中不允许接熔断器。

为了工作安全,电流互感器的铁芯及副绕组的一端都必须接地。

当测量高电压、大电流负载的功率时,可同时使用电压互感器和电流互感器来扩大功率表的量程。功率表的电流线圈串联在电流互感器副边电路上,电压线圈并联在电压互感器副边上。如功率表的读数为 P_2,则被测功率为

$$P = K_u K_i P_2$$

用电流互感器和电流表(安培表)还可以制成使用方便的钳形电流表,如图4-16所示。测量时先按下把手,使可动铁芯张开,将待测电流的导线套进钳形铁芯中,放开把手,使铁芯闭合。这样,被套入的载流导体成为电流互感器的原绕组,而绕在铁芯上的副绕组与电流表构成闭合回路,从电流表上可直接读出被测电流的大小。

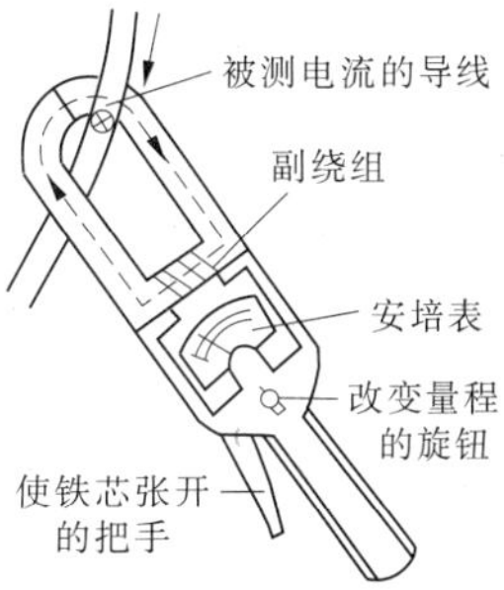

图4-16　钳形电流表

本章小结

变压器是利用电磁感应原理,把一种电压等级的交流电能转换成同频率的另一种电

压等级的交流电能的电气设备。原、副绕组上电压的比值等于两者的匝数比，原、副绕组匝数不同时，变压器就可实现电压变换作用。其主要构成部分是铁芯和绕组。

变压器不仅能变换电压，还能够变换电流和阻抗，因此在电力系统和电子设备中得到了广泛使用。

为了正确使用变压器，必须掌握其铭牌数据，同时还应了解其外特性、电压变化率、效率以及变压器的连接组别。

在变比不大的情况下，采用自耦变压器可节省材料、提高效率。由于绕组的一部分是原、副边共用的，原、副边有直接的电联系，使用时要注意安全。输出电压可平滑调节的自耦变压器称为调压器，广泛适用于实验室中。

电压互感器用于测量高电压，其原绕组并联于待测电路。电流互感器用于测量大电流，其原绕组串联于待测电路。使用时，应将铁芯和副绕组一端接地。在运行中，电压互感器副边不允许短路，电流互感器副边不允许开路。

习　题

4-1　变压器的作用是什么？常用的变压器有哪些？

4-2　已知某单相变压器的原边电压 $U_1=3\,300$ V，其变比 $K=15$，求副边电压 U_2。当副边电流 $I_2=60$ A 时，求原边电流 I_1。

4-3　变压器能否变换直流电压？为什么？若不慎将一台额定电压为 110 V/36 V 的小容量变压器的原边接到 110 V 直流电源上，副边会产生什么情况？原边会出现什么后果？

4-4　某三相变压器带纯电阻性负载，其额定数据如下：视在功率 $S_N=200$ kVA，$U_{1N}=6\,000$ V，$U_{2N}=400$ V，$f=50$ Hz，绕组为 Y，yn0 接法。测得 $P_{Fe}=880$ W，额定负载时 $P_{Cu}=3\,800$ W，求变压器的额定电流和满载时的效率。

4-5　什么情况下需要应用电压互感器和电流互感器？为什么在运行中电压互感器副边严禁短路、电流互感器副边严禁开路？

4-6　用钳形电流表测单相线路的电流时，若将两根导线同时放入钳内，会出现什么情况？测量三相三线制电路中的电流时，如果也把两根导线同时放入钳内，又会出现什么情况？为什么？

第五章　三相异步电动机

实现机械能与电能互相转换的旋转机械称为电机。把机械能转换为电能的电机称为发电机,把电能转换为机械能的电机称为电动机。

现代各种生产机械都广泛应用电动机来拖动。电动机按所消耗的电能种类可分为交流电动机和直流电动机。交流电动机又分为异步电动机和同步电动机,其中异步电动机由于结构简单、运行可靠、维护方便、价格便宜,是所有电动机中应用最广泛的一种。各种机床、起重机、传送带、鼓风机、水泵以及各种农副产品的加工等都普遍使用三相异步电动机,各种家用电器、医疗器械和许多小型机械则使用单相异步电动机。

第一节　三相异步电动机的基本知识

一、三相异步电动机的结构

与其他旋转电动机一样,三相异步电动机主要由定子和转子两大部分组成,定子、转子之间有气隙。图 5-1 所示为三相鼠笼式异步电动机的结构。

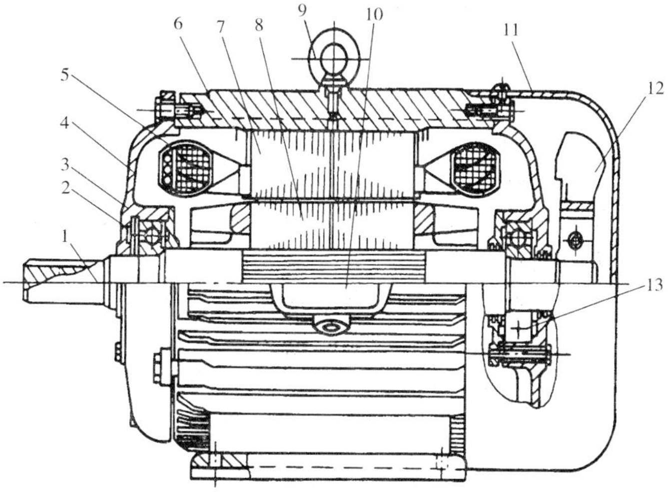

1—轴;2—弹簧片;3—轴承;4—端盖;5—定子绕组;6—机座;7—定子铁芯;
8—转子铁芯;9—吊环;10—出线盒;11—风罩;12—风扇;13—轴承端盖

图 5-1　三相鼠笼式异步电动机结构图

(一)定子部分

1. 定子铁芯

定子铁芯是异步电动机主磁通磁路的一部分。为了减少旋转磁场在铁芯中引起的涡流损耗和磁滞损耗,定子铁芯是由导磁性能较好、厚度为 0.5 mm 的硅钢片叠压而成的。

对于容量较大(10 kW 以上)的电动机,在硅钢片两面涂以绝缘漆,作为片间绝缘。在定子铁芯内圆开有均匀分布的槽,槽内放置定子绕组。

2. 定子绕组

定子绕组是异步电动机定子的电路部分,它由许多线圈按一定的规律连接而成。线圈则由高强度漆包圆铜线或圆铝线绕成;或用高强度漆包扁铝线或扁铜线,或玻璃丝包扁铜线绕成。

三相异步电动机的定子绕组共分三组,分布在定子铁芯槽内,它们在定子内圆周空间彼此相隔 120°电角度,构成对称的三相绕组。三相绕组共有六个出线端,通常接在置于电动机外壳上的接线盒中,三个绕组的首端接头分别用 U_1、V_1、W_1 表示,其对应的末端接头分别用 U_2、V_2、W_2 表示,三相定子绕组可以根据需要接成 Y 或△连接,如图 5-2 所示。

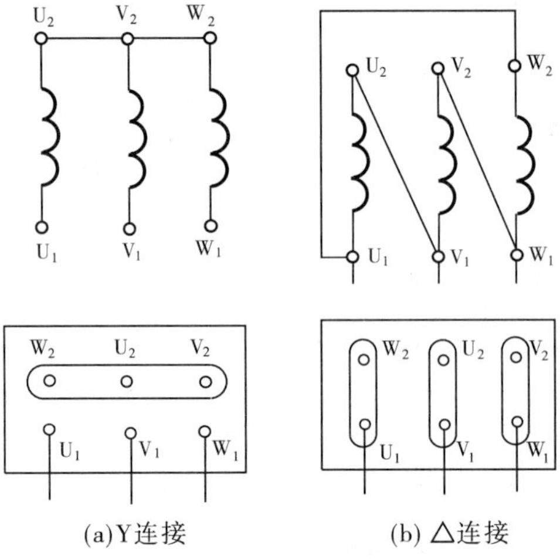

图 5-2 三相异步电动机的定子接线

3. 机座

机座的作用主要是固定与支撑定子铁芯,所以要求它有足够的机械强度和刚度。对于中小型异步电动机,通常采用铸铁机座;对于大型电动机,一般则用钢板焊接机座。

(二)转子部分

1. 转子铁芯

转子铁芯的作用与定子铁芯相同,一方面作为电动机磁路的一部分,另一方面用来安放转子绕组。它用厚 0. 5 mm 且冲有转子槽的硅钢片叠压而成,中小型电动机的转子铁芯一般都直接固定在转轴上,而大型异步电动机的转子则套在转子支架上,然后让支架固定在转轴上。

2. 转子绕组

转子绕组的作用是产生感应电动势、流过电流并产生电磁转矩。按其结构形式分为鼠笼式和绕线式两种。下面分别说明这两种绕组的特点。

(1)鼠笼式转子绕组。它由嵌放在转子铁芯槽内的铜条或铝条,以及转子铁芯两端的金属环相互连接而构成,它使所有导体处于短路状态。如图 5-3 所示,转子绕组形如鼠笼,故称为鼠笼式电动机。100 kW 以下的异步电动机一般采用铸铝转子。鼠笼式转子结构简单、制造方便、成本低、运行可靠，从而得到广泛应用。

(2)绕线式转子绕组。与定子绕组一样，绕线式转子绕组也是一个对称三相绕组。一般接成星形，三根引出线分别接到转轴上的三个与转轴绝缘的集电环上，通过电刷装置与外电路相接。如图 5-4 所示，它可以把外接电阻串联到转子绕组回路中去，以便改善异步电动机的启动及调速性能。

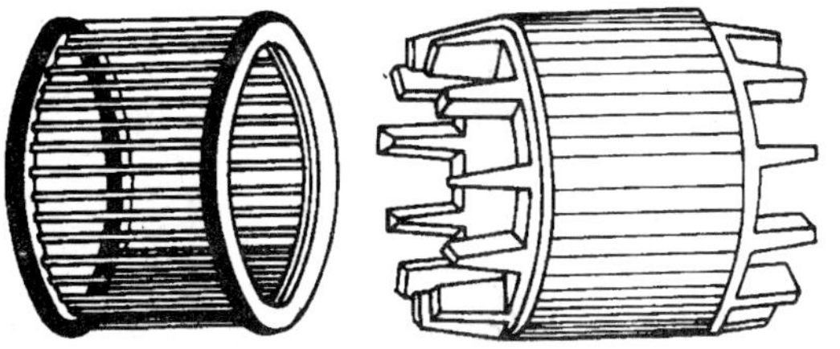

(a) 铜排转子　　(b) 铸铝转子

图 5-3　鼠笼式转子绕组

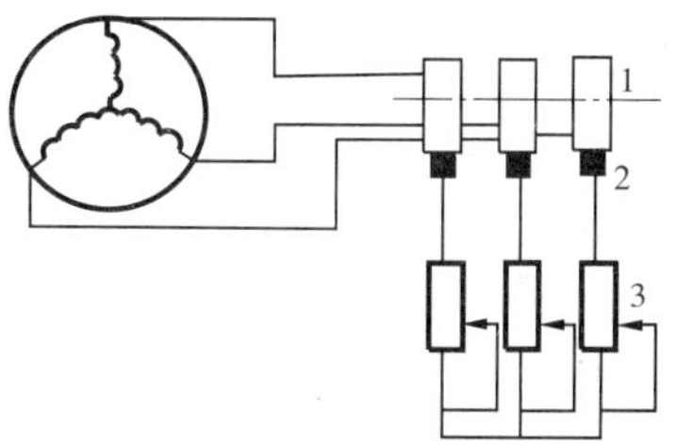

1—集电环；2—电刷；3—变阻器

图 5-4　绕线式转子绕组外加变阻器接线

(三)其他部分及气隙

除定子、转子外，还有端盖、风扇等。端盖除起防护作用外，还装有轴承，用以支撑转子轴。风扇则用来通风冷却。

异步电动机的定子与转子之间的气隙，比同容量直流电动机的气隙小得多，一般为 0.2 ~2 mm。气隙的大小对电动机的运行性能影响很大。气隙越大，由电网供给的励磁电流也越大，则功率因数 $\cos\varphi$ 越低，要提高功率因数，气隙应尽可能地减小。但由于装配上的要求及其他原因，气隙又不能过小。

二、三相异步电动机的铭牌数据

异步电动机铭牌上标注着电动机的一些必要技术数据，因此使用时必须按照电动机规定的数据来使用。铭牌上标注的数据主要有以下几项。

(1)型号。国产中小型三相异步电动机型号的系列为 Y 系列，是按国际电工委员会 IEC 标准设计生产的三相异步电动机，其型号表示方法为：

[1][2][3][4] - [5]

第一单元，产品字母代号，见表 5-1。

第二单元，机座中心高，mm。

第三单元，机座长度代号(L—长；M—中；S—短)。

第四单元，铁芯长度代号，一般有 1、2、3 三种。

第五单元，极数。

(2)额定功率 P_N。即电动机在额定运行时，转轴上输出的机械功率，单位是千瓦(kW)。

(3)额定电压 U_N。即额定运行时电网加在定子绕组上的线电压，单位是伏(V)。

(4)额定电流 I_N。即电动机在额定电压下，输出额定功率时，定子绕组中的线电流，单位是安(A)。

表 5-1　异步电动机产品名称代号

产品名称	新代号	汉字意义
异步电动机	Y	异
绕线式异步电动机	YR	异绕
隔爆型异步电动机	YB	异爆
起重冶金用异步电动机	YZ	异重
起重冶金用绕线式异步电动机	YZR	异重绕
高启动转矩异步电动机	YQ	异启

(5)额定转速 n_N。即额定运行时电动机的转速,单位是转/分(r/min)。

(6)额定功率因数 $\cos\varphi_N$。电动机在额定电压、额定功率时定子每相绕组的功率因数。

(7)额定效率 η_N。额定工作时输出功率与输入功率之比。

由上述可知,三相异步电动机额定功率与其他额定数据之间有如下关系

$$P_N = \sqrt{3}U_N I_N \cos\varphi_N \eta_N \tag{5-1}$$

(8)额定频率 f_N。是指电动机所接电源的频率,单位 Hz。我国的工频频率为 50 Hz。

(9)绝缘等级。常用材料绝缘等级按允许温升由低到高有 A、E、B、F、H 五个等级。

(10)接法:星形或三角形连接,常用 Y 或△表示。它表示定子绕组在额定运行时采用的连接方式。

(11)工作制。指三相电动机的运转状态,即允许连续使用的时间,分为连续、短时、周期断续三种。

(12)防护等级。表示三相电动机外壳的防护等级,其中 IP 是防护等级的标志符号,其后面的两位数字分别表示电动机防固体和防水能力。数字越大,防护能力越强。如 IP44 中第一位数字"4"表示电动机能防止直径或厚度大于 1.0 mm 的固体进入电动机内壳,第二位数字"4"表示能承受任何方向的溅水。

第二节　三相异步电动机的工作原理

三相异步电动机的定子绕组是一个空间位置对称的三相绕组,当此三相定子绕组通入三相交流电流后就会在定子内产生一个可以旋转的磁场,称为旋转磁场。

一、旋转磁场

设三相绕组接成星形,如图 5-5 所示。当三相绕组的首端接通三相交流电源时,绕组中的三相对称电流分别为

$$\left.\begin{aligned} i_A &= I_m \sin\omega t \\ i_B &= I_m \sin(\omega t - 120°) \\ i_C &= I_m \sin(\omega t + 120°) \end{aligned}\right\} \tag{5-2}$$

波形如图 5-6 所示。

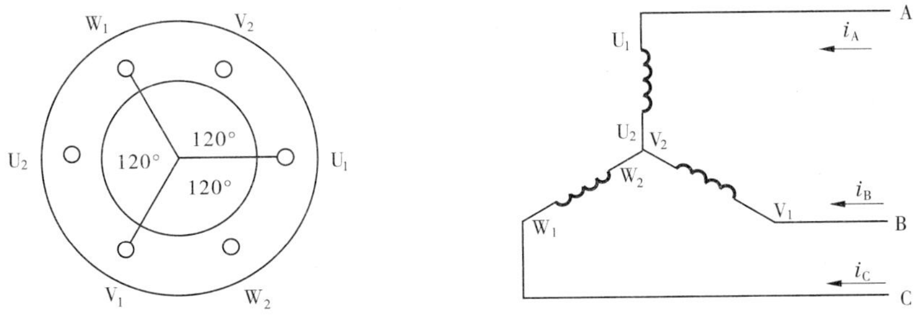

(a)三相定子绕组的布置图　　(b)三相定子绕组的接线图

图 5-5　三相异步电动机的定子绕组

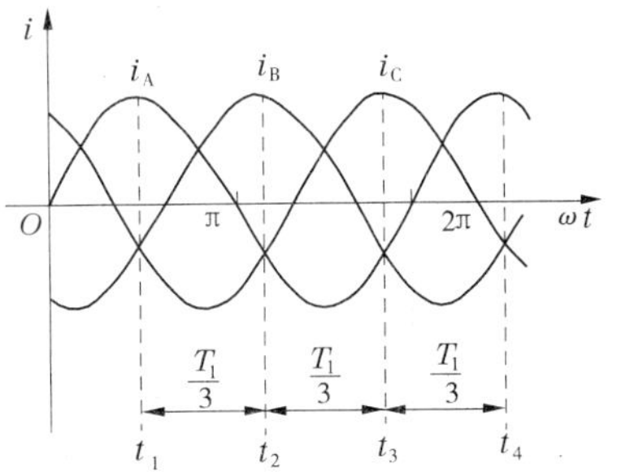

图 5-6　三相电流的波形

为了便于分析，假设电流为正时，在绕组中从首端流向末端，电流为负时，在绕组中从末端流向首端。

在 t_1 时刻，即 $\omega t=90°$时，i_A 为正值，i_B、i_C 为负值，用右手螺旋定则判定，三相电流产生的合成磁场如图 5-7(a)所示。可见此时的合成磁场是一对磁极，上边是 S 极，下边是 N 极。

在 t_2 时刻，即 $\omega t=210°$时，i_B 为正值，i_A、i_C 为负值，三相电流产生的合成磁场如图 5-7(b)所示。此时合成磁场的方位与 $\omega t=90°$时相比，已按顺时针方向转过了 120°。

在 t_3 时刻，即 $\omega t=330°$时，i_C 为正值，i_A、i_B 为负值，三相电流产生的合成磁场如图 5-7(c)所示。此时合成磁场的方位与 $\omega t=210°$时相比，又按顺时针方向转过了 120°。

在 t_4 时刻，磁场沿顺时针方向又转到图 5-7(a)所示位置。即三相电流经过一个周期，合成磁场在空间也旋转了一周。合成磁场是一个随时间变化的旋转磁场。

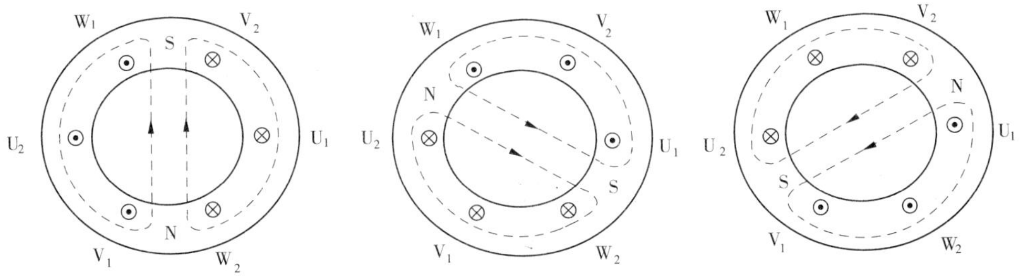

(a) $\omega t=90°$　　(b) $\omega t=210°$　　(c) $\omega t=330°$

图 5-7　旋转磁场的产生

以上分析的是电动机产生一对磁极时的情况，当定子连接形成的是两对磁极时，运用相同的方法可以分析出此时电流变化一个周期，磁场只转动了半圈，即转速减慢了一半。

由此类推，当旋转磁场具有 p 对磁极时(即磁极数为 $2p$)，交流电每变化一个周期，其旋转磁场就在空间转动 $1/p$ 转。因此，三相电动机定子旋转磁场每分钟的转速 n_1、定子电流频率 f 及磁极对数 p 之间的关系是

$$n_1 = \frac{60f}{p} \tag{5-3}$$

在图 5-8 中，三相交流电的相序是 A—B—C，如果绕组排列不变，但把其中电流的相序改为 A—C—B，再用上面的方法加以分析，就可以发现，旋转磁场的转向将变为逆时针方向。旋转磁场的转向取决于定子三相绕组中电流的相序。图 5-8 所示是异步电动机改变旋转磁场方向的接线图。

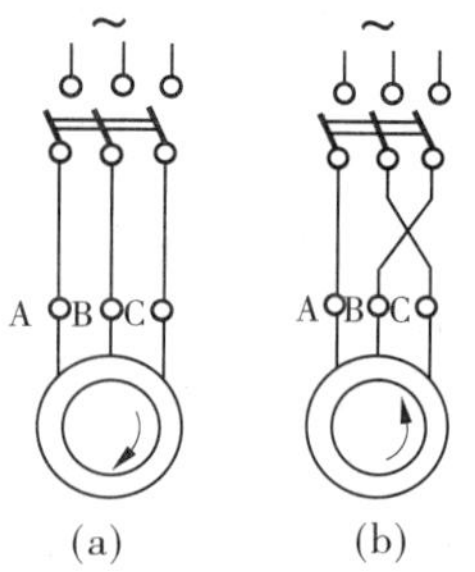

图 5-8　异步电动机改变旋转磁场方向的接线图

二、三相异步电动机的工作原理

图 5-9 绘出了三相异步电动机的工作原理示意图。图中 N－S磁极用来表示旋转磁场，在两个磁极中间装有一个能够转动的圆柱形铁芯，在铁芯外圆槽内嵌放有导体，导体两端各用一圆环把它们连在一起。

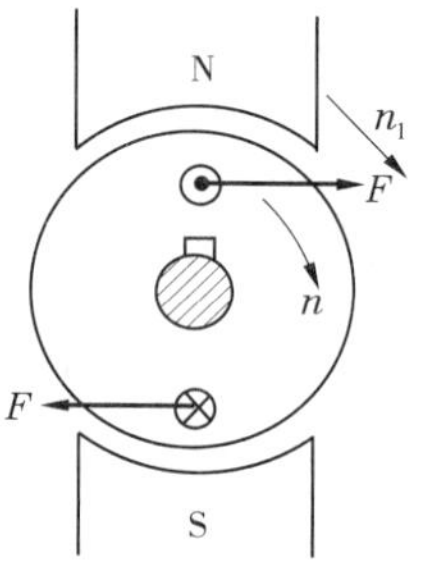

图 5-9　三相异步电动机工作原理

假设磁场转速为 n_1，顺时针方向旋转，这时转子导体就会切割磁力线而感应电动势。用右手定则可以判定，在转子上半部分的导体中，感应电动势的方向为⊙，下半部分导体的感应电动势方向为⊗，由于转子绕组是闭合回路，所以在感应电动势的作用下出现感应电流，感应电流的方向与电动势相同。

流过电流的转子导体在磁场中要受到电磁力作用，力 F 的方向可用左手定则确定，如图 5-9 所示。电磁力作用于转子导体上，对转轴形成电磁转矩，使转子按照旋转磁场的方向旋转起来，转速为 n。其方向与 n_1 的方向一致。显然，要使转子反转，只要改变定子绕组所接电源的相序，使旋转磁场反转即可。

转子速度必然低于旋转磁场的转速，否则，转子绕组不受旋转磁场切割而不能产生感应电动势和电流，当然也就不能产生电磁力和转矩。异步电动机即由此而得名。

旋转磁场转速 n_1 与转子转速 n 之差与旋转磁场转速 n_1 之比，称为转差率 s。

$$s = \frac{n_1 - n}{n_1} \tag{5-4}$$

在电动机的启动瞬间，电动机的转速 $n = 0$，即 $s = 1$。随着转速的提高，转差率 s 减小。正常运行时，异步电动机的转差率 s 在 0 ~ 1，即 $0 < s \leq 1$。一般异步电动机的额定转速 n_N 略小于同步转速 n_1，所以额定转差率 s_N 数值很小，为 0.01 ~ 0.06。

第三节　三相异步电动机的启动和使用

异步电动机从接入电源开始转动到稳定运转的过程称为启动。对异步电动机启动的要求主要有以下几点：

(1)启动电流不能太大。普通鼠笼式异步电动机启动电流为额定电流的 4 ~ 7 倍。

启动电流太大会使供电线路电压降增大，同时绕组发热，如果长时间频繁启动，会使绕组过热，造成绝缘老化，大大缩短寿命。

(2)要有足够的启动转矩。

(3)启动设备要简单，价格低廉，便于操作及维护。

一、三相异步电动机的启动

(一)鼠笼式异步电动机的启动

三相鼠笼式异步电动机的启动有两种方式：第一种是直接启动，第二种是降压启动。

直接启动只能用于小容量电动机，对于鼠笼式异步电动机，其自身的机械强度和热稳定性允许直接启动，但同时受电网容量的限制。一般规定：功率小于7.5 kW时允许直接启动；功率大于7.5 kW时，符合下式也可直接启动。

$$\frac{I_{st}}{I_N} \leqslant \frac{3}{4} + \frac{\text{电源总容量}}{4 \times \text{电动机容量}} \tag{5-5}$$

不能直接启动时可采用降压启动，具体方法如下。

1. 定子回路串接电阻或电抗降压启动

启动时，在定子回路中串入启动电阻 R_{st} 或电抗，则根据分压原理，降低了实际加在定子绕组上的电压，也减小了启动电流。

定子串电阻的原理图如图5-10所示。启动时接触器1KM闭合，2KM断开，电动机定子绕组通过 R_{st} 接入电网降压启动；启动后2KM闭合，切除 R_{st}，电动机开始正常运行。该方法启动电阻消耗能量，效率较低。

2. 自耦变压器降压启动

原理图如图5-11所示，TA为自耦变压器。启动时接触器2KM、3KM闭合，1KM断开，电动机定子绕组经TA接至电网，降低了定子电压。当转速接近额定转速时，2KM、3KM断开，1KM闭合，TA被切除，电动机定子绕组经1KM接入电网，启动结束。该方法优点是启动电流较小，启动转矩较大，但设备体积大，笨重，价格贵，维修不方便。

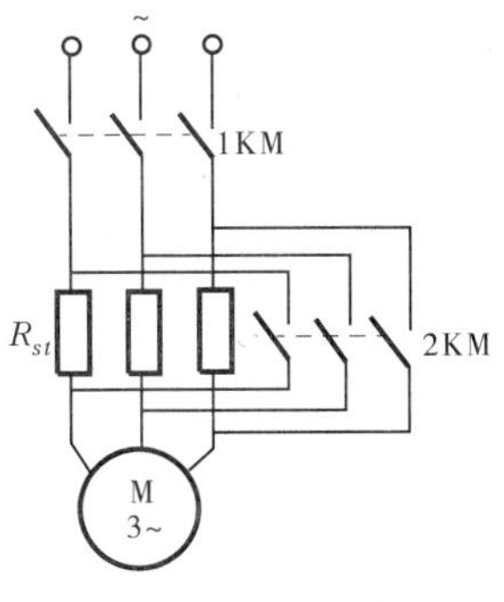

图5-10　定子串电阻降压启动

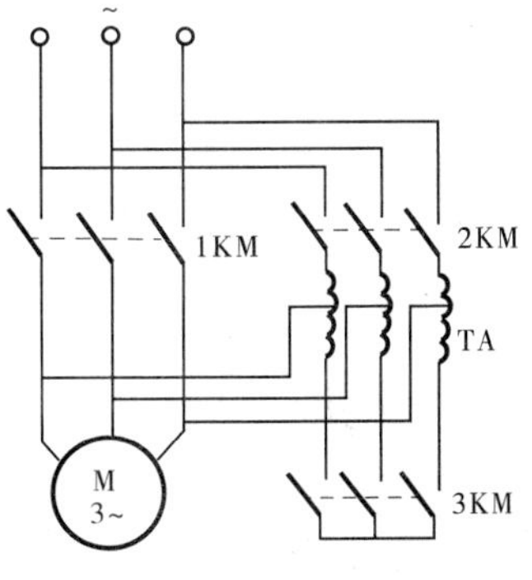

图5-11　自耦变压器降压启动

3. Y—△降压启动

对于正常运行时定子绕组为三角形连接的鼠笼式异步电机，启动时将定子绕组接成星形，以降低启动电压，启动后再接成三角形。原理图如图5-12所示。启动时1KM、3KM

闭合,2KM 断开,定子绕组接成星形,当转速接近额定转速时,3KM 断开、2KM 闭合,定子绕组接成三角形,启动完毕。

使用该方法启动时,启动电流和启动转矩都降低为全压启动时的 1/3。其启动设备简单,价格便宜,操作方便。它适用于 30 kW 以下的小功率电动机空载或轻载启动。

(二)绕线转子异步电动机转子绕组串变阻器启动

绕线转子异步电动机的主要优点之一是能够在转子绕组中串接外接电阻来改善电动机的启动。原理图如图 5-13 所示,启动时,一般采用转子串多级启动电阻,然后分级切除启动电阻的方法。

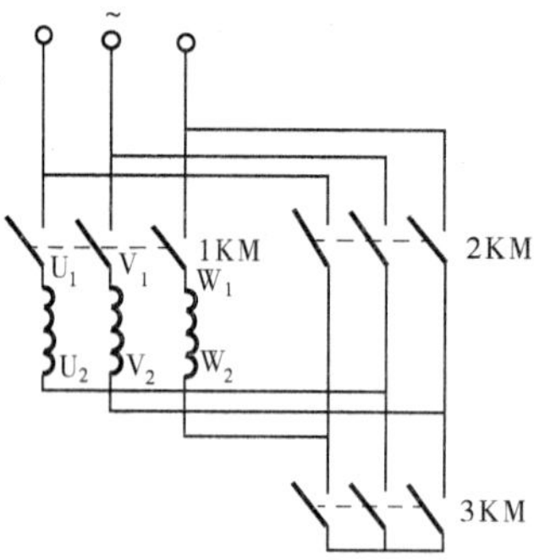

图 5-12　Y—△降压启动

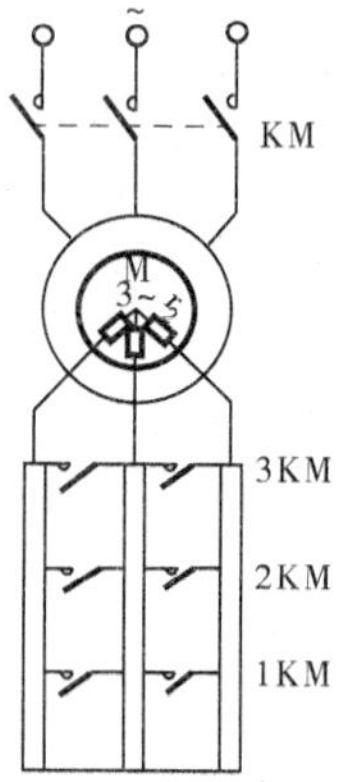

图 5-13　转子串电阻启动接线图

启动开始时,1KM ~ 3KM 断开,KM 闭合,定子接入三相电源,转子串入全部启动电阻,电动机加速。随着转速的升高,1KM 闭合,切除第一段启动电阻;转速再升高,2KM 闭合;同理,3KM 闭合,启动电阻全部短路,直至启动完毕。

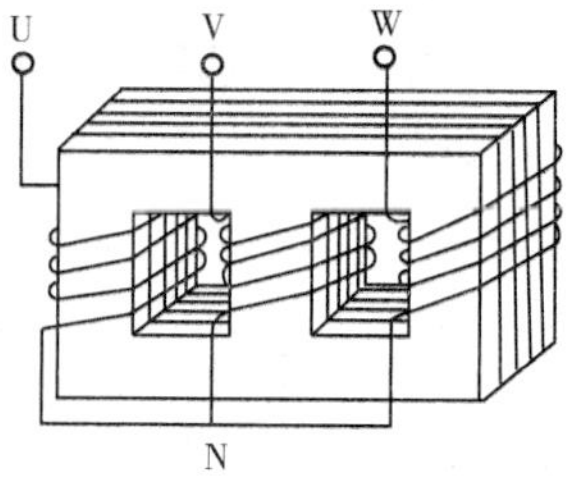

图 5-14　频敏变阻器的结构示意图

实际使用中,为了克服逐级切除启动电阻的麻烦,以及消除切除电阻时引起的对电流和转矩的冲击,常选用频敏变阻器启动。频敏变阻器的外形如图 5-14 所示,它能实现无级启动,其阻抗随转速的升高而自动平滑地减小。频敏变阻器是由厚钢板叠成铁芯,并在铁芯柱上套有线圈的电抗器。

二、三相异步电动机的使用

三相异步电动机应用十分广泛,正确选择电动机的种类、容量、额定电压和额定转速是非常重要的。选用电动机应以安全、可靠、适用、经济为原则。

(一)电动机形式的选择

为适应不同的工作环境,电动机外形结构做成各种不同防护形式,常见的有下列几种:

(1)防护式。外壳有向下开口的通风孔，能防止水滴、铁屑、砂粒等从电动机上方进入机壳内，但不防尘、不防潮，适用于干燥、灰尘不多、没有腐蚀性或爆炸性气体的场所。

(2)封闭式。外壳全封闭，表面带有散热片，轴上装有通风用的外风扇。能防水滴、灰尘从任何方向侵入，也能在一定程度上防止潮气侵入，适合在潮湿、灰尘多、水滴飞溅以及露天工作的生产机械上采用。

(3)密闭式。整个机体严格密封，可侵入水中工作，用于电动潜水泵。

(4)防爆式。防止电动机冒火引起的爆炸和火灾，如煤矿用电动机。

(二)电动机容量选择

正确选择电动机的容量(额定功率)有很重要的意义。如果选得过小，就不能满足生产机械正常运行需要，电动机处在过载状态，引起过分发热，造成电动机过早损坏。如果选得过大，不但增加了设备投资，而且电动机欠载运行时效率低，使运行费用增加。

确定电动机的容量时，主要考虑三个方面的情况，即电动机的发热、允许过载能力及启动能力，要做到：

(1)电动机的启动转矩应大于生产机械的负载转矩。

(2)电动机运行时的温升不超过其允许的温升。

(3)电动机应具有一定的过载能力，即电动机的最大转矩必须大于生产机械的最大负载转矩，以保证在短时过载时仍能继续运行。

通常是先按发热条件来选择电动机容量，再进行启动能力、过载能力校验。对于连续运行而且负载大小长期恒定不变的电动机，其容量选择较为简单，一般选取电动机的额定功率等于或稍大于生产机械负载功率即可。

(三)电动机额定电压和额定转速的选择

电动机额定电压的选择，要根据电动机容量的大小及使用地点的供电电压来决定。我国低压配电网的线电压为380 V，常用的Y系列三相鼠笼式异步电动机额定电压也只有380 V一个等级。只有大功率异步电动机才采用6 kV和10 kV。

电动机的额定转速应根据生产机械要求的转速和传动装置的变速比来决定。同类型、同容量、同电压等级的电动机，额定转速越高，则电动机的体积越小、质量越轻、价格越低。需要全面比较，才能合理选择。

本章小结

异步电动机主要由定子和转子两部分组成，定子三相绕组可根据电源电压接成星形或三角形。根据转子绕组结构不同，可分为鼠笼式和绕线式两种。

当定子三相对称绕组中通入三相对称交流电流时，便能产生旋转磁场。旋转磁场每分钟的转速 n_1(即同步转速)、定子电流频率 f 及磁极对数 p 之间的关系是 $n_1=\frac{60f}{p}$。旋转磁场的转向取决于三相绕组中电流的相序，任意对调两根电源接线，可改变电流相序，旋转磁场的转向随之改变。

转子与旋转磁场有相对运动时，闭合的转子绕组内将产生感应电动势和感应电流，转子电流在磁场中受电磁力而形成电磁转矩，电磁转矩促使转子顺旋转磁场的方向旋转。

旋转磁场转速 n_1 与转子转速 n 之差与旋转磁场转速 n_1 之比，称为转差率 s，$s=\frac{n_1-n}{n_1}$。

鼠笼式异步电动机，当功率小于 7.5 kW 时允许直接启动；功率大于 7.5 kW，符合 $\frac{I_{st}}{I_N}\leqslant\left(\frac{3}{4}+\frac{\text{电源总容量}}{4\times\text{电动机容量}}\right)$时也可直接启动。不满足直接启动条件时，可采用降压启动，具体方法有定子回路串接电阻或电抗降压启动、自耦变压器降压启动和 Y－△降压启动。

绕线转子异步电动机可在转子绕组中串接外接电阻或串频敏变阻器来改善电动机的启动性能。

应根据生产机械的工作要求，合理选择电动机的种类、容量、额定电压和额定转速。选用电动机应以安全、可靠、适用、经济为原则。

习　题

5-1　异步电动机工作的原理是什么？怎样从结构上区别鼠笼式异步电动机和绕线式异步电动机？

5-2　一台鼠笼式异步电动机，铭牌上标有 380 V/220 V，Y/△字样，如将它接在线电压为 380 V 的电源上，应怎样连接？如将它接在线电压为 220 V 的电源上，又应怎样连接？

5-3　一台三相异步电动机，额定功率为 10 kW，功率因数为 0.8，规定在 380 V 时，其三相绕组作 Y 连接，现误接成△连接方式，将造成什么样的后果？

5-4　测得两台鼠笼式三相异步电动机的转速分别为 2 940 r/min 和 970 r/min，电源频率为 50 Hz。试问两台电动机的磁极数、同步转速及转差率各为多少？

5-5　绕线式异步电动机的转子三相滑环与电刷全都分开时，将定子接三相交流电源，转子能否转动起来？为什么？

5-6　异步电动机的额定电压是 220 V/380 V，当三相电源的线电压分别为 220 V 和 380 V 时，问电动机的定子绕组各应做何种接法？当轴上负载相同时，在这两种接法下，试问：

（1）加在电动机每相绕组上的电压是否相同？

（2）流过电动机每相绕组的电流是否相同？

（3）电动机的线电流是否相同？

第六章　电气设备

发电厂和变电所的电气设备,按其作用不同分为一次设备和二次设备。

一次设备是指直接生产、输送和分配电能的设备,它包括如下几个方面:

(1)进行能量转换和电压变换的设备。如发电机、变压器和电动机。

(2)接通或断开电路的设备。如高压断路器、隔离开关、闸刀开关、电磁启动器和空气断路器等。

(3)限制过电流或过电压的设备。如熔断器、电抗器和避雷器等。

(4)仪用互感器。如电压互感器和电流互感器,可将电路中的电压和电流降至较低的规定值,供给仪表测量或继电保护装置使用。

(5)载流体和绝缘体。如导线、母线、电缆和瓷瓶绝缘子等。

一次设备及其相互间的连接电路称为一次接线或主接线。

二次设备是对一次设备进行控制、测量、保护和监视的设备。如继电保护装置、安全自动装置、电气测量仪表等。二次设备及其相互间的连接电路称为二次接线或二次回路。

第一节　高压电气设备

一般将额定电压在 1 000 V 及以上的电气设备,称为高压电气设备。其中用来接通和断开电路的设备叫开关设备。高压开关设备按安装地点分为户内式和户外式两类;按功能分为高压断路器、隔离开关、高压负荷开关、高压熔断器。110 kV 以下的高压开关设备有户内式和户外式,110 kV 及以上的设备主要为户外式。

一、高压断路器

高压断路器是一种专用断开或接通电路的开关设备,它有完善的灭弧装置。因此,不仅能在正常时通断负荷电流,而且能在出现短路故障时在保护装置的作用下切断短路电流。

高压断路器按放置场所不同可分为户内式和户外式;按采用的灭弧介质来划分,主要有油断路器、真空断路器、六氟化硫(SF_6)断路器等。油断路器分为多油和少油两大类,多油断路器因油量多、体积大、断流容量小、运行维护比较困难,现已被淘汰。少油断路器、真空断路器和六氟化硫(SF_6)断路器目前应用比较广。高压断路器的型号表示方式如下:

[1][2][3] - [4][5] / [6] - [7]

第一单元,产品的类型(S—少油断路器;D—多油断路器;Z—真空断路器;L —SF_6 断路器)。

第二单元,安装地点(N—户内式;W—户外式)。

第三单元，设计系列的序号。

第四单元，额定电压，kV。

第五单元，某种特殊功能性质（G—改进型；F—分相操作；D—增容；W—防污；Q—耐振。Ⅰ、Ⅱ、Ⅲ为断流能力代号）。

第六单元，额定电流，A。

第七单元，额定断开电流，kA。

（一）油断路器

高压油断路器采用绝缘油作为灭弧介质。它分为多油断路器和少油断路器。多油断路器的油除作为灭弧介质和分闸后触头间的绝缘外，还作为带电部分对地的绝缘，它的用油量较大，耗用钢材多，所以早已被少油断路器取代。

少油断路器的油仅作灭弧介质和分闸后触头间的绝缘，而带电部分对地绝缘采用瓷件或其他介质，因此用油量较少。它主要由油箱、传动机构和框架三部分组成。油箱是断路器的核心部分，油箱的上部有油气分离室，其作用是将灭弧过程中产生的油气混合物旋转分离，气体从顶部排气孔中排出，而油则沿内壁流回灭弧室。

当断路器跳闸时，产生电弧，在油流的横吹、纵吹及机械运动引起的油吹的综合作用下，使电弧迅速熄灭。

SN10－10 型少油断路器是一种性能优良的户内少油断路器，在 6～10 kV 系统中得到广泛的应用。如图 6-1 所示为 SN10－10 型少油断路器外形图。

图 6-1　SN10－10 型少油断路器外形图

少油断路器因结构简单、体积小、质量轻、用油量少、价格便宜等优点，在相当长一段时间内曾是我国使用断路器的主要类型。随着真空断路器和 SF_6 断路器的发展，在断路器中实施无油化已是国际趋势。近年来，随着我国电网建设与改造的加快，少油断路器已逐渐被真空断路器和 SF_6 断路器代替，在市场中不再占主导地位了。

（二）真空断路器

真空断路器利用高真空作为内绝缘和灭弧介质。试验表明，气体间隙的击穿电压随着气体压力的降低而增大，气体压力越低，绝缘性能越好。经过长期的研究，当真空断路器灭弧室的真空度保持在 10^{-8}～10^{-2} Pa 内时，真空的绝缘强度很高，熄灭电弧的能力很强。

真空断路器的总体结构除采用真空灭弧室外，与油断路器相似。它由真空灭弧室、绝缘支撑、传动机构、操动机构、基座等组成，如图 6-2 所示。图 6-3 为真空灭弧室的原理结构图。动触头 4 与静触头 6 等都密封在抽为真空的外壳 3 内，外壳 3 由玻璃或陶瓷做成。不锈钢波纹管 2 的一端与外壳端焊接，另一端与动触头杆 1 焊接，在动触头 4 运动时利用波纹管 2 的弹性保持灭弧室的真空。包围触头的屏蔽罩 5 由铜板制成，其作用是防止触头间产生电弧时的金属蒸气附着并沉积在外壳表面而破坏外壳两端的绝缘。

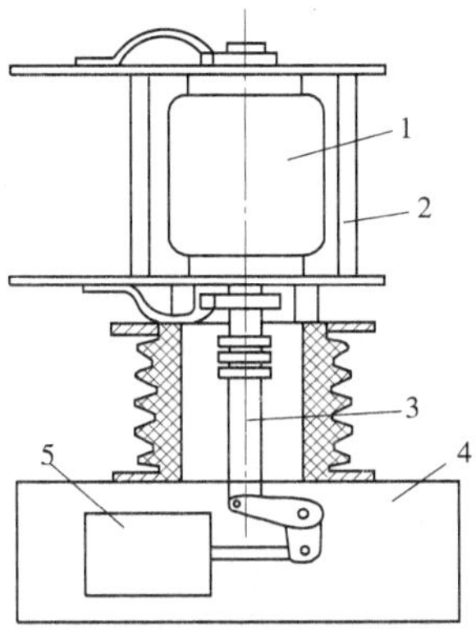

1—开断装置;2—绝缘支撑;3—传动机构;
4—基座;5—操动机构

图 6-2　真空断路器基本组成部分示意图

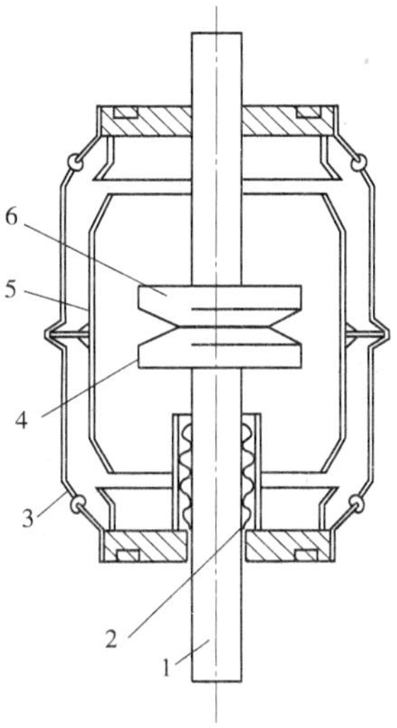

1—动触头杆;2—波纹管;3—外壳;
4—动触头;5—屏蔽罩;6—静触头

图 6-3　真空灭弧室的原理结构图

真空灭弧室的动、静触头采用磁吹对接式。在动、静触头的旋弧面上,开有三条阿基米德螺旋槽,利用短路电流产生的强大电磁场,驱使电弧高速旋转,避免触头局部过热,从而在电流过零时,迫使电流熄灭。真空断路器具有不爆炸、低噪声、体积小、质量轻、寿命长、连续开断次数多、结构简单、调试方便、无污染、可靠性高和检修周期长等优点,因此在35 kV级配电系统以及35 kV以下电压等级中处主导地位。

(三)六氟化硫(SF_6)断路器

六氟化硫(SF_6)断路器是利用 SF_6 气体作为绝缘和灭弧介质的断路器。SF_6 是一种非常稳定的气体,在常态下无色、无嗅、无毒、不可燃,无老化现象,具有良好的绝缘性能和灭弧效果,在高压和超高压系统中得到广泛应用。SF_6 气体的绝缘性能是空气的2~3倍,在自由开断情况下,其灭弧能力是空气的100倍,其对流散热能力为空气的2.5倍。因此,SF_6 断路器在高压和超高压等级中成为发展方向并占据主导地位。

图6-4所示为LW16-35型自能灭弧式 SF_6 断路器的外形结构图。三相固定在一个公共底架上,各相的 SF_6 气体都与总管连通,每相的底箱上有一伸出的转轴,在上面装有外拐臂并与连杆相连,U相转轴通过四连杆与过渡轴相连,过渡轴再通过另一个四连杆与操动机构的输出轴相连,分闸弹簧连在与12、13相连的转轴的外拐臂上。分闸时,动触头向下运动,动、静触头之间产生电弧。当静触头上的弧根转移到弧环上之后,旋弧线圈被串联进电路,并产生旋转磁场,使电弧旋转。均匀加热 SF_6 气体,气体压力升高,与喷口下游形成压差,产生强烈喷口气吹,在电流过零时,自然熄弧。其灭弧能力随开断电流而自动调节。这种断路器具有良好的开断性能,而且由于电弧不断地旋转,触头和灭弧室的烧损均匀且轻微。

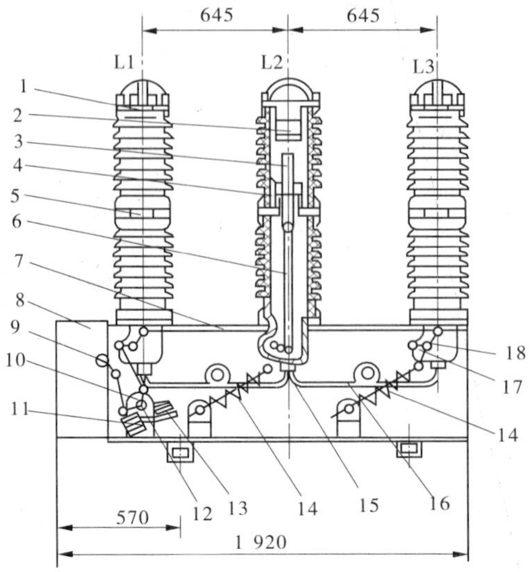

1—上接线座；2—静触头；3—导电杆；4—中间触指；5—下接线座；6—线缘拉杆；7—连杆；
8—弹簧机构；9—操动机构输出轴；10—拐臂；11—分闸缓冲器；12—过渡轴；
13—合闸缓冲器；14—分闸弹簧；15—内拐臂；16—气管；17—外拐臂；18—转轴

图 6-4　LW16－35 型自能灭弧式 SF_6 断路器的外形结构图　（单位：mm）

二、高压隔离开关

高压隔离开关用来将高压电路中需要停电的部分与带电部分可靠地分离开来，并留有可见间隙，以保证停电时检修人员的安全。高压隔离开关没有灭弧装置，所以不能用它来断开工作电流或短路电流。在同一高压电路中隔离开关与断路器串联在电路中，配合操作。接通电路时，必须先合隔离开关，再合断路器，由断路器接通电路的工作电流。断开电路时，应先打开断路器，再打开隔离开关，由断路器切断电路电流。若操作顺序反了，即为误操作，会造成严重事故。

隔离开关还可以用于某些电路的切换操作，以改变电厂或变电所的运行方式。它也可以用来直接断开或接通电压互感器、避雷器和励磁电流小于 2 A 的空载变压器等电路。

隔离开关由操作机构、支持绝缘子和框架、动静触头等部分组成。图 6-5 为 $GN_6-{}_{10}^{6}T/200\sim600$ 型户内三柱式高压隔离开关，两端绝缘子是固定的，中间是活动的。当转动拐臂 5 时，活动绝缘子 2 顶开动触头 1，便形成可见断开间隙。反转拐臂 5 可合上。

图 6-6 为 GW_4-110D 型户外高压隔离开关，其动作过程为：扳动其操作机构，使 π 型支持绝缘子分别顺时针和逆时针转动 90°，其闸刀 2 的触头打开，出现明显可见间隙，表示电路处于断开状态。若此时反向扳动操作机构，又可使隔离开关两触头合上，为接通电路做好准备。

隔离开关的种类很多，其型号表示方式如下：

1 2 3 － 4 5 / 6

第一单元，产品字母代号（G—隔离开关）。

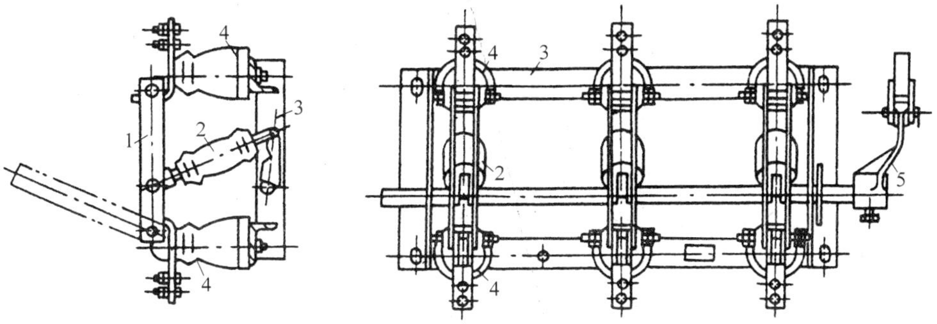

(a)侧视图　　　　(b)俯视图

1—闸刀(动触头);2—活动绝缘子;3—框架;4—固定绝缘子;5—拐臂

图 6-5　$GN_6-{}^{6}_{10}T/200\sim600$ 型户内三柱式高压隔离开关

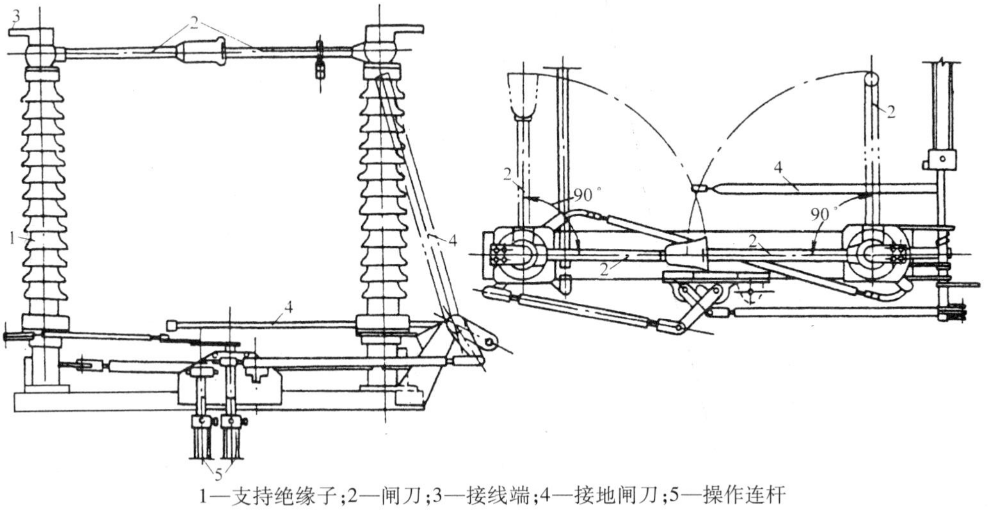

1—支持绝缘子;2—闸刀;3—接线端;4—接地闸刀;5—操作连杆

图 6-6　GW_4-110D 型户外高压隔离开关

第二单元,安装地点(N—户内式;W—户外式)。

第三单元,设计系列的序号。

第四单元,额定电压,kV。

第五单元,某种特殊功能性质(T—统一设计;G—改进型;D—接地刀闸;K—快分型)。

第六单元,额定电流,A。

三、高压熔断器

高压熔断器是一种结构简便、价格较低的保护电器。它与被保护电气设备串联,当电路发生短路故障或严重过载时,大电流的热效应将熔断器的熔体熔断,切断电路,从而保护接在其后的电气设备。在 35 kV 以下的高压电路中,常用熔断器作为电压互感器和小容量变压器的保护电器。高压熔断器由熔体、连接熔体的触头和熔管(外壳)等部分组成。熔体常用镀锡铜线或银线制成。熔断器的种类很多,按放置场所可分为户内式和户外式,按动作方式可分为固定式与自动跌落式,按工作特性又可分为有限流作用和无限流作用两种。

高压熔断器的型号表示如下所示:

$\boxed{1}\boxed{2}\boxed{3}-\boxed{4}/\boxed{5}$

第一单元,产品字母代号(R—熔断器)。

第二单元,安装地点(N—户内式;W—户外式)。

第三单元,设计系列的序号。

第四单元,额定电压,kV。

第五单元,额定电流,A。

(一)户外跌落式熔断器

户外跌落式熔断器结构如图 6-7 所示。正常工作时,熔断器中的熔体 6 依靠机械拉力使动触头 2 卡紧在静触头 1(鸭嘴盖下)上,弹簧钢片顶住触头,熔管掉不下来。当熔体因严重过载或短路熔断时,动触头失去拉力而随熔管自动跌落下来,切断故障电路。

(二)户内管式熔断器

户内管式熔断器如图 6-8 所示。管内有几根并联的熔丝,熔丝上焊有小锡(或铅)球,当发生短路或严重过负荷时,锡球首先熔化,切断电路。管内有石英砂填充,它起冷却灭弧作用。管底部装有熔断指示器。

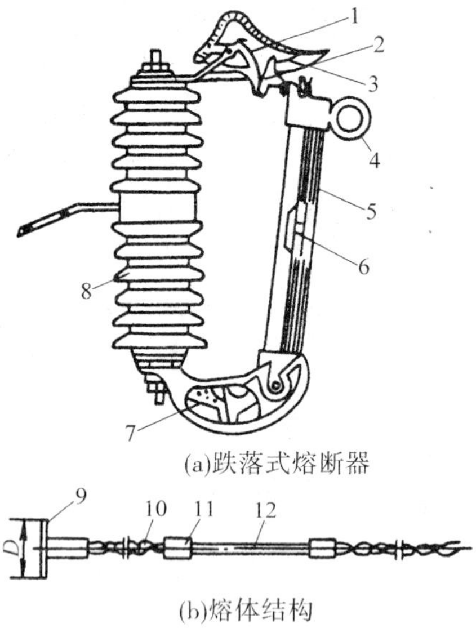

(a)跌落式熔断器

(b)熔体结构

1、7—静触头;2—动触头;3—钢片;4—操作环;
5—熔体管;6、12—熔体;8—瓷绝缘体;
9—纽扣;10—钢绞线;11—套管

图 6-7 跌落式熔断器

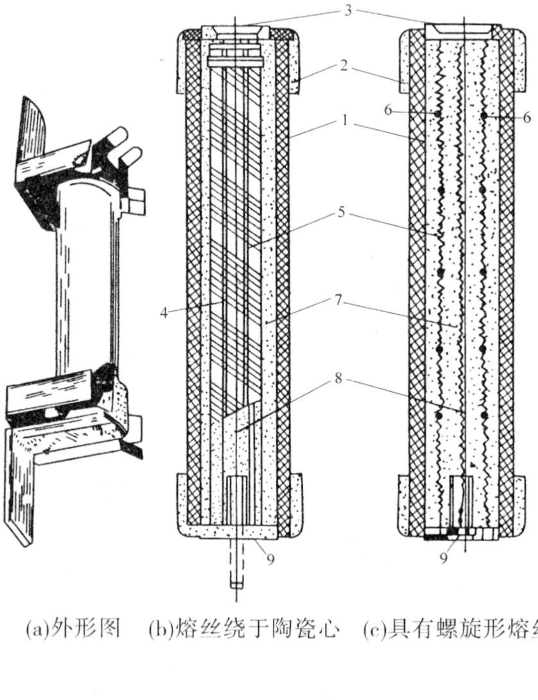

(a)外形图 (b)熔丝绕于陶瓷心 (c)具有螺旋形熔丝

1—瓷管;2—管罩;3—管盖;4—瓷心;
5—熔丝;6—锡球或铅球;7—石英砂;
8—钢指示熔丝;9—与指示熔丝相连的小衔铁

图 6-8 RN_1 熔断器的结构与外形

四、高压负荷开关

高压负荷开关是在正常条件下关合、承载和开断额定电流以及在规定的事故短路电流下，按规定的时间承载短路电流的开合装置，在环网柜、箱式变电站等成套高压开关设备中得到广泛应用。近几年负荷开关在电力系统中常与熔断器一起使用，广泛用于城网改造和农村电网，用作控制及过载保护。

高压负荷开关的型号一般由文字符号和数字组合而成，表示方式如下：

[1][2][3] - [4][5][6][7] / [8][9]

第一单元，产品字母代号（F—负荷开关；Z—真空负荷开关）。

第二单元，安装地点（N—户内式；W—户外式）。

第三单元，设计序号。

第四单元，额定电压，kV。

第五单元，操动机构（D—配电动操动机构，无 D—配手动操动机构）。

第六单元，熔断器代号（R—带熔断器，无 R—不带熔断器）。

第七单元，熔断器安装位置（S—熔断器装在开关上端，无 S—装在开关下端）。

第八单元，额定工作电流，A。

第九单元，额定开断电流，kA。

如图 6-9 所示为 FN4－10 型户内高压真空负荷开关外形图。采用落地式结构，真空灭弧室装在上部，操动机构装在下面，机构部分就是基座。在基座底板上前后对称地竖立着 2 排绝缘杆，用来固定和支撑中间的绝缘板。在这块绝缘板上按三角位置排列，又竖立 3 组绝缘杆（共计 9 根），每一组绝缘板上分别装着压板，真空灭弧室就垂直被压在压板和中间绝缘板之间。电磁操动机构通过 3 个环氧树脂绝缘拉杆，使 3 个真空灭弧的动触头同时动作，接通或开断电路。在合闸位置时，压缩连接头内的弹簧，使触头保持一定的接触压力。相间装有绝缘板，以免发生相间弧光短路。

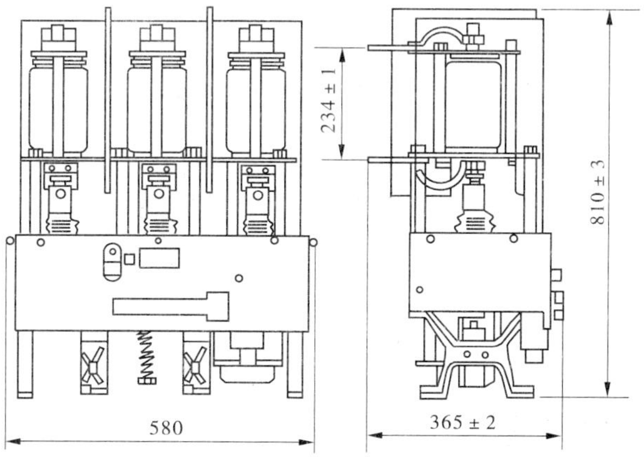

图 6-9　FN4－10 型户内高压真空负荷开关外形　（单位：mm）

第二节　低压电气设备

低压电气设备通常指额定电压在 1 000 V 以下的电气设备。低压电气设备用途广泛、品种繁多,一般分为配电电器和控制电器两大类。低压配电电器主要用于低压配电系统中,包括刀开关及其组合电器、熔断器、低压断路器和漏电保护器等。低压控制电器主要用于电力传动系统中,主要包括接触器、启动器、控制器、主令电器和控制继电器等。

一、刀开关

刀开关又称闸刀开关或闸刀,是一种具有刀形触点的最简单的低压开关,它只能用于手动接通或开断低压电路的正常工作电流。在低压配电网中,刀开关和熔断器配合使用,以开断过负荷和短路电流。

刀开关的种类繁多。按结构型式可分为杠杆式闸刀开关、胶盖开关(开启式负荷开关)、铁壳开关(封闭式开关)、组合开关等。按极数又可分为单极、双极(单相)和三极(三相)开关。

刀开关的结构如图 6-10、图 6-11 所示。

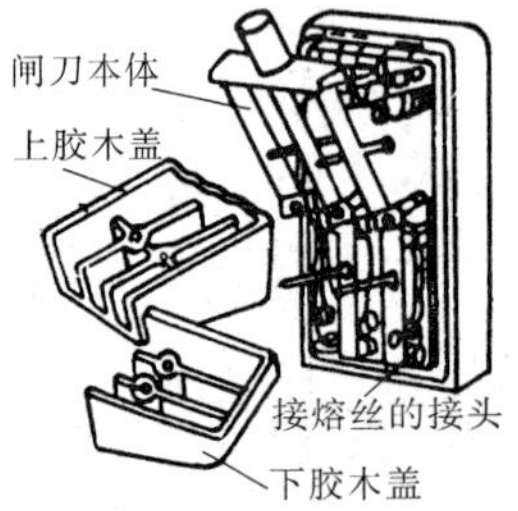

图 6-10　胶盖闸刀开关

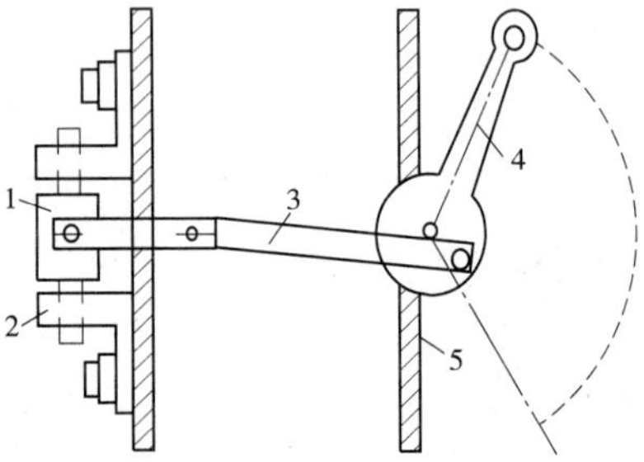

1—RTO型熔断器;2—触头;3—连杆;
4—操作手柄;5—低压配电屏板面

图 6-11　刀熔开关

刀开关的型号表示如下所示:

1 2 3 - 4 / 5 6

第一单元,低压开关。

第二单元,类型(D—单投;S—双投;K—开启式;H—封闭式;Z—组合式;R—刀熔式)。

第三单元,设计序号(下角标)。

第四单元,额定电流(A)。

第五单元,极数(1—单极;2—双极;3—三极)。

第六单元,其他特征(0—无灭弧罩;1—有灭弧罩;8—板间接线;9—板后接线)。

它们由底座,导电的动、静触头和外壳等部分组成。底座常用绝缘材料(陶瓷或胶木)制成。静触头是由铜材料制成的具有夹持力和弹性的插座。动触头是由铜材料制成的闸刀。大电流的闸刀有主、副两个刀片,用弹簧紧固在一起。副刀片又叫做速断刀片,有速断分离、迅速灭弧和保护主刀片的作用。副刀片被电弧烧损后，可以更换新的。

刀开关在安装时，要求与地面垂直安装，静触头在上，接电源；动触头在下，接负载。这样，可保证开关断开时，闸刀与熔断器不带电。

二、组合开关

组合开关包括转换开关和倒顺开关。其特点是用动触片的旋转代替闸刀的推合和拉合，实质上是一种由多组触点组合的刀开关。这种开关可用作交流 50 Hz、380 V 和直流 220 V 以下的电路电源引入开关或控制 5.5 kW 以下小容量电动机的直接启动，以及电动机正、反转控制和照明电路控制。

（一）转换开关

HZ_{10}型转换开关外形如图 6-12（a）所示，电气符号如图 6-12（c）所示。它主要由静触头、动触头、转轴、手柄等部件组成，它的动触头 2 和静触头 1 分装在数层绝缘盒内。手柄 5、绝缘方轴 4 和动触头联动。手柄转动不同的位置接通和断开不同的电路。

转换开关的通断能力较低，因此不能用来分断故障电流。当用于控制电动机正、反转时，必须在电动机完全停转后，才能操作。当负载功率因数较低时，转换开关要降低额定电流使用，否则会影响开关寿命。

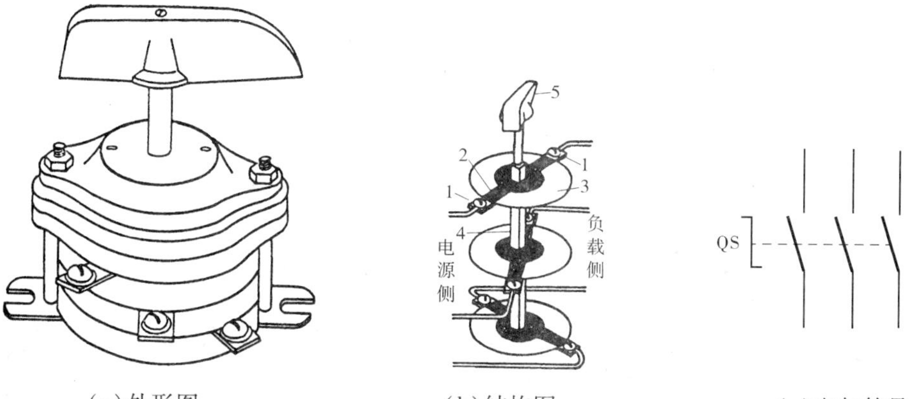

（a）外形图　（b）结构图　（c）电气符号

1—静触头；2—动触头；3—绝缘垫板；4—绝缘方轴；5—手柄

图 6-12　HZ_{10}型转换开关

（二）倒顺开关

倒顺开关又称可逆转开关，是组合开关的一种特例，它通过改变相序来控制电动机的正反转和停止运动或者升降机的上升、下降和停止运动，也可作为控制小电流负载的负荷开关。

三、低压熔断器

低压熔断器在电压 1 000 V 以下的电路中广泛应用，是一种结构简单、使用方便、价格低廉的保护电器，广泛用于供电线路和电气设备的短路保护电路中。在使用时，熔断器串联在所保护的电路中，当电路发生短路或严重过载时，它的熔体能自动迅速熔断，从而切断电路，使导线和电气设备不致损坏。

常用的低压熔断器的型号表示如下所示：

[1][2][3][4] - [5]/[6]

第一单元，产品字母代号（R—熔断器）。

第二单元，结构型式（C—插入式；L—螺旋式；M—密封管式；T—有填料式；Z—自复式）。

第三单元，设计序号。

第四单元，其他标志（A—改进式）。

第五单元，额定电流，A。

第六单元，熔体的额定电流，A。

（一）低压熔断器的结构及类型

熔断器按其结构形式分为瓷插式、螺旋式、有填料密封管式等，其品种规格很多。RCIA 型瓷插式结构如图 6-13 所示，由瓷底座和静触头、瓷插件、动触头和熔体组成。这种熔断器简单、低廉、更换熔体方便，常用在照明及小容量电动机的保护电路上。RL 螺旋式，其结构如图 6-14 所示，有一个瓷管（瓷鼓），内装熔丝和石英砂。RL 型熔断器体积小、灭弧能力强，又便于更换，常用在电动机控制电路中。RM 管式熔断器结构如图 6-15 所示，熔体是断面不等的熔片，熔片常在最小断面处熔断。熔片熔断时，电弧产生的高温使管内壁的纤维物受热分解，管内压力增大，促使电弧熄灭。这种熔断器较 RCIA 型、RL 型熔断器断流能力大，适用于低压线路的短路及过载保护。

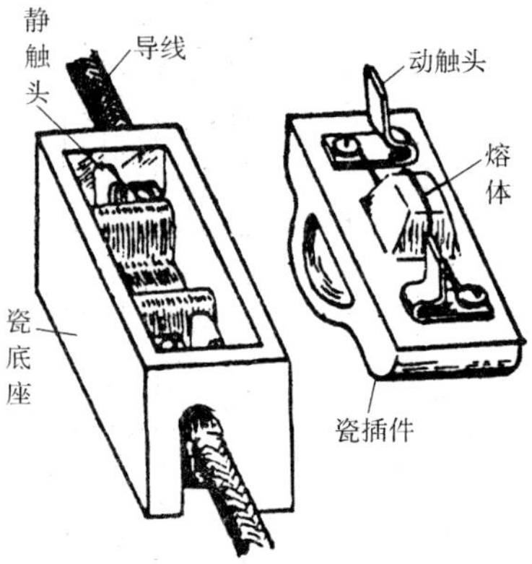

图 6-13　RCIA 型熔断器

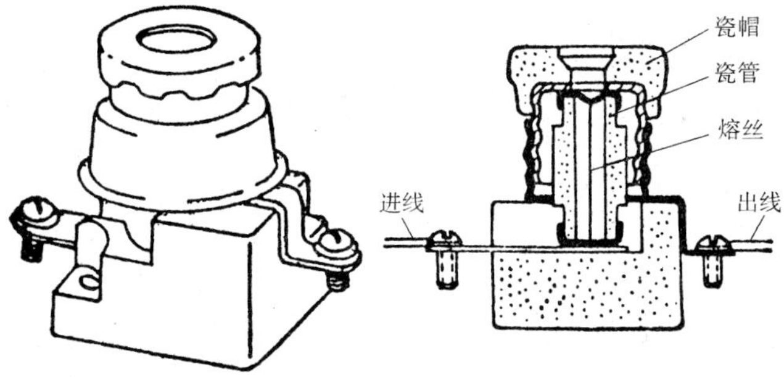

图 6-14　RL 型熔断器

（二）常用低压熔断器的选择

选择熔断器时，熔断器的额定电压不得小于安装地点电路的工作电压，熔断器的额定电流不得小于其熔体的额定电流。要注意的是熔断器的额定电流和熔体的额定电流是两个不同的概念。熔断器的额定电流是指熔断器长期工作的最大允许电流。熔体的额定电流是指熔体长期工作而不熔断的最大电流。熔断器内的熔体（熔丝或熔片）的额定电流应小于或等于熔断器的额定电流。例如 RL1 – 60 螺旋式熔断器，其额定电流为 60 A，额定电压为 500 V，其中可以安放额定电流为 15 A、20 A、30 A、35 A、50 A、60 A 的熔体。

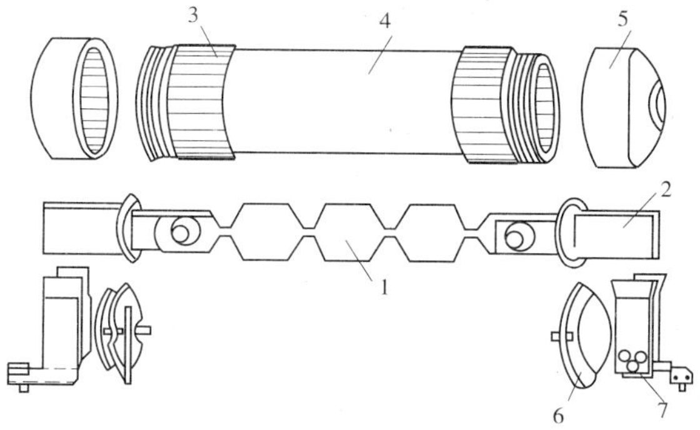

1—熔片；2—刀型接触片；3—黄铜圈；4—纤维管；5—黄铜帽；6—特种垫圈；7—刀座

图 6-15　RM 管式熔断器

四、接触器

接触器是一种利用电磁铁控制其触头通断的电器。它操作方便、动作迅速、灭弧能力强，并能实现远距离操作。它和继电器配合还能实现自动控制以及过电压、过电流保护。因此，它广泛用于电动机控制电路中。接触器按操作电源分为交流接触器和直流接触器。型号表示如下所示：

CJ [1] - [2] / [3]

C—接触器；J—交流型（Z—直流型）。

第一单元，设计序号。

第二单元，额定电流，A。

第三单元，极数。

（一）交流接触器的结构和工作原理

交流接触器由触头系统、电磁系统和灭弧装置三部分组成。触头系统用来直接接通和分断所控制的电路，根据用途不同分为主触头和辅助触头两部分。主触头是用来接通和断开负荷电流的触头，因为它断通的电流较大（可达数百安），所以放在灭弧罩内。辅助触头是用来接通和断开控制信号电流电路的触头，其额定电流较小，一般为 5 A。电磁系统是接触器的重要组成部分，它由电磁线圈（又叫吸引线圈）、铁芯（静触头）和衔铁（动触头）组成，其作用是利用电磁线圈的通电或断电，使衔铁和铁芯吸合或释放，从而带动动触头与静触头接通或断开，实现接通或断开电路的目的。灭弧罩是交流接触器的灭弧装置，它是由陶瓷或石棉水泥制成，其内部结构可以实现纵向或横向切割电弧，并将电弧产生的高温热量传导出去。

交流接触器的原理是：当线圈通电后，静衔铁产生电磁力将衔铁吸合，衔铁带动触头系统动作，使常闭触头断开，常开触头闭合。当线圈断电后，电磁铁吸引力消失，衔铁在弹簧的作用下释放，触头系统随之复归。图 6-16（b）为交流接触器的结构示意图。图中常开、常闭触头是指电磁线圈未通电时（称为常态）触头所处的状态。该接触器有三对常开的主触头和两对常开、两对常闭的辅助触头。接触器的电磁线圈及常开、常闭触头的电气图形符号如图 6-16(c)所示。

(二)交流接触器基本技术参数的选择

交流接触器的选择是根据额定电压、额定电流和电磁线圈的额定电压来确定的。交流接触器的额定电流是指主触头允许长期通过的最大电流,有 5 A 、10 A、20 A、40 A、60 A、100 A 、150 A、250 A、400 A、600 A 共 10 级。电磁线圈的额定电压有 36 V、110 V、220 V、380 V 共 4 级。

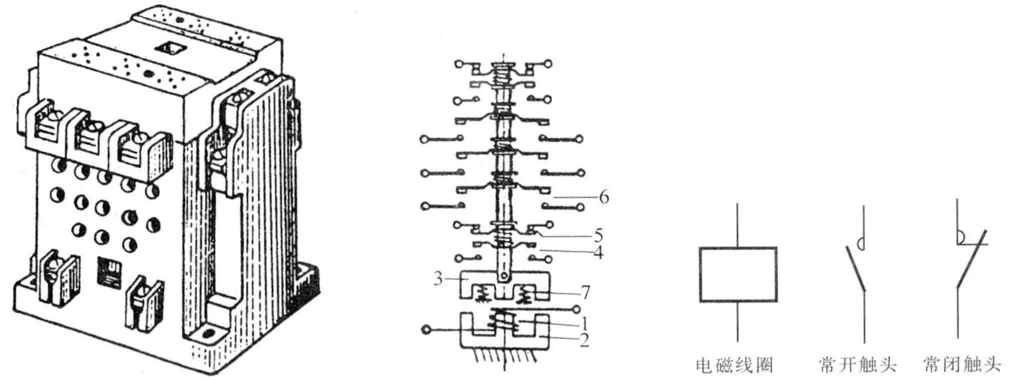

(a)CJ－10－20 型交流接触器外型　　(b)结构示意图　　(c)电气图形符号

1—电磁线圈;2—静铁芯;3—动铁芯;4—常开辅助触头;5—常闭辅助触头;6—常开主触头;7—恢复弹簧

图 6-16　CJ10 型交流接触器

五、热继电器

热继电器是专门用来对连续运行的电动机进行过载及断相保护,以防止电动机过热而烧毁的保护电器。

常用的双金属片 JR15 型热继电器的外形与结构如图 6-17(a)、(b)所示。这种热继电器结构简单、体积小,使用最广泛。当电路过载时,串联在电路中的发热元件 3 的发热量大为增加,热膨胀系数不同的主双金属片 2 因温度升高而发生弯曲,并推动导板 4 带动补偿双金属片 5 向右移动,带动推杆 16 推动动触头 9,使其与静触头 6 分开,使控制电路断电。因此,交流接触器线圈断电,主电路断开,使其后面的电气设备得到保护。热继电器动作后,双金属片冷却复原(约 5 min 便可自动恢复,经 2 min 后也可以手动复位)。为了便于和被保护电动机的额定电流相配合,热继电器的整定值可以用凸轮 13 进行调节。热继电器的电气图形符号如图 6-17(c)所示。

热继电器的型号表示如下所示:

JR [1] – [2] / [3] D

J—继电器;R—热。

第一单元,设计序号。

第二单元,额定电流,A。

第三单元,极数。

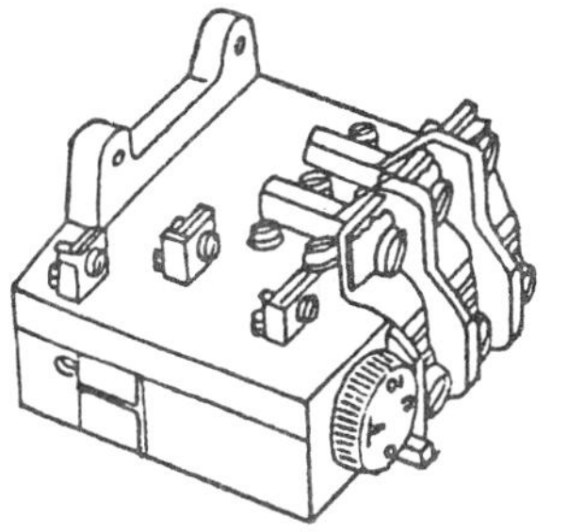
(a)外形图

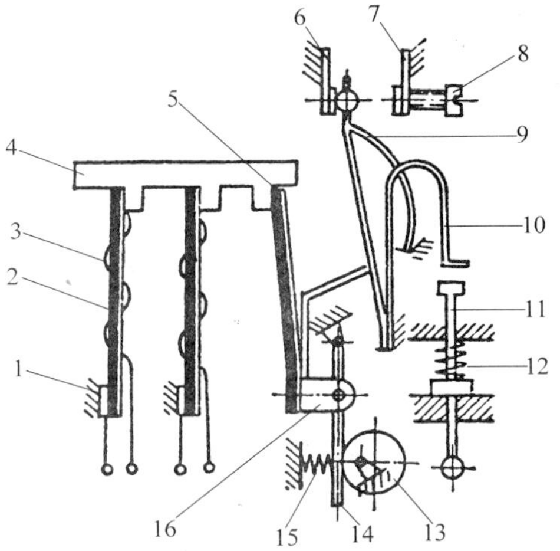

(b)结构图

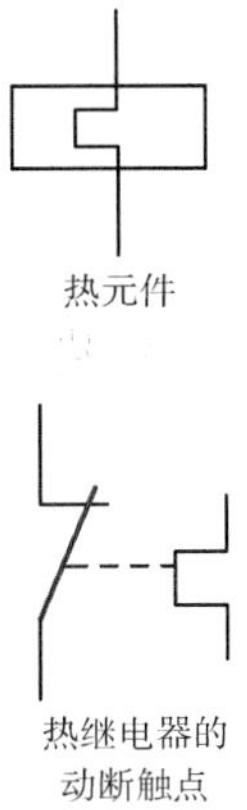

(c)电气图形符号

1—外壳;2—主双金属片;3—发热元件;4—导板;5—补偿双金属片;6—静触头(常闭);7—静触头(常开);
8—再扣调节螺钉;9—动触头;10—再扣弹簧;11—再扣按钮;12—再扣按钮复位弹簧;
13—整定电流调节凸轮;14—支持件;15—弹簧;16—推杆

图6-17　JR15 系列热继电器

D—带断相保护。

六、时间继电器

时间继电器是一种用来实现触头延时接通或断开的控制电器。按其动作原理与结构不同可分为电磁式、电动式、空气阻尼式(又称气囊式)、晶体管式等多种类型。

(一)空气阻尼式时间继电器

空气阻尼式时间继电器,是利用空气阻尼作用获得延时的,有通电延时和断电延时两种类型,其型号有 JS7－A 和 JS16 系列。如图 6-18 所示为 JS7－4A 时间继电器的结构示意图,它主要由电磁系统、工作触头、气室及传动机构四部分组成。电磁系统包括线圈 1、铁芯 4 和衔铁 2;工作触头包括两对瞬时触头(23 和 24;25 和 26)及两对延时触头(27 和 28;29 和 30);气室内有一块橡皮薄膜,随空气的增减而移动;传动机构由推板 5、活塞杆 8、杠杆 9 及宝塔形弹簧 11 组成。

其工作原理如下:当线圈 1 通电后,衔铁 2 克服反力弹簧 3 的阻力与固定铁芯 4 吸合,带动推板 5,压合微动开关 XK_1,使常闭触头 23、24 瞬时断开,常开触头 25、26 瞬时闭合。与此同时,衔铁 2 压动推杆 7,使活塞杆 8 克服弹簧 11 的阻力向下移动,通过杠杆 9 使微动开关 XK_2 也瞬时动作;常闭触头 29、30 断开,常开触头 27、28 闭合。当线圈断电时,衔铁 2 在反力弹簧 3 的作用下瞬时断开,通过推板 5 使 XK_1 触头瞬时复位,与此同时使活塞杆 8 在宝塔形弹簧 11 和气室控制下延时复位。延时长短由进气口 14 的气流大小而定,可通过螺钉 12 和螺旋 10 加以调整,使 XK_2 动触头延时动作,实现断电延时。

空气阻尼式时间继电器的优点是:结构简单,寿命长,价格低廉,还附有不延时的瞬动触头，所以应用较为广泛。其缺点是：准确度低，延时误差大（ ±10% ~ ±20% ），因此在要求延时精度高的场合不宜采用。

（二）晶体管式时间继电器

晶体管式时间继电器具有延时范围广、体积小、精度高、调节方便及寿命长等优点，所以发展较快，应用也日益广泛。

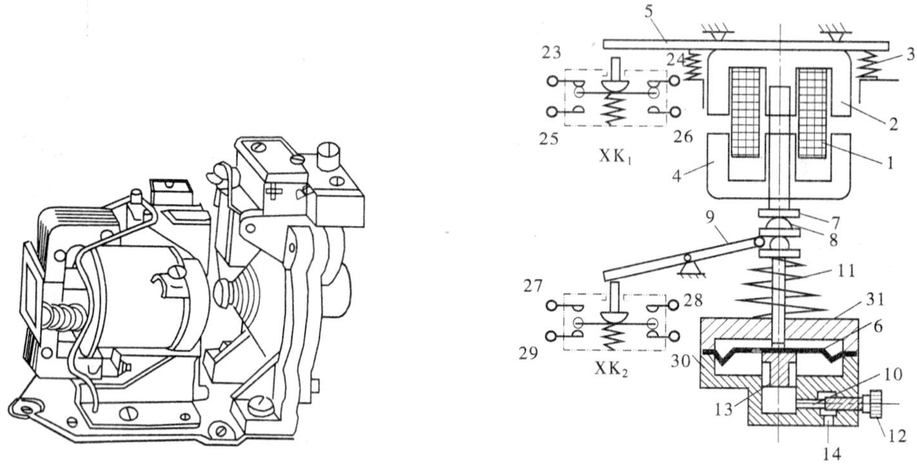

（a）外形图　　　　（b）动作原理图

1—线圈；2—衔铁；3—反力弹簧；4—铁芯；5—推板；6—橡皮膜；7—多衔铁推杆；8—活塞杆；9—杠杆；10—螺旋；11—宝塔形弹簧；12—调节螺钉；13—活塞；14—进气口；15、16—瞬时断开常闭触头；17、18—瞬时闭合常开触头；19、20—延时断开瞬时闭合常闭触头；21、22—延时闭合瞬时断开常开触头；23、24—瞬时断开常闭触头；25、26—瞬时闭合常开触头；27、28—瞬时闭合延时断开常开触头；29、30—瞬时断开延时闭合常闭触头；31—弱弹簧

图 6-18　JS7 – 4A 时间继电器

晶体管式时间继电器常用产品有 JSJ、JSB、JJSB、JS14、JS20 系列等。

时间继电器主要根据控制电路所需要的延时触头的延时方式、瞬时触头的数目及其使用条件来选择。

时间继电器的型号表示如下所示：

JS [1] – [2] / [3]

J—继电器；S—时间。

第一单元，设计序号。

第二单元，基本规格代号。

第三单元，结构改进。

时间继电器的电气符号如图 6-19 所示 ，文字符号为 KT。

七、电磁启动器

电磁启动器又称磁力启动器，是由交流接触器、热继电器和按钮组合而成的，主要用于电动机的全压启动。接触器担负主电路的接通与断开，同时其电磁线圈兼有欠（失）压

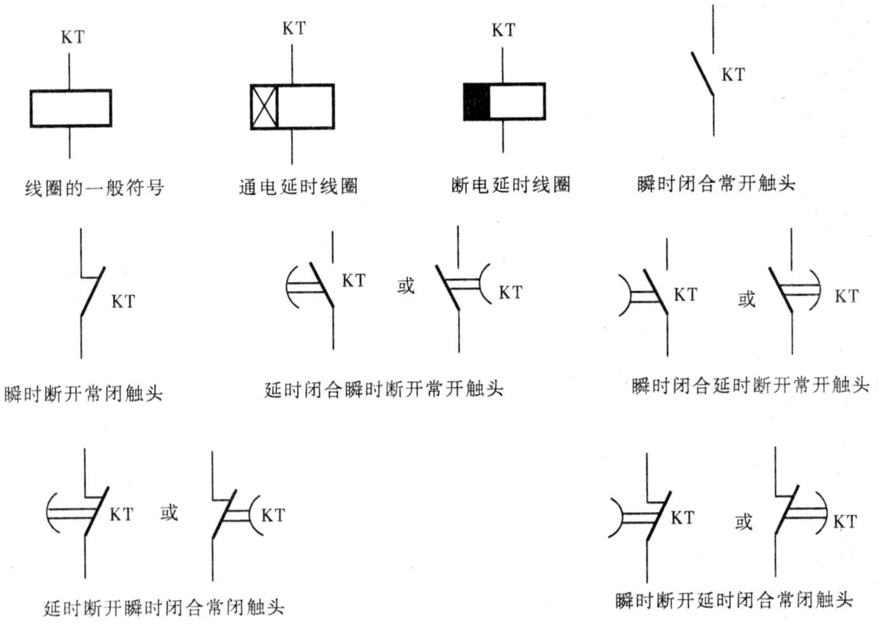

图6-19　时间继电器电气符号

保护的任务，热继电器担负过载保护的任务。

图6-20为电磁启动器的原理接线图。用于三相电动机的全压启动与运行。合上QS接通电源，按下启动按钮SB_1，交流接触器的电磁线圈1通电，吸引衔铁2将主触头3闭合，电动机M启动。同时辅助触头4闭合，自锁控制回路，以防SB_1复位后造成控制回路断电。如需停机，只需按下停机按钮SB_2，使控制回路断电，电磁线圈磁力消失，主触头和辅助触头在弹簧5的作用下断开电路，M停转。

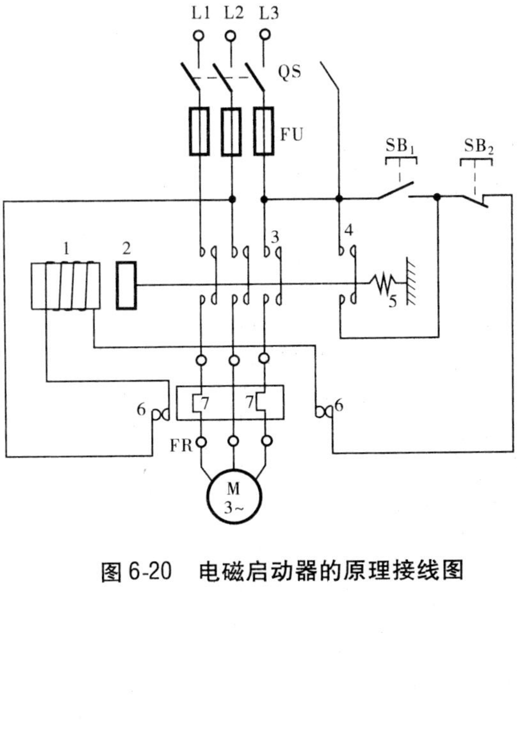

图6-20　电磁启动器的原理接线图

热继电器7是发热元件,6为辅助常闭触头,若电动机严重过载,则常闭触头6断开,交流接触器电磁线圈1断电,使主触头3断开,M停机。

电磁启动器的型号表示为:

QC [1] - [2] / [3]

Q—启动器;C—磁力。

第一单元,设计序号。

第二单元,额定电流等级。

第三单元,分类代号(K—开启式;H—保护式;N—可逆式;W—无热保护)。

八、低压断路器

低压熔断器又称自动空气开关,它相当于刀开关、熔断器、热继电器和欠压继电器的组合,是一种既能进行手动操作,又能自动进行欠压、失压、过载和短路保护的控制电器。

低压断路器的原理图如图6-21所示。其主要由触头系统、灭弧装置、保护系统和操作机构组成。图中7、9、11组成短路保护,采用电磁脱扣器。12、13是过载保护,采用热脱扣器。8、10、11是欠压保护机构,采用欠压脱扣器。9、11、14、15是用于远距离操作的分励脱扣机构。

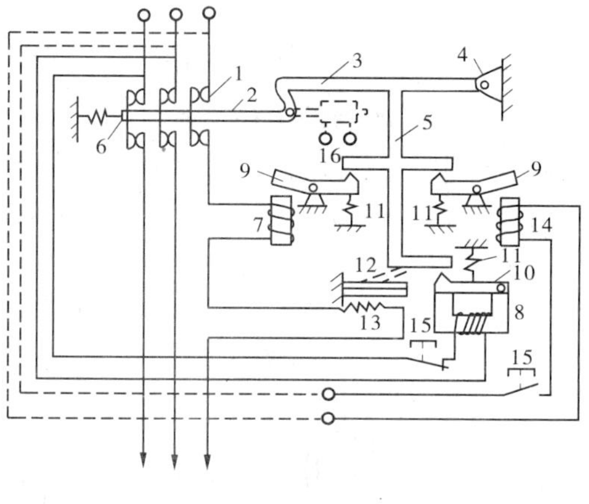

1—触头;2—锁键;3—搭钩(代表自由脱扣机构);4—转轴;5—杠杆;6、11—弹簧;7—过流脱扣器;
8—欠压脱扣器;9、10—衔铁;12—热脱扣器双金属片;13—加热电阻丝;
14—分励脱扣器(远距离切除);15—按钮;16—合闸电磁铁(DW型可装,DZ型无)

图6-21 低压断路器原理图

当电路发生短路、严重过载、电压过低等故障时,保护装置通过杠杆5的作用,使3与2脱扣,开关自动跳闸,切断主电路(主触头1断开)。

低压断路器的操作方式有手动和电动两种。其型号表示如下所示:

D [1][2] - [3][4] / [5][6]

D—低压断路器。

第一单元,结构型式(Z—装置式;W—万能式)。

第二单元，设计序号（下角标）。

第三单元，额定电流，A。

第四单元，派生号（L—漏电保护式；M—密封式；P—电动操作式；X—限流式）。

第五单元，极数。

第六单元，脱扣及辅助机构代号。

九、主令电器

主令电器是用来发出动作命令或程序控制的电器。用它们接通或断开控制电路，实现对电动机和其他电气设备的操作控制。主令电器主要包括按钮和行程开关等。

（一）按钮

按钮是一种手动主令电器。它广泛应用于操纵接触器、继电器、断路器等电磁装置或电气连锁装置。

按钮的外型和常用电气符号如图 6-22 所示。其内部装有常开（动合）和常闭（动开）触头，有的内部还装有锁或指示灯等。

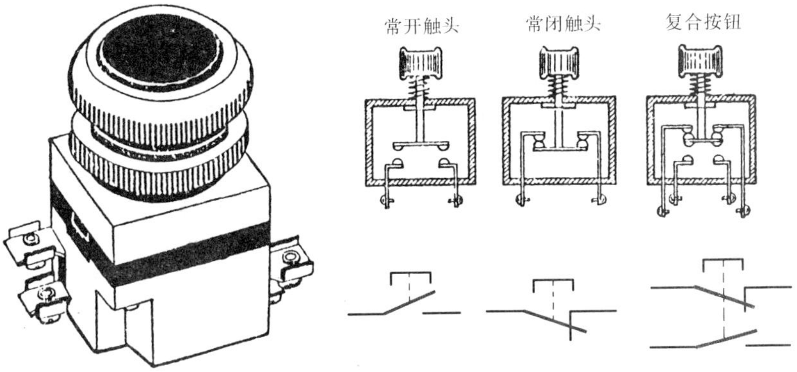

(a)外形图　　(b)常开（闭）触头及其图形符号

图 6-22　按钮

按钮的符号表示如下所示：

LA 1 - 2 3 4

L—主令；A—按钮。

第一单元，设计序号。

第二单元，常开触头数。

第三单元，常闭触头数。

第四单元，结构型式（K—开启式；H—保护式；S—防水式；D—指示式；X—旋转式；Y—钥匙式）。

常用按钮有 LA2、LA18、LA19、LA20 等系列。

按钮的选择要根据使用场合，所需触头的类型、数目以及按钮的种类、颜色来定。

（二）行程开关

行程开关又叫位置开关。其触头的开合是靠生产机械的运动部件的碰撞来实现的，以此接通和断开控制电路。

行程开关的种类很多,有杠杆式、单滚轮式和双滚轮式。它的外形及常用电气符号如图 6-23 所示。

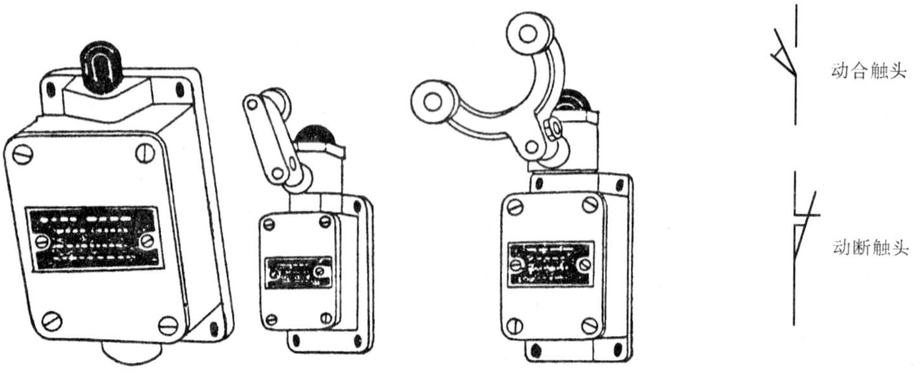

(a)杠杆式　(b)单滚轮式　(c)双滚轮式　(d)电气图形符号

图 6-23　行程开关的外形及电气符号

行程开关一般安装在某一固定的轨道或者底座上,在被它控制的生产机械的运动部件上装有撞块。当撞块与行程开关的滚轮相撞时,压下滚轮或按钮,经传动杠杆使行程开关内部的常开、常闭触头改变原来状态,接通和断开控制电路,拖动电动机改变转向、转速或停止运转等。

当撞块移走后,杠杆式和单滚轮式有复位弹簧,使各部件复位;而双滚轮式无复位弹簧,不能自动复位,它必须依靠另一方向的撞块来回撞击,使行程开关连续工作。

行程开关的型号表示如下所示:

LX [1] - [2][3][4]

L—主令电器;X—行程开关。

第一单元,设计序号。

第二单元,滚轮代号(0—无轮;1—单轮;2—双轮)。

第三单元,滚轮位置代号(1—在传动杆内侧;2—在传动杆外侧)。

第四单元,自动复位代号(1—自动;2—非自动)。

第三节　配电装置

配电装置是发电厂、变电所的重要组成部分。它是按照主接线方案的要求,由开关电器、保护电器、测量仪表、母线装置和必要的辅助设备构成的电工建筑物,正常工作时用来接收和分配电能;故障时迅速切断故障部分,以保证无故障部分的安全运行。

配电装置按照安装场所不同主要分为屋内配电装置和屋外配电装置;按照安装方式不同主要分为装配式配电装置、成套配电装置;按电压等级不同主要分为低压配电装置(380 V/220 V)、高压配电装置(6～220 kV)和超高压配电装置(330 kV 及以上)等基本类型。

变电所中,35 kV 及以下电压等级多采用屋内配电装置;110 kV 及以上电压等级多采用屋外配电装置;但 110 ~220 kV 装置在有特殊要求时,经技术经济比较,也可以采用屋内配电装置;目前国内生产的 3 ~110 kV 高压成套配电装置,已广泛应用于变电所中;110 ~220 kV SF_6 全封闭组合电器也得到了应用。

一、屋内配电装置

屋内配电装置的结构型式与电气主接线、电压等级和采用的电气设备的型式密切相关,且随着新设备、新技术的采用,其结构型式不断发展。目前屋内配电装置主要有成套式配电装置和装配式配电装置。装配式屋内配电装置是将各种电气设备在现场组装构成配电装置,这种布置具有建造安装灵活、投资少、金属耗量少、安装工作量大、施工工期长等特点。成套式配电装置是由制造厂成套供应的设备。同一个回路的开关电器、测量仪表、保护电器和辅助设备都由制造厂装配在一个或两个全封闭或半封闭的金属柜中,构成一个回路。一个柜就是一个间隔。按照电气主接线的要求,选择制造厂家生产的各种电路的开关柜组成整个配电装置,从制造厂将成套设备现场进行组装即成。

现主要介绍屋内成套式配电装置。

成套式配电装置分低压成套配电装置、高压成套配电装置(又称高压开关柜)和 SF_6 全封闭式组合电器三类。成套式配电设备投资大,可靠性高,运行维护方便,安装工作量小,在高低压系统中广泛应用。

(一)低压成套式配电装置

低压成套式配电装置是低压电网中用来接收和分配电能的成套配电设备,它用在 1 kV 以下的配电线路中。通常包括配电屏(盘、柜)和配电箱两类。

1. GGD 型低压配电屏

GGD 型固定式低压配电屏是根据原能源部主管部门、广大电力用户设计部门的要求,本着安全、经济、合理、可靠的原则于 20 世纪 90 年代设计的新型配电屏,如图 6-24、图 6-25所示。配电屏的正面上部装有测量仪表,双面开门。三相母线布置在屏顶,闸刀开关、熔断器、空气自动开关、互感器和电缆端头依次布置在屏内,继电器、二次端子排也装在屏内。

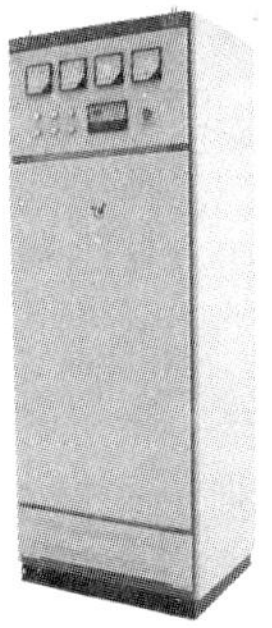

图 6-24　GGD 型固定式低压配电屏外观图

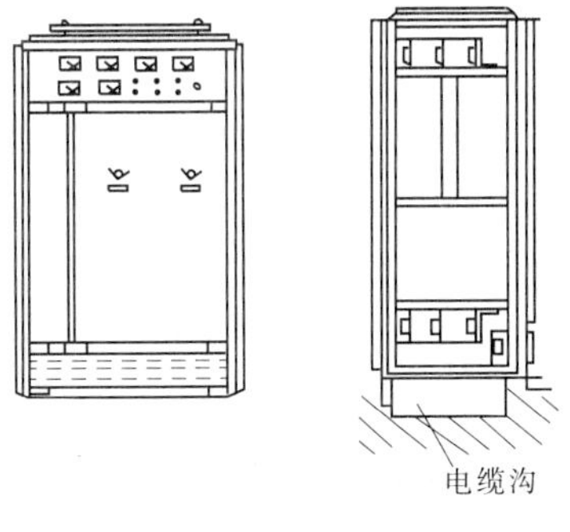

图 6-25　GGD 型固定式低压配电屏

这种配电装置具有分断能力高、动作稳定性好、结构新颖合理、电气方案切合实际、适用性强、防护等级高等特点，可作为更新换代的产品使用。

2. GCS 抽屉式开关柜

GCS 抽屉式开关柜的外观与结构如图 6-26、图 6-27 所示。GCS 为密封式结构，分为功能单元室、母线室和电缆室。电缆室内为二次线和端子排。功能室由抽屉组成，主要低压设备均安装在抽屉内。若回路发生故障，可立即换上备用的抽屉，迅速恢复送电。开关柜前面的门上装有仪表、控制按钮和自动控制开关操作手柄。抽屉有连锁机构，可防止误操作。

这种柜具有分段与接通能力高、动稳定性好、电气方案灵活、防护等级高、密封性能好、可靠性高、实用性强、占地面积小等优点，并可增加增容、计算机接口、动力集中控制，安装维修方便等需要，但钢材消耗较多，价格较高。它将逐步取代固定式低压配电屏。

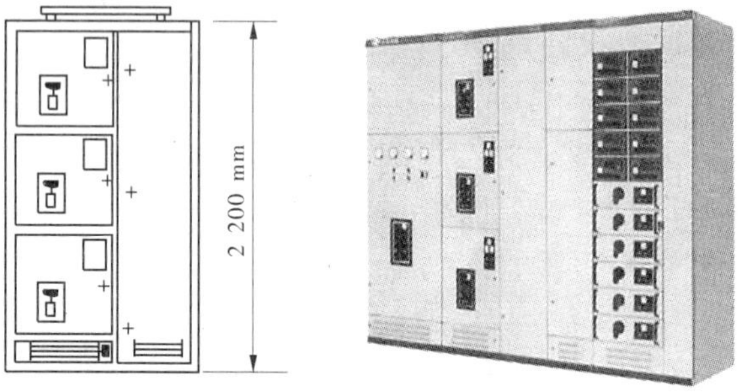

图 6-26　GCS 抽屉式低压开关柜外观图

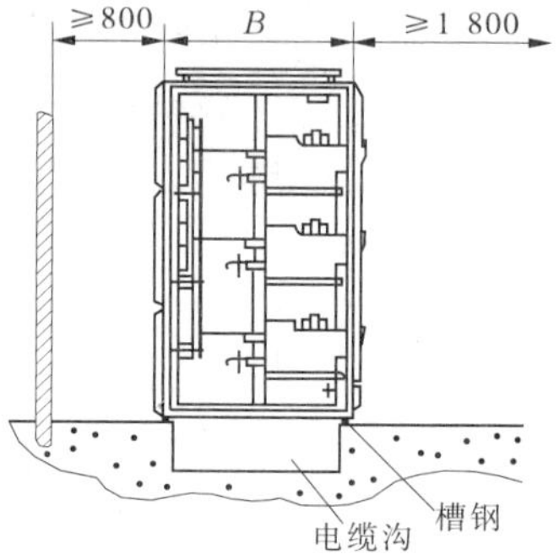

图 6-27　GCS 抽屉式低压开关柜　（单位：mm）

3. 动力配电箱、照明配电箱

动力配电箱一般安装于用电设备附近，如水泵房、空调机房、电梯机房以及电气竖井内等处，常用的标准型动力配电箱有 XL－15、XL－20、XL－21 型等。照明配电箱一般分为挂墙式和嵌墙式。一般选用 PXR、MX－4、XM－7、XRM－11 型及其他非标准照明配电箱。照明配电箱大都用于商业大厦里的住户部分，每户一个，箱内采用单极塑料外壳式的自动开关进行组装，有多种线路组合方案，有的还装有漏电保护开关，防止触电和火灾事故。

（二）高压成套配电装置

高压成套配电柜（屏）又称为高压开关柜，是以断路器为主体，将其他电气元件按一定要求组装为一体的成套电气设备。开关柜除一次电气元件外，还包括控制、测量、保护和调整等方面的元件和电气设备连接辅件、外壳等，这些元件有机组合在一起即构成了开关柜。高压开关柜应用在 3～10 kV 系统中，35 kV 系统也已经开始大量采用开关柜。

根据 GB 3906 和 IEC 298 等标准要求，高压开关柜的闭锁装置应具有“五防”的功能：①防带电挂接地线；②防带负荷分、合隔离开关；③防误操作断路器；④防误入带电间隔；⑤防带地线合隔离开关与断路器。

我国目前生产的 3～35 kV 高压开关柜按结构型式可分为固定式和手车式两种。固定式高压开关柜断路器安装位置固定，采用母线和线路的隔离开关作为断路器检修的隔离措施，结构简单；断路器室体积小，断路器维修不便；固定式高压开关柜中的各功能区是敞开相通的，容易造成故障范围的扩大。手车式高压开关柜断路器安装在可移动手车上，断路器两侧使用一次插头与固定的母线侧、线路侧静插头构成导电回路，检修的隔离措施采用插头式的触头，断路器手车可以移出柜外检修。并且同类型断路器手车具有通用性，备用断路器手车可代替检修的断路器手车，以减少停电时间。手车式高压开关柜的各个功能区采用金属封闭式或者采用绝缘板的方式封闭，有一定的限制故障扩大的能力。

1. GG－1A(F_3)防误型固定式高压开关柜

图6-28为GG－1A(F_3)Ⅱ－10－07D型高压开关柜结构简图。其型号含义为：G表示固定式，1表示设计序号，A表示统一设计特征，F_3(或F)表示具有“五防”功能，Ⅱ表示简易闭锁方案(Ⅰ为一般闭锁方案)，10表示额定电压为10 kV，07表示一次线路方案编号，D表示断路器操作机构为电动式。

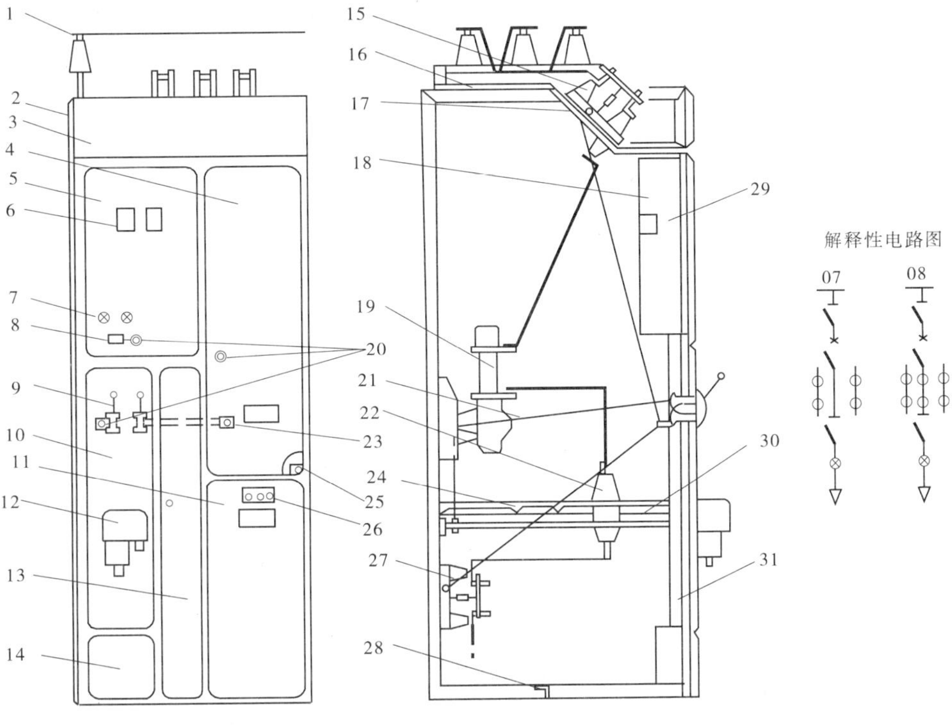

1—柜顶母线；2—侧封板；3—安全槽板；4—前上钢板门；5—继电器箱门；6—计量仪表；7—信号灯；8—控制开关；9—操动机构；10—操作板；11—前下钢板门；12—电磁操动机构；13—端子箱门；14—合闸直流接触器室小门；15—母线隔离开关；16、17、30—隔板；18—继电器箱；19—少油断路器；20—程序锁；21—机械连锁拉杆；22—电流互感器；23—前门机械连锁；24—油槽；25—接地桩；26—带电指示器；27—线路隔离开关；28—电缆角钢；29—继电器；31—端子箱

图6-28　GG－1A(F_3)Ⅱ－10－07D型高压开关柜结构简图

GG－1A高压开关柜由角钢焊接而成。柜面装有固定操作板10和五扇钢板门；左继电器箱门5上装有仪表6、信号灯7、控制开关8。开关柜由钢隔板16、17和30分上、中、下三部分。上部为柜顶母线1和母线隔离开关；中部为少油断路器19(也可装真空断路器或SF_6式断路器)；隔板30上装有电流互感器22，下部装有线路隔离开关27。固定式高压开关柜的封闭性较差，体积相对较大，检修不够方便，但制造工艺简单，消耗钢材少，

价格低廉，故至今仍得到广泛应用。

2. KYN1－10 型移开式开关柜

移开式高压开关柜又称手车式高压开关柜。KYN1－10 铠装型移开式金属封闭开关柜用于交流 50 Hz、额定电压 3～10 kV、额定电流 630～3 000 A 的单母线及其单母线分段系统中。开关柜柜体用钢板弯制焊接组合而成，全封闭性结构，由继电器室、手车室、母线室和电缆室 4 个部分组成。各部分用钢板分隔，螺栓连接，具有架空进出线、电缆进出线及左右连锁的功能。其外形及内部结构如图 6-29 所示。

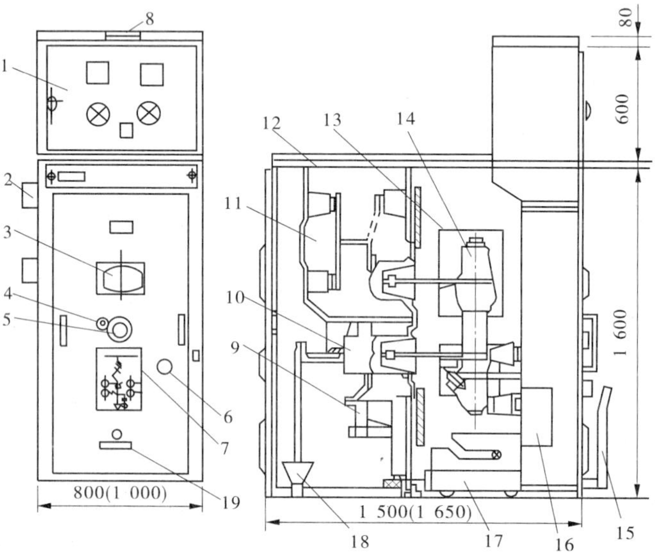

1—仪表室；2—次套管；3—观察窗；4—推进机构；5—手车位置指示及锁定旋钮；
6—紧急分闸旋钮；7—模拟母线排；8—标牌；9—接地开关；10—电流互感器；
11—母线室；12—排气窗；13—绝缘隔板；14—断路器；15—接地开关手柄；
16—电磁式弹簧机构；17—手车；18—电缆关；19—厂标牌

图 6-29　KYN1－10 开关柜结构及外形　（单位：mm）

手车是由角钢和钢板焊接而成的，分为断路器手车、电压互感器避雷器手车、电容器手车、所用变压器手车、隔离开关手车及接地手车等。断路器根据需要可配少油或真空断路器。相间采用绝缘隔板，电磁操动机构采用 CD10，弹簧操动机构采用 CT18。手车上的面板就是柜门，门上部有观察窗及照明灯，能清楚地观看断路器的油位指示。门正中的模拟线路旁有手车位置指示旋钮，同时具有把手车锁定在工作位置、试验位置及断开位置的功能。旁边有紧急分闸旋钮及分合闸位置指示孔，能清楚地反映少油断路器的工作状态。手车底部装有接地触头及 5 个轮子，其中 4 个滚轮能沿手车柜内的导轨进出，当抽出后，另一附加转向小轮能使手车灵活转动。手车在试验位置可使用推进装置使手车均匀插入或抽出。该产品还具有同类型手车可互换及防止不同类型手车误入其他柜内的措施。

继电仪表室底部用 4 组减震器与柜体连成一体，门可装仪表、信号灯、信号继电器、操作开关等。小门装有电度表或继电器，室内活动板上装有继电器，布局合理，维修方便，二次电缆沿手车室左侧壁自底部引至仪表继电器室。

柜体顶部装有泄压孔，手车室、母线室及电缆室均装有泄压活门，在发生内部闪络时可以及时打开，泄放内部压力和隔开带电间隔。柜体的前后柜之间用钢板及活门隔离，柜内装有电流互感器、接地开关、电压互感器等元件。

手车面板上装有指示旋钮的机械闭锁装置，只有断路器处于分闸位置时，手车才可以抽出或插入。手车在工作位置时，一次、二次回路接通；手车在试验位置时，一次回路断开，二次回路仍然接通，断路器可作分合闸试验；手车在断开位置时，一次、二次回路断开，手车与柜体保持机械联系。

断路器与接地开关装有机械连锁，只有断路器分闸，手车抽出后，接地开关才能合闸。手车在工作位置时，接地开关不能合闸，防止带电挂接地线。接地开关接地后，手车只能推到试验位置，能有效防止带地线合闸。

柜后的上下门装有连锁，只有在停电后手车抽出，接地开关接地后，才能打开后下门，再打开后上门。通电前，只有先关上后上门，再关上后下门，接地开关才能分闸，使手车能插入工作位置，防止误入带电间隔。

仪表盘上装有带钥匙的 KK 控制开关（或防误型插座），防止误分误合主开关。各柜间连锁可按一次线路方案要求加装电气连锁或程序锁等。

（三）SF_6 全封闭式组合电器

SF_6 全封闭式组合电器是按照电气主接线的要求，将各电气设备依次连接成一个整体，全部封装在封闭的接地金属壳体内，壳体内充以 SF_6 气体，作为灭弧和绝缘介质用，以优质环氧树脂绝缘子作支撑的一种新型成套高压电器。这种装置和其他类型配电装置比较主要有体积小、运行可靠性高、检修周期长、抗震性和抗无线电干扰性能好等优点，但这种装置对材料性能要求高、监控和检修措施要求严格、造价高、故障损失严重，多用于 110～500 kV 的工业区、市中心、险峻山区、地下式发电厂和变电所，或者工业污秽、海滨、高海拔以及大风沙等恶劣地区的变电所或军用变电所。

二、屋外配电装置

屋外配电装置一般采用装配式，成套式目前也有生产。根据电气设备及母线布置的高度，屋外装配式配电装置可分为低型、中型和高型。

（一）低型布置

低型布置的主要特点是主要电气设备安放在地面基础上，各电气设备间用硬母线连接。为保证人员人身安全，电气设备周围设置栅栏。断路器和隔离开关的操作机构安装在栅栏之外。低型布置的优点是安装、维修方便，设备重心低，抗地震能力强，节省构架，降低投资。其缺点是电气设备受粉尘污染严重，检修时停电范围大，配电装置占地面积大。这种布置型式适用于小型水电站或临时变电所。

（二）中型布置

中型布置的特点是变压器、断路器等电气设备安装在高于地面的基础上，隔离开关、避雷器等安装在构架上，各电气设备之间采用悬挂式软母线连接。中型布置的优点是设备操作和维修都在地面上进行，安全方便，电气设备的布置清晰明了，适用于各种接线方式，是应用较多且有较成熟运行经验的布置型式。缺点是占地面积大，地形狭窄的水电并不宜采用。

（三）高型布置

高型布置的特点是双母线垂直重叠布置，母线隔离开关对应地安装在各母线层下。由于布置紧凑，占地面积小，占地一般为中型布置的 1/2 左右。它的缺点是钢材耗费量大，操作维修不方便，常用在地形受到限制的水电站或变电站。

第四节　电动机的控制电路

一、电动机的直接启动控制电路

三相异步电动机全压启动就是启动时加在电动机定子绕组上的电压为额定电压，也称为直接启动。直接启动的优点是电气设备少，线路简单，维修量小。

图 6-30 所示为接触器自锁正转控制电路，主电路由刀开关 QS、熔断器 FU_1、接触器 KM 的主触头、热继电器 FR 的热元件与电动机 M 组成。

控制电路由启动按钮 SB_2、停止按钮 SB_1、接触器 KM 的线圈及其常开辅助触头、热继电器 FR 的常闭触头和熔断器 FU_2 组成。

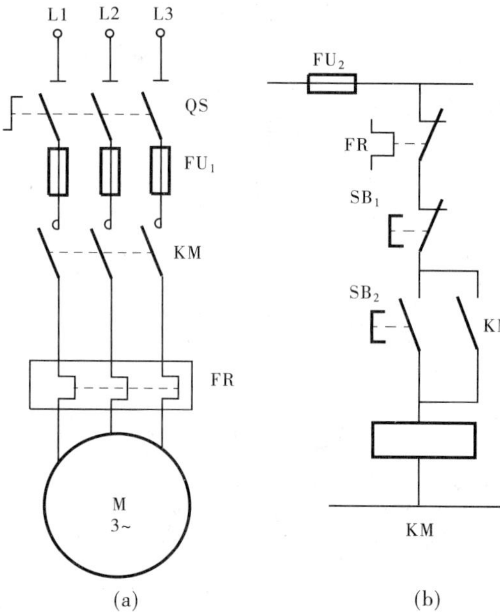

图 6-30　接触器自锁正转控制电路

三相电源由 QS 引入，按下启动按钮 SB_2，接触器 KM 的线圈通电，其主触头闭合，电动机直接启动运行。同时与 SB_2 并联的辅助触头 KM 闭合，将 SB_2 短接，其作用是当放开启动按钮 SB_2 时，仍可使 KM 线圈通电，电动机继续运行。这种依靠接触器自身的辅助触头来使其线圈保持通电的现象称为自锁或自保。带有自锁功能的控制线路具有失压保护功能。起自锁作用并入的辅助触头称为自锁触头。

按停止按钮 SB_1，接触器 KM 线圈断电，其常开主触头断开，电动机停止转动。同时 KM 的自锁触头断开，故松手后 SB_1 虽仍闭合，但 KM 的线圈不能继续得电。

此电路的保护环节有：

（1）短路保护。由熔断器 FU_1、FU_2 分别实现主电路和控制电路的短路保护。为扩大保护范围，在电路中熔断器应安装在靠近电源端，通常安装在电源开关下边。

（2）过载保护。由于熔断器具有反时限和分散性，难以实现电动机的长期过载保护，为此采用热继电器 FR 实现电动机的长期过载保护。当电动机出现长期过载时，串接在电动机定子电路的双金属片因过热变形，致使其串接在控制电路中的常闭触头打开，切断

KM 线圈电路,电动机停止运转,实现过载保护。

(3)失压和欠压保护。当电源突然断电或由于某种原因电源电压严重不足时,接触器电磁吸力消失或急剧下降,衔铁释放,常开触头与自锁触头断开,电动机停止运转。而当电源电压恢复正常时,电动机不会自行启动运转,避免事故发生。因此,具有自锁的控制电路具有失压和欠压保护功能。

二、电动机的点动控制电路

如图 6-30 所示的直接启动电动机控制电路中,将自锁触头去掉,便成为电动机的点动控制电路。所谓点动,即按下按钮 SB_2 时,电动机就启动运转,一松开电动机就停转。点动电路常用在小型起重设备中的电动葫芦和生产加工机械的工作状态调整时的机床控制电路中。

三、电动机的正、反转控制电路

生产机械往往要求运动部件能够实现正、反两个方向的运动,这就要求电动机能做到正、反向旋转。由电动机的工作原理可知,改变电动机三相电源的相序,就能改变电动机的旋转方向。

(一)电动机"正—停—反"控制线路

图 6-31(a)为按钮控制的正、反转控制电路,两个接触器的常闭触点 KM_1、KM_2 起互锁作用,即当一个接触器通电时,其常闭触头断开,使另一个接触器线圈不能通电。因此,在作电动机换向操作时,必须先按停止按钮 SB_1 才能反方向启动,故常称为"正—停—反"控制线路。

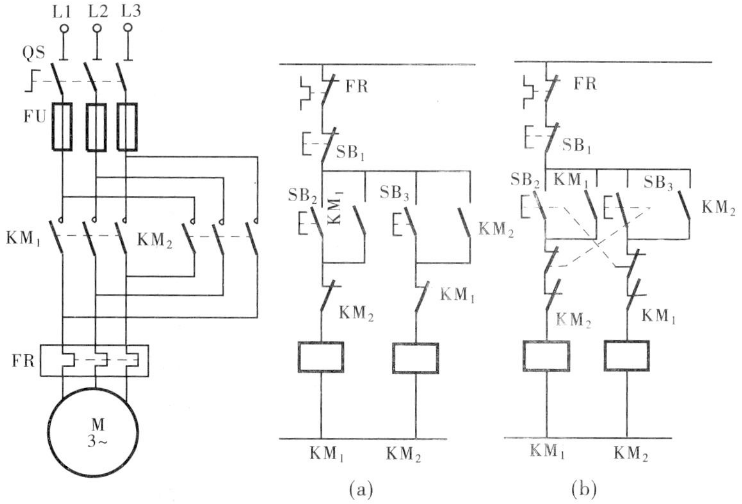

图 6-31　三相电动机的正、反转控制线路

(二)电动机"正—反—停"控制线路

为了提高劳动生产率,减少辅助时间,要求直接按反转按钮使电动机换向。为此,可将启动按钮 SB_2、SB_3 换用复合按钮,用复合按钮的常闭触头来断开转向相反的接触器线

圈的通电回路，控制线路如图6-31(b)所示。当按下SB_2(或SB_3)时，首先是按钮的常闭触头断开使KM_2(或KM_1)断电释放，然后是按钮的常开触头闭合使KM_1(或KM_2)通电吸合，电动机反方向运转。本电路由于电动机运转时可按反转启动按钮直接换向，常称为“正—反—停”控制线路。

显然，采用复合按钮也起到互锁作用，但只用按钮连锁而不用接触器常闭触头进行连锁是不可靠的。因为当主触头被强烈的电弧“烧焊”在一起或者接触器机构失灵使衔铁卡死在吸合状态时，如果另一只接触器动作，就会造成电源短路事故。为此，在控制电路中利用一个接触器的常闭触头与另一接触器的线圈相串联的连接方法。这种在同一时间里，两个接触器只允许一个工作的控制称为互锁。只要一个接触器在吸合状态位置，其常闭触头必然将另一个接触器线圈电路切断，故能避免电源短路事故的发生。

四、星形—三角形降压启动控制线路

星形—三角形(Y—△)降压启动是指电动机启动时，把定子绕组接成星形，以降低启动电压，减小启动电流；待电动机启动后，再把定子绕组改接成三角形，使电动机全压运行。Y—△启动只能用于正常运行时为三角形接法的电动机。

如图6-32所示为三个接触器换接的Y—△降压启动控制电路。启动时，按SB_2，接触器KM_1、KM_3线圈得电，KM_1、KM_3的主触头使定子绕组接成星形，电动机降压启动。同时时间继电器KT线圈得电，经过一段延时后电动机已达到额定转速，其延时断开常闭触头断开，使KM_3失电，而延时闭合常开触头闭合，接触器KM_2线圈得电，使电动机定子绕组由星形连接换接到三角形连接，实现全电压运行。图6-32中KM_3动作后，它的常闭触头将KM_2的线圈断开，这样防止了KM_2再动作。同样KM_2动作后，它的常闭触头将KM_3的线圈断开，可防止KM_3再动作。KM_2和KM_3构成互锁触头，可保证启动过程中KM_2和KM_3的主触头不能同时闭合，以防止电源短路。KM_2的常闭触头同时也使时间继电器KT断电。

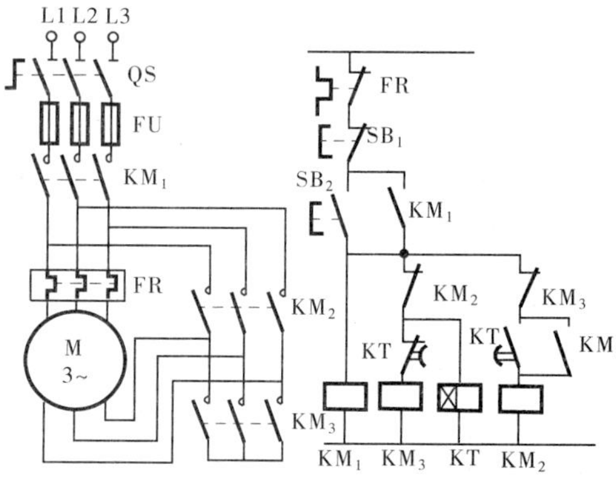

图6-32 三个接触器组成的Y—△降压启动控制电路

本章小结

本章重点介绍高压开关设备、低压开关设备的原理与结构，高、低压配电装置以及电动机的控制电路等内容。要求掌握电气设备的作用，熟悉它们的工作原理和选型，了解它们的结构和型号、特点及使用方法；要求能看懂一般电动机的控制电路。

高压电气设备是指1 000 V及以上的电气设备，主要有高压断路器、高压隔离开关、

高压负荷开关、高压熔断器。高压断路器主要有油断路器、真空断路器、SF_6 断路器等。其作用是正常时断开或接通负荷电流,故障时断开故障电流。高压断路器是一种重要的操作和保护设备,为使其安全可靠地运行,必须严格按照要求进行操作。高压隔离开关主要功能是隔离电源,保证检修安全,它不能带负荷操作,常与断路器配合使用并装在电源侧。高压负荷开关具有简单的灭弧装置,可以通断一定的负荷电流和过负荷电流,由于断流能力有限,常与高压熔断器配合使用。高压熔断器是高压电路中一种简单的保护电器,主要由熔体、触头装置和外壳组成,有户内和户外两种类型。

低压电气设备是指电压为 1 000 V 以下的电气设备,主要有刀开关、低压熔断器、接触器和低压断路器等。刀开关主要作用是隔离电源;低压断路器是一种既能带负荷通断电路,又能在短路、过负荷、欠压或失压时自动跳闸的开关设备;接触器是一种适用于远距离频繁操作的电气设备,其主要控制对象是电动机;低压熔断器主要用于低压线路及设备的过载和短路保护。

配电装置是由电气设备和导线连接而成接收和分配电能的装置。按照安装场所不同主要分为屋内配电装置和屋外配电装置;按照安装方式的不同主要分为装配式配电装置、成套配电装置;按电压等级的不同主要分为低压配电装置、高压配电装置和超高压配电装置等基本类型。高压开关柜有固定式和移开式两大类,它是将电气一次设备和二次设备组装在柜中的一种成套高压配电装置,具有“五防”功能。低压配电屏有固定式和抽屉式两大类,它是按照一定的线路方案将电气一次设备和二次设备组装在一起的低压成套配电装置,用作动力、照明电路中的配电之用。

习　题

6-1　什么是一次设备？它包括哪些电气设备？各设备的作用是什么？

6-2　高压断路器有哪些功能？常见的类型有哪些？

6-3　高压隔离开关的功能有哪些？为什么不能带负荷操作？

6-4　高压负荷开关有哪些功能？能否实施短路保护？

6-5　高压熔断器的作用是什么？主要由哪几部分组成？

6-6　常见的低压电气一次设备有哪些？它们各有何作用？

6-7　交流接触器的主要结构及作用是什么？它和低压开关有什么区别？

6-8　电磁启动器由哪些部分组成？

6-9　热继电器、时间继电器的作用是什么？

6-10　低压断路器有什么作用？其工作原理是什么？

6-11　低压熔断器有哪些种类？如何选择？

6-12　配电装置的作用是什么？有哪些主要类型？各有何特点？

6-13　高压开关柜基本型式有哪些？“五防”功能指什么？

6-14　常见的低压成套配电装置分为几类？有何结构特点？

6-15　什么是电动机控制电路的自锁和互锁电路？

第七章　接地、防雷保护与安全用电

第一节　接地与接零的基本知识

电气设备的金属外壳在正常情况下是不带电的，一旦绝缘损坏，外壳便会带电，人触及外壳就会触电。接地和接零是防止这类事故的有效措施。

一、工作接地

为保证电气设备在正常或发生事故情况下能可靠运行，将电路中的某一点通过接地装置与大地可靠地连接起来称为工作接地，如图 7-1 所示。例如：电源变压器中性点接地、三相四线制系统中性线接地、电压互感器和电流互感器二次侧某点接地等，实行工作接地后，当单相对地发生短路故障时，短路电流可使熔断器或自动断路器跳闸，从而起到安全保护作用。

二、保护接地

保护接地就是将电气设备正常情况下不带电的金属外壳通过保护接地线与接地体相连，宜用于中性点不接地的电网中，如图 7-2 所示。采取了保护接地后，当一相绝缘损坏碰壳时，可使通过人体的电流很小，不会有危险。

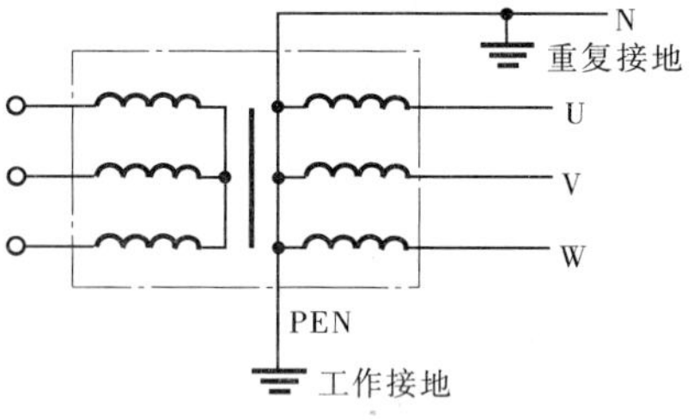

图 7-1　工作接地

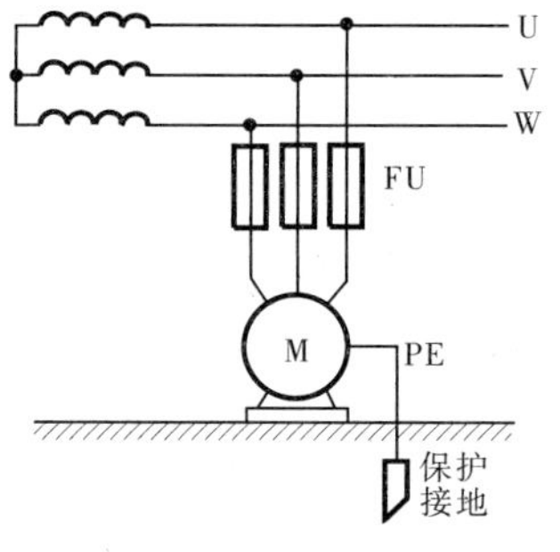

图 7-2　保护接地

三、保护接零

保护接零是目前我国应用最广泛的一种安全措施，即将电气设备的金属外壳接到中性线上，宜用于中性点接地的电网中，如图 7-3 所示。当一相绝缘损坏碰壳时，形成单相短路，使此相上的保护装置迅速动作，切断电源，避免触电的危险。

应该注意，在中性点接地系统中，宜采用保护接零，而不采用保护接地。为确保安全，中性线和接零线必须连接牢固，开关和熔断器不允许装在中性线上。但引入室内的一根相线和一根零线上一般都装有熔断器，以增加短路时熔断的机会。

四、重复接地

在中性点接地系统中，为提高接零保护的安全性能，除采用保护接零外，还要采用重复接地，即将零线相隔一定距离多处进行接地，如图 7-4 所示。采取重复接地后可减轻零线断线时的危险、降低漏电设备外壳的对地电压、缩短故障持续时间和改善配电线路的防雷性能。

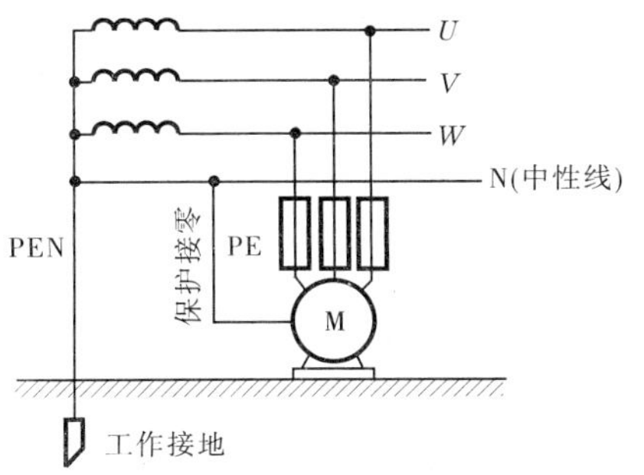

图 7-3　保护接零

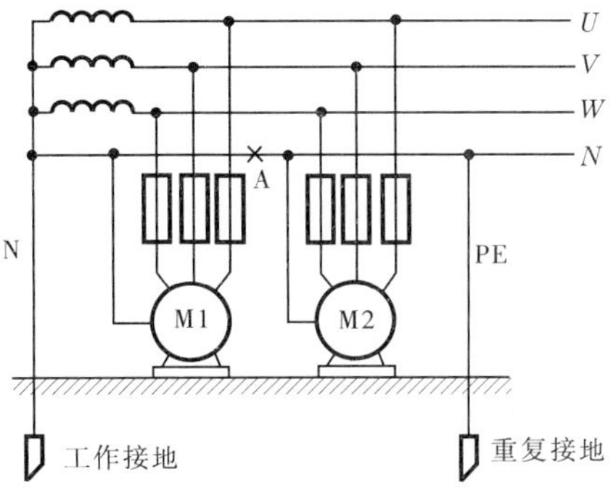

图 7-4　重复接地

重复接地的地点一般要求在：

(1)电源端、架空线路的干线和分支终端及其沿线每隔 1 km 处的工作零线。

(2)电缆或架空线在引入车间或大型建筑物内的配电柜处。

五、工作零线与保护零线

为了改善和提高三相四线低压电网的安全程度，提出了三相五线制，即增加一根保护零线(PE)，而原三相四线制中的中性线称工作零线(N)，如图 7-5 所示。这一点对于家用电器的保护接零特别重要。因为目前单相电源的进线(相线和中性线)上都安装有熔断器，此时的中性线(工作零线)就不能作为保护接零用了。所有的接零设备都要通过三孔插座接到保护零线上(三孔插座中间粗大的孔为保护接零，其余两孔为电源线)，如图 7-6 所示。这样工作零线只通过单相负载的工作电流和三相不平衡电流，保护零线只作为保护接零使用，并通过短路电流。三相五线制大大加强了供电的安全性和可靠性，是应积极推广的。

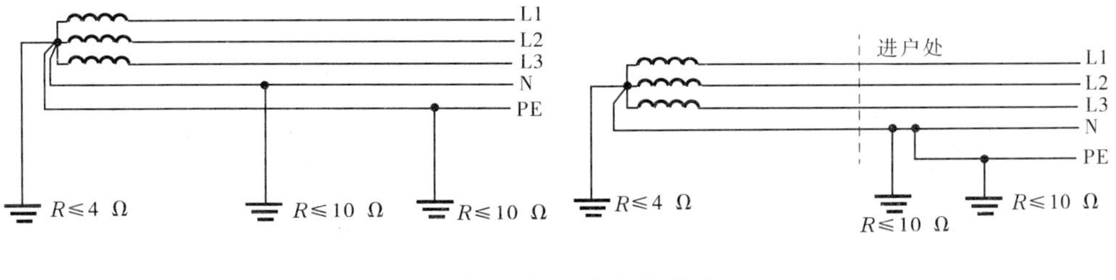

图 7-5　三相五线制的设备

若不慎将三孔插座接错，则带来触电危险，如图 7-7 所示。其中：

(a)、(b)——将保护接零和电源中性线同时接于保护零线上，即将保护零线作为工作零线，则其负荷电流会产生零序电压。

(c)——将保护接零和电源中性线同时接于工作零线上，即将工作零线作为保护零线，则如中性线因故断开或熔断器断路，其相电压会通过插座内连线使用电设备外壳带电。

(d)——相线与中性线接反，则使用电设备外壳带电，很不安全。

同时要注意不要忽视接零。

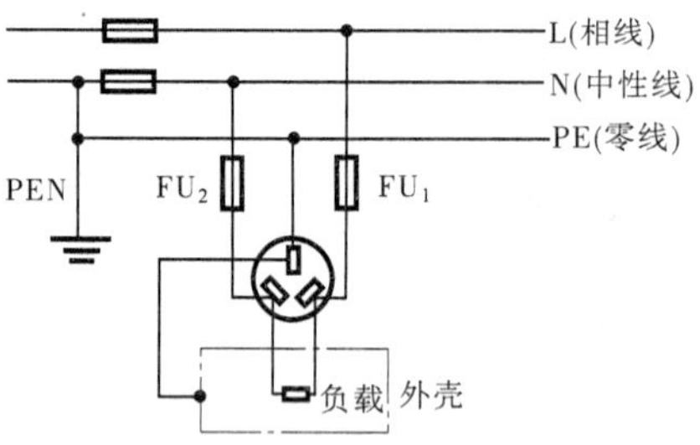

图 7-6　单相三孔插座的正确的接法

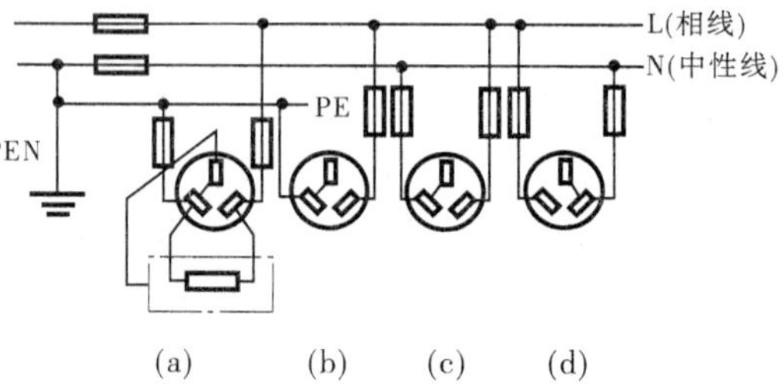

图 7-7　单相三孔插座的错误的接法

第二节　接地装置

将电气设备的某部分与大地之间做良好的电气连接，称为接地。埋入地中并直接与大地接触的金属导体，称为接地体或接地极。专门为接地而人为装设的接地体，称为人工接地体。兼作接地体用并直接与大地接触的各种金属构件、金属管道及建筑物的钢筋混凝土基础等，称为自然接地体。连接接地体与设备、装置接地部分的金属导体，称为接地线。接地线和接地体合称为接地装置。

一、接地装置的分类

接地装置广泛地存在于电气设备、线路和建筑物中，在图 7-8 中，(a) 为电动机保护接地，(b) 为避雷针工作接地，(c) 为避雷线工作接地。

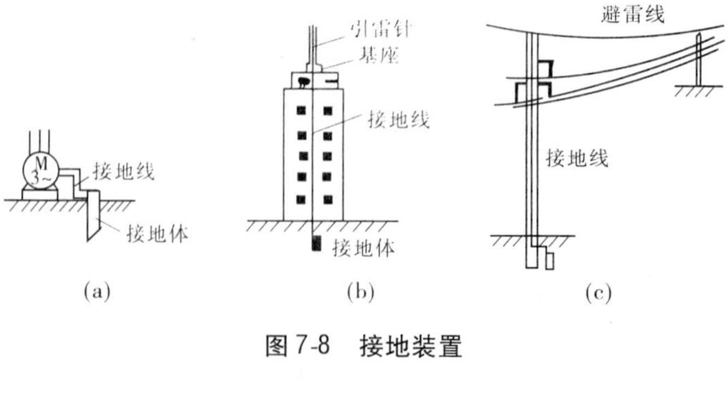

图 7-8　接地装置

接地装置由接地体和接地线两部分组成。按接地体的多少,接地装置分为单极接地、多极接地及接地网络等三种形式。

(一)单极接地

由一支接地体构成,接地线一端与接地体相连接,另一端与设备的接地点直接连接,如图7-9所示。单极接地适用于接地要求不太高和设备接地点较少的场所。

(二)多极接地

由两支及以上接地体构成,各接地体之间用接地干线连成一体,接地支线一端与接地干线相连接,另一端与设备的接地点直接连接,如图7-10所示。多极接地适用于接地要求较高而设备接地点较多的场所。

(三)接地网络

用接地干线将多支接地体相互连接所形成的网络称为接地网络,如图7-11所示为接地网络的常见形状。接地网络适用于配电场所及接地点较多、接地要求较高的场所。

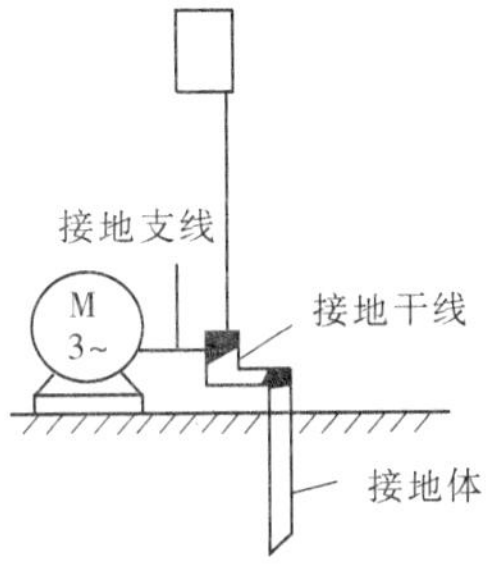

图7-9　单极接地

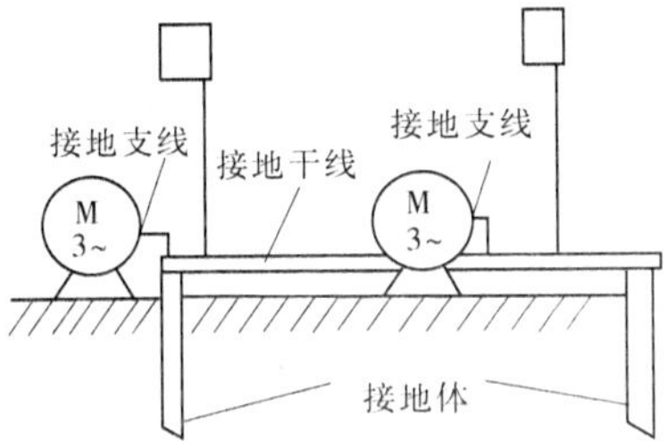

图7-10　多极接地

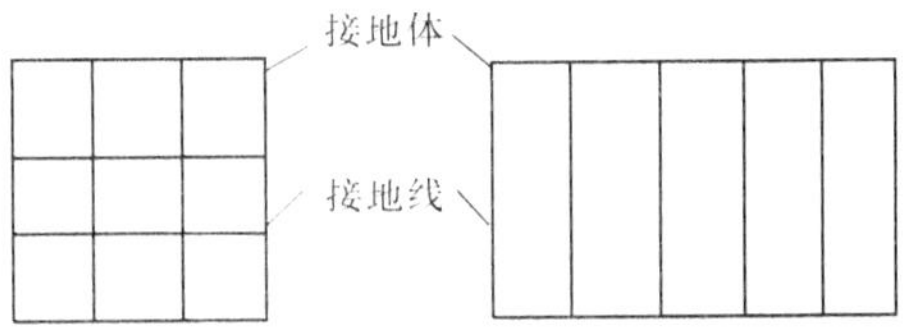

图7-11　接地网络

二、接地装置的技术要求

接地装置的技术要求主要体现在接地电阻上,原则上是越小越好,但考虑到经济性,以不超过规定值为准。

对接地电阻的要求:避雷针和避雷线单独使用时的接地电阻不应超过10 Ω;配电变压器低压侧中性点接地电阻应在0.5 ~10 Ω之间;保护接地的接地电阻应不超过4 Ω;若几个设备共用一个接地装置,接地电阻应以要求最高的为准。

第三节　防雷保护

雷电是一种自然现象,但迄今为止人类尚未掌握和利用它,仍处于防范它造成危害的阶段。从人员的安全和建筑物的保护来说,设计各类建筑物的有效防雷系统都是非常重要的。

根据雷电造成危害的形式和作用,一般可分为直击雷、感应雷两大类。直击雷是雷云对地面直接放电。感应雷是雷云的二次作用(静电感应和电磁效应)造成的危害。无论是直击雷还是感应雷,都可能演变成雷电的第三种形式——高电位侵入,即很高的电压

（可达数十万伏）沿着供电线路和金属管道，高速涌入变电所、建筑物等。

一、防直击雷

防直击雷的主要措施是装设避雷针、避雷带、避雷网、避雷线。这些设备又称接闪器，即在防雷装置中，用以接收雷云放电的金属导体。

二、防感应雷

感应雷产生的感应过电压可高达数十万伏。为防止静电感应产生的高压，我们一般是在建筑物内，将金属设备、金属管道、结构钢筋予以接地，使感应电荷迅速入地，避免雷害。根据建筑物的不同屋顶，采取相应的防止静电感应措施。例如，对于金属屋顶，将屋顶妥善接地；对于钢筋混凝土屋顶，将屋面钢筋焊成 6 ~ 12 m 网格，连成通路，并予以接地；对于非金属屋顶，在屋顶上加装边长 6 ~ 12 m 的金属网格，并予接地。屋顶或屋顶上的金属网格的接地不得少于 2 处，其间距不得大于 18 ~ 30 m。

防止电磁感应引起的高电压一般采取以下措施：对于平行金属管道，相距不到 100 m 时，每 20 ~ 30 m 用金属线跨接；对于交叉金属管道，相距不到 100 m 时，也用金属线跨接；管道与金属设备或金属结构之间距离小于 100 m 时，也用金属线跨接；在管道接头、弯头等连接部位也用金属线跨接，并可靠接地。

三、防雷电波侵入

由于输电线路上遭受雷击，高压雷电波便沿着输电线侵入变、配电所或用户，击毁电气设备或造成人身伤害，这种现象称雷电波侵入。据统计资料，电力系统中由于雷电波侵入而造成的雷害事故占整个雷害事故的近一半。因此，对雷电波侵入应予以相当重视，要采取措施，严加防护。避雷器就是防止雷电波侵入，避免造成雷害事故的重要电气设备。

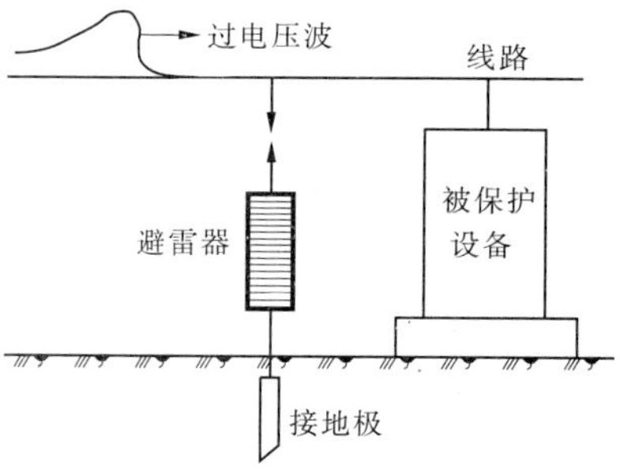

图 7-12　避雷器的连接

避雷器用来防护雷电波的高电压沿线路侵入变、配电所或其他建筑物内，损坏被保护设备的绝缘。它与被保护设备并联，如图 7-12 所示。

当线路上出现危及设备绝缘的过电压时，避雷器就对地放电，从而保护了设备。避雷器有阀型避雷器、管型避雷器、氧化锌避雷器等。

第四节　安全用电

安全用电包括用电时的人身安全和设备安全。电是现代化生产和生活中不可缺少的重要能源，若用电不慎，可能造成电源中断、设备损坏、人身伤亡，给生产和生活带来重大损失。因此，要重视安全用电。

一、安全电压

按照人体的最小电阻(800～1 000 Ω)和工频致命电流(30～50 mA),可求得对人的最小危险电压为24～50 V,据此我国规定的安全电压为42 V、36 V、24 V、12 V、6 V五个等级供不同场合选用。凡是裸露的带电设备和移动的电气用具都应使用安全电压。在一般建筑物中可使用36 V或24 V;在特别危险的生产场地,如潮湿、有辐射性气体或有导电尘埃及能导电的地面和狭窄的工作场所等,则要用12 V和6 V的安全电压。安全电压的电源必须采用独立的双绕组隔离变压器,严禁用自耦变压器提供电压。

二、人体触电原因和形式

(一)触电原因

不同的场合引起人体触电的原因也不一样,根据日常用电情况,触电原因主要有以下几点。

1. 线路架设不合规格

如采用一线一地制的违章线路架设,当接地线被拔出、线路发生短路或接地端接触不良;室内导线破旧、绝缘损坏或敷设不合规格;无线电设备的天线、广播线、通信线与电力线距离过近或同杆架设;电气修理工作台布线不合理,绝缘线被电烙铁烫坏等。

2. 用电设备不合要求

如家用电器绝缘损坏、漏电及外壳无保护接地或保护接地接触不良;开关、插座外壳破损或相线绝缘老化;照明电路或家用电器接线错误致使灯具或机壳带电等。

3. 电工操作制度不严格、不健全

如带电操作、冒险修理或盲目修理,且未采取确定的安全措施;停电检修电路时,刀开关上未挂“警告牌”,其他人员误合刀开关;使用不合格的安全工具进行操作等。

4. 用电不谨慎

如违反布线规程、在室内乱拉电线;未切断电源就去移动灯具或家用电器;用水冲刷电线和电器或用湿布擦拭,引起绝缘性能降低;随意加大熔丝规格或任意用铜丝代替,失去保护作用等。

(二)触电形式

1. 单相触电

人体某一部位触及一相带电体,电流通过人体流入大地(流回中性线),称为单相触电,如图7-13所示。

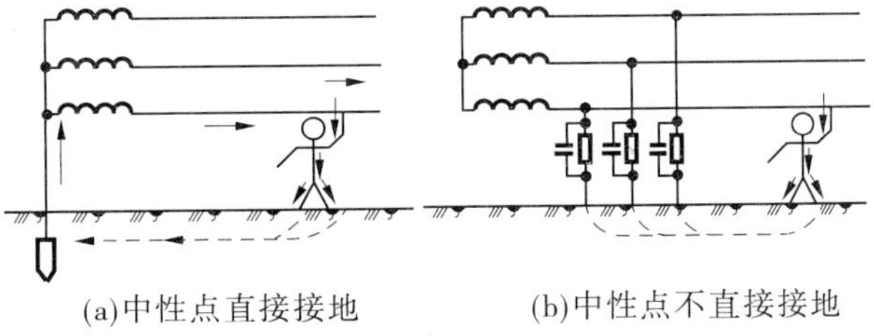

(a)中性点直接接地　　(b)中性点不直接接地

图7-13　单相触电

单相触电时人体承受的最大电压为相电压。单相触电的危险程度与电网运行的方式有关。在电源中性点接地系统中，由于人体电阻远大于中性点接地电阻，电压几乎全部加在人体上；而在中性点不直接接地系统中，正常情况下电源设备对地绝缘电阻较大，通过人体的电流较小。所以，一般情况下，中性点直接接地电网的单相触电比中性点不直接接地的电网危险性大。

2. 两相触电

人体两处同时触及两相带电体称为两相触电，如图 7-14所示。两相触电加在人体上的电压为线电压，其危险性非常大。

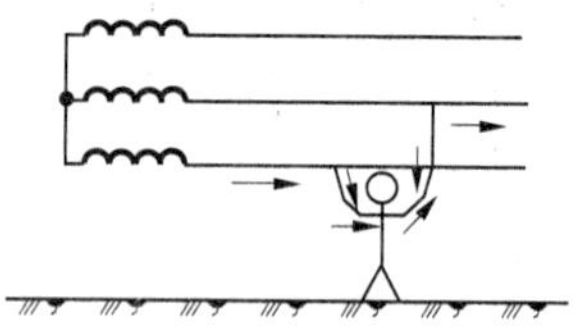

图 7-14　两相触电

三、触电急救方法

一旦发生触电事故，有效的急救在于迅速处理并抢救得法。

（一）切断电源

首先应就近断开开关或切断电源，也可用干燥的绝缘物作为工具，使触电者与电源分离。若触电者紧握电线，可用绝缘物（如干燥的木板等）插垫入其身下，以隔断触电电流，也可用带绝缘柄的电工钳或有干燥木把的斧头切断电源线。同时要注意自身安全，避免发生新的触电事故。

（二）现场急救

将触电者脱离电源后，应视触电情况立即进行急救处理。

（1）触电者尚未失去知觉，感觉心慌、四肢麻木、全身无力或一度昏迷，但很快恢复知觉，则应让其静卧，注意观察，并请医生前来诊治。

（2）呼吸停止，但有心跳，应该用人工呼吸法抢救，方法如下：

①首先把触电者移到空气流通的地方，最好放在平直的木板上，使其仰卧，不可用枕头。然后把头侧向一边，掰开嘴，清除口腔中的杂物、假牙等。如果舌根下陷，应将其拉出，使呼吸道畅通。同时解开衣领，松开上身的紧身衣服，使胸部可以自由扩张。

②抢救者位于触电者一边，用一只手紧捏触电者的鼻孔，并用手掌的外缘部压住其头部，扶正头部，使鼻孔朝天。另一只手托住触电者颈后，将颈部略向上抬，以便接受吹气。

③抢救者作深呼吸，然后紧贴触电者的口腔，对口吹气约 2 s。同时观察其胸部有否扩张，以判断吹气是否有效和是否合适。

④吹气完毕后，立即离开触电者的口腔，并放松其鼻孔，使触电者胸部自然回复，时间约 3 s，以利其呼气。

按上述步骤不断进行，每 5 s 一次。如果触电者张口有困难，可用口对准其鼻孔吹气，效果与上面方法相近。

（3）若触电者心跳停止但有呼吸，应用人工胸外心脏挤压法抢救，方法如下：

①使触电者仰卧，姿势与口对口人工呼吸法相同，但后背着地处应结实。

②抢救者骑在触电者的腰部，两手相叠，用掌跟置于触电者胸骨下端部位，即中指指尖置于其颈部凹陷的边缘，掌跟所在的位置即为正确按压区。然后自上而下直线均衡地用力向脊柱方向挤压，使其胸部下陷 3 ~ 4 cm，可以压迫心脏，使其达到排血的作用。

③使挤压到位的手掌突然放松，但手掌不要离开胸壁，依靠胸部的弹性自动回复原状，使心脏自然扩张，大静脉中的血液就能回流到心脏中来。

按照上述步骤不断进行，每秒一次，每分钟约 60 次，如图 7-15 所示。挤压时定位要准确，压力要适中，不要用力过猛，避免造成肋骨骨折、气胸、血胸等危险。但也不能用力过小，达不到挤压的目的。

(4)若触电者心跳、呼吸都已停止，需同时进行胸外心脏挤压与口对口人工呼吸，配合的方法是：做一次口对口人工呼吸后，再做四次胸外心脏挤压。

在抢救过程中，要不停顿地进行，使触电者恢复心跳和呼吸。同时要注意，切勿滥用药物或搬动、运送，应立即请医生前来指导抢救。

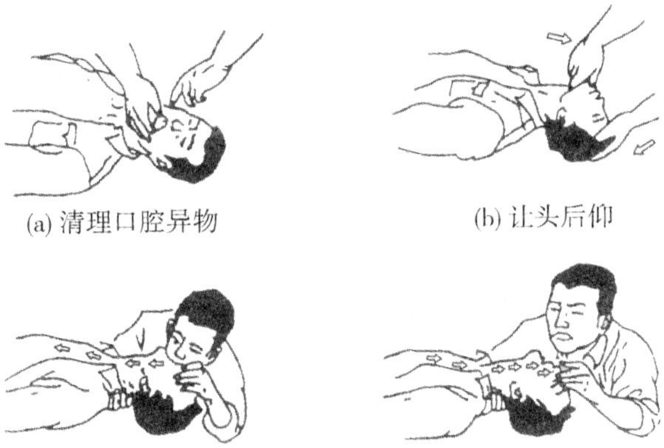

(a) 清理口腔异物　(b) 让头后仰　(c) 贴嘴吹气　(d) 放开嘴鼻换气

图 7-15　口对口人工呼吸法

本章小结

接地的方式有工作接地、保护接地和重复接地。

在中性点接地系统中，宜采用保护接零，而不采用保护接地。为确保安全，中性线和接零线必须连接牢固，开关和熔断器不允许装在中性线上。但引入室内的一根相线和一根零线上一般都装有熔断器，以增加短路时熔断的机会。

将电气设备的某部分与大地之间做良好的电气连接，称为接地。埋入地中并直接与大地接触的金属导体，称为接地体。连接接地体与设备、装置接地部分的金属导体，称为接地线。接地线和接地体合称为接地装置。

雷电是一种自然现象。根据雷电造成危害的形式和作用，一般可分为直击雷、感应雷两大类。

安全用电包括用电时的人身安全和设备安全。电是现代化生产和生活中不可缺少的重要能源，若用电不慎，可能造成电源中断、设备损坏、人身伤亡，给生产和生活带来重大损失。因此，要重视安全用电。

习　题

7-1　人体触电形式有几种？

7-2　何谓工作接地？何谓保护接地？

7-3　低压交流电力保护接地系统有哪几种形式？

7-4　常见的接地装置有哪几种形式？

7-5　雷电危害有哪几种形式？

7-6　接地装置的布置有哪些技术要求？

7-7　防雷保护的措施有哪些？

第二篇　水泵与水泵站

第八章　水泵的基本构造与工作原理

第一节　泵的定义与分类

一、泵的定义

泵是一种转换能量的机械。它通过工作体的运动,把外加的能量传递给被抽送的液体,使其能量增加。工作体因泵的种类不同而异,既可以是固体,也可以是液体或气体。用于输送水或把水压送到高处的泵,称为水泵。

水泵的用途很广,在工业、农业、建筑、电力、石油、化工、冶金、造船、轻纺、矿山开采和国防等国民经济各部门中占有重要地位。

二、水泵的分类

水泵的品种繁多,结构各异,分类的方法也各不相同,按工作原理的不同可分为如下三大类。

(一)叶片式泵

叶片式泵靠泵内高速旋转的叶轮将动力机的机械能转换给被抽送的水体。属于这一类的泵有离心泵、轴流泵、混流泵等。

离心泵按基本结构、型式特征分为单级单吸离心泵、单级双吸离心泵、多级离心泵以及自吸离心泵等。

轴流泵按主轴方向可分为立式泵、卧式泵和斜式泵,按叶片调节的可能性可分为固定式、半调节式和全调节式。

混流泵按结构型式分为蜗壳式混流泵和导叶式混流泵。

叶片泵按使用范围和结构特点的不同,还有长轴井泵、潜水电泵、水轮泵等。长轴井泵具有长的传动轴,泵体潜入井中抽水,根据扬程的不同,又分为浅井泵、深井泵和超深井泵。潜水电泵的泵体与电动机联成一体共同潜入水中抽水,根据使用场合不同,又分为作业面潜水电泵、深井潜水电泵。水轮泵用水轮机作为动力带动水泵工作,按使用水头和结构特点分为低、中、高水头轴流式水轮泵和低、中、高水头混流式水轮泵。

（二）容积式泵

容积式泵依靠工作室容积的周期性变化输送液体。容积式泵又分为往复泵和回转泵两种。往复泵利用柱塞在泵缸内做往复运动来改变工作室的容积而输送液体，例如拉杆式活塞泵是靠拉杆带动活塞做往复运动进行提水。回转泵是利用转子做回转运动来输送液体的。单螺杆泵是利用单螺杆旋转时，与泵体啮合空间（工作室）的周期性变化来输送液体的。

（三）其他类型泵

其他类型泵是指除叶片式和容积式泵外的泵型，主要有射流泵、水锤泵、气升泵（又称空气扬水机）、螺旋泵、内燃泵等。除螺旋泵利用螺旋推进原理来提高液体的位能外，其他各种泵都是利用工作流体传递能量来输送液体。

上述三类泵中叶片泵覆盖了从低扬程到高扬程、从小流量到大流量的广阔区间。叶片泵具有使用范围广、运行可靠、效率高、成本低等优点，广泛应用于工农业生产和人民生活等各个方面，特别是水利和城乡及工矿企业给水、排水。因此，本书将重点讲解叶片式水泵。

第二节　叶片泵的工作原理与构造

一、离心泵

（一）离心泵的工作原理

图 8-1 为单级单吸离心泵基本构造和工作原理示意图，它由叶轮、泵轴、泵体等零件组成。叶轮的中心对着进水口，进、出水管路分别与水泵进、出口连接。离心泵在启动前应充满水。当动力机通过泵轴带动叶轮高速旋转时，叶轮中的水由于受到惯性离心力的作用，由叶轮中心甩向叶轮外缘，并汇集到泵体内，获得势能和动能的水在泵体内被导向出水口，沿出水管路输送至出水池。与此同时，叶轮进口处产生真空，作用于进水池水面的压强为大气压强，进水池中的水便在此压强差的作用下，通过进水管吸入叶轮。叶轮不停地旋转，水就源源不断地被甩出和吸入，这就是离心泵的工作原理。

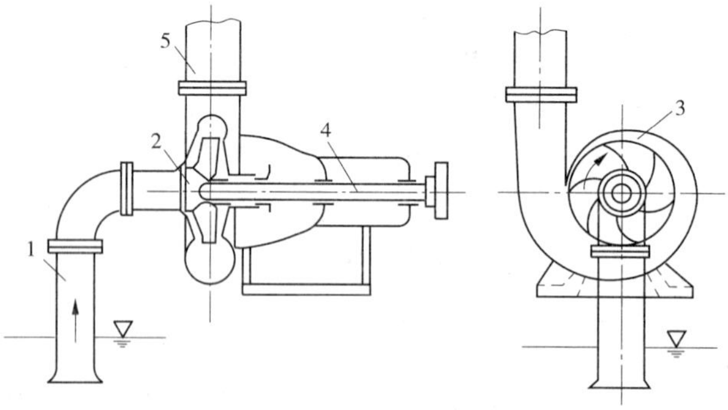

1—进水管；2—叶轮；3—泵体；4—泵轴；5—出水管

图 8-1　单级单吸离心泵基本构造和工作原理示意图

（二）离心泵的构造

离心泵按同一泵轴上叶轮个数的多少分为单级泵和多级泵；按吸入方式分为单吸泵和双吸泵，叶轮仅一侧有吸水口的称单吸泵，叶轮两侧都有吸水口的称双吸泵；按泵轴安装方向可分为卧式泵、立式泵和斜式泵；按启动前是否需要充水可分为普通离心泵和自吸离心泵。

1. 单级单吸悬臂式离心泵的构造

单级单吸离心泵又称为单级单吸悬臂式离心泵。它主要由叶轮、泵轴、泵壳、泵座、轴封装置、密封环、轴承和轴向力平衡装置等组成，如图 8-1 所示。

1）叶轮

叶轮又称为工作轮，是水泵的核心部件。水泵依靠叶轮的旋转把动力机的能量传递给被抽送的水体。它的几何形状、尺寸、所用材料和加工工艺等对泵的性能有着决定性的影响。

叶轮按其盖板的情况分为封闭式、半开式和敞开式。单吸式叶轮由前盖板、后盖板、叶片和轮毂组成。在叶轮吸入口一侧叫前盖板，另一侧为后盖板，叶片夹于两盖板之间，叶片和盖板的内壁构成的槽称为叶槽。水自叶轮吸入，流经叶槽后再从叶轮四周甩出。所以，水在叶轮中的流动方向是轴向流入，径向流出，如图 8-2、图 8-3 所示。

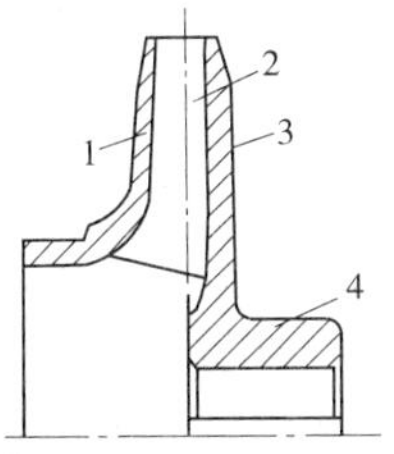

1—前盖板；2—叶片；3—后盖板；4—轮毂

图 8-2　封闭式叶轮

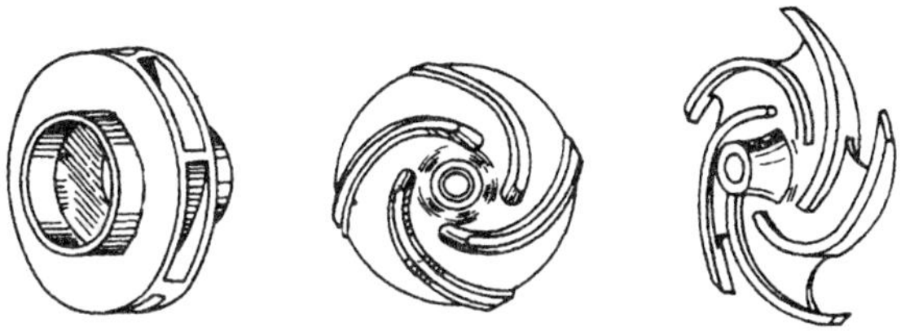

(a)封闭式　(b)半开式　(c)敞开式

图 8-3　离心泵的叶轮图

封闭式叶轮具有前、后盖板，一般有 6～8 片叶片。封闭式叶轮具有较高的效率，用于抽清水的离心泵多采用封闭式叶轮，多的可达 12 片。敞开式叶轮只有叶片，没有盖板，半开式叶轮只有后盖板，没有前盖板。敞开式叶轮和半开式叶轮一般用来输送含杂质的流体，叶片少，流槽宽，不易堵塞，但其能量损失大，水泵效率低。

单吸式叶轮前盖板中间有一进水口，水从进水口进入叶轮后先转 90°再进入叶槽。半开式叶轮目前只有少数泵使用。敞开式叶轮由于没有轮盘，同时叶片数目又较少，一般 2～5 片，因此多用于抽送浆粒流体或污水。叶轮用键和反向螺母固定在泵轴上。用反向螺母的目的在于轴转动时螺母不会自行松脱，而是越转越紧。

叶轮的形状和尺寸是通过水力计算来确定的。叶轮的材料必须具有足够的机械强度和耐磨、耐腐蚀性能，多采用铸铁、铸钢、不锈钢和青铜等制成。叶轮内外加工表面要具有一定的光洁度，铸件不能有砂眼、孔洞，否则会降低水泵效率和叶轮的使用寿命。

2）泵轴

泵轴、叶轮与其他转动部分合称转子，应经过静平衡或动平衡校核，以免运转时挠度太大，导致振动和引起金属磨损。水泵固定部分、泵壳与其他固定部分合称定子。由于水泵转子振动的限制，特别由于填料函起着轴承作用而减少了泵轴的跨度，对于小泵来说，临界转速问题是不必加以考虑的。

泵轴是用来带动叶轮旋转的，它的材料要求有足够的抗扭强度和刚度，常用碳素钢和不锈钢制成。泵轴挠度不能超过允许值，运行转速不能接近产生共振的临界转速。泵轴一端用键、叶轮螺母和外舌止退垫圈固定叶轮，另一端装联轴器或皮带轮。为了防止填料与泵轴直接摩擦以及轴的锈蚀，多数泵轴在轴与水的接触部分装有钢制或铜制的轴套，轴套锈蚀后可以更换。

泵轴可以是横轴、竖轴或斜轴，装有横轴的泵叫做卧式泵，装有竖轴的泵叫做立式泵，水泵也有装斜轴的，叫做斜式泵。

3）泵壳

泵壳由泵盖和泵体组成。泵体包括泵的吸水口、蜗壳形流道和泵的出水口。泵的吸水口连一段渐缩的锥形管，它的作用是把水以最小的损失均匀地引向叶轮。在吸水口法兰上制有安装真空表的螺孔。蜗壳形流道断面沿着流出方向不断增大，它除汇流作用外，还可使其中的流体速度基本不变，以减少由于流速变化而产生的能量损失。泵体的出水口连一段扩散的锥形管，流体随着断面的增大，速度逐渐减小，压力逐渐增加，将部分动能转化为压能。在泵体出水口法兰上，制有安装压力表的螺孔。另外，在泵体顶部设有放气或注水的螺孔，以便在水泵启动前用来抽真空或灌水。在泵体底部设有放水孔，当泵停止使用时，泵内的水由此放空，以防锈蚀和冬季冻胀破坏。泵体和泵盖一般用铸铁制成，把所有固定部分联成一体。离心泵的泵壳有蜗壳式和导叶式两种型式，前者的外形如蜗壳，内部有螺旋道，后者是具有导叶的固定环。我国制造的中小型单级离心泵一律采用蜗壳式，如图 8-4 所示。

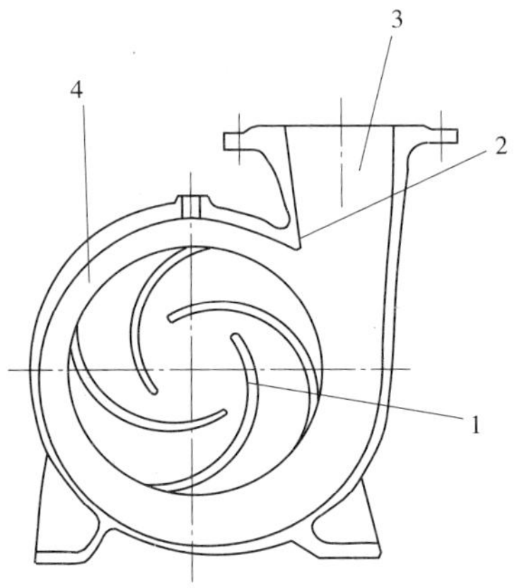

1—叶片；2—隔舌；
3—扩散管；4—蜗室

图 8-4　蜗形体

4）轴封装置

泵轴穿出泵壳时，在泵轴与泵壳之间存在着间隙，出口侧间隙处的压力大于大气压，泵壳内的高压水有可能通过此间隙向外泄露；进口侧间隙处的压力小于大气压，大气有可能通过此间隙进入水泵，从而降低了水泵的吸水性能。因此，必须在此设置密封装置。填料密封是最常用的一种轴封型式，由底衬环、填料、水封环、水封管和填料压盖等零件组成，如图 8-5 所示。填料密封依靠填料与轴套的紧密接触以及填料中的润滑剂被挤出后在接触面上形成的油膜实现密封。底衬环和填料压盖套在轴上填料的两端，起阻挡和压紧填料用。填料压紧的程度，用压盖上的螺母来调节。如果压得过紧，填料与轴套摩擦损失迅速增加，缩短填料和轴套的使用寿命，严重时会发热、冒烟，甚至将填料与轴套烧焦；如果压得过松，泄漏增加，泵的效率降低，故填料应压得松紧合适，一般以液体漏出时成滴为宜。填料中部的水封环是一个中间凹下、外周凸起的圆环，环上开有若干个小孔，水封环对准水封管。水泵运行时，泵内压力较高的水通过水封管进入水封环，引入填料进行水封，同时还起冷却、润滑作用。

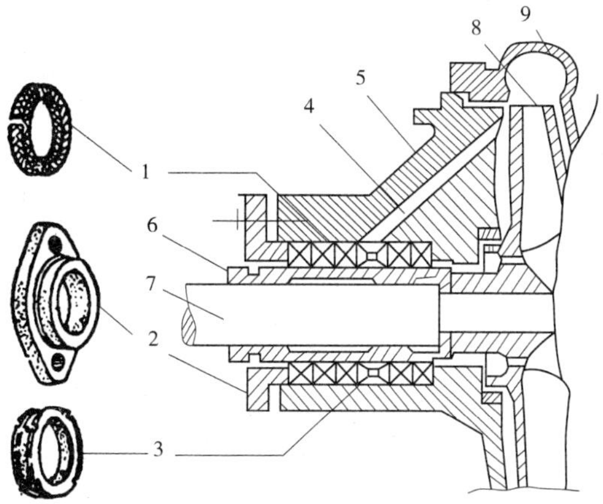

1—填料;2—填料压盖;3—水封环;4—水封管;
5—泵盖;6—轴套;7—泵轴;8—叶轮;9—泵壳

图 8-5　离心泵填料密封图

5)减漏环

离心泵叶轮进口外缘与泵盖内缘之间留有一定的间隙。此间隙过大,从叶轮流出的高压水就会通过此间隙漏回到进水侧,以致减少泵的出水量,降低泵的效率。如果间隙过小,叶轮转动就会和泵盖发生摩擦,引起机械磨损。所以,为了尽可能减少漏损和磨损,同时使磨损便于修复或更换,一般在泵盖上或泵盖和叶轮上分别镶装一精制铸铁圆环,由于其既可减少漏损,又能承受磨损,便于更换且位于水泵进口,故称减漏环,又称密封环、承磨环或口环。

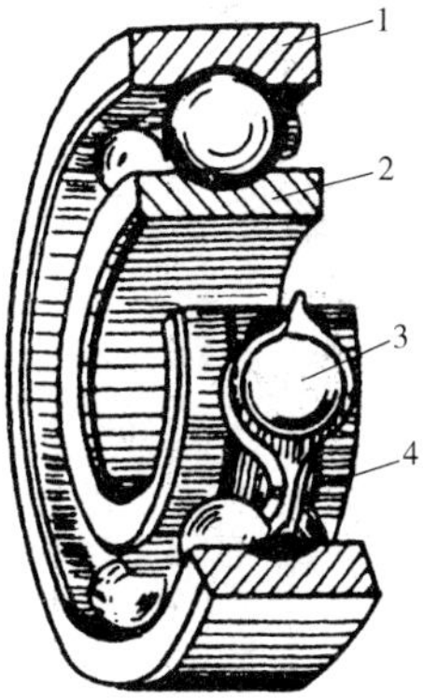

1—外圈;2—内圈;
3—滚动体;4—保持架

图 8-6　向心球轴承

6)轴承

轴承用以支承泵转子部分的重量以及承受径向和轴向荷载。轴承分为滚动轴承和滑动轴承两大类。单级单吸离心泵通常采用单列向心球轴承,如图 8-6 所示。

7)轴向力平衡装置

单吸式离心泵在运行时,由于叶轮形状不对称,作用在叶轮两侧的压力不相等,如图 8-7 所示。

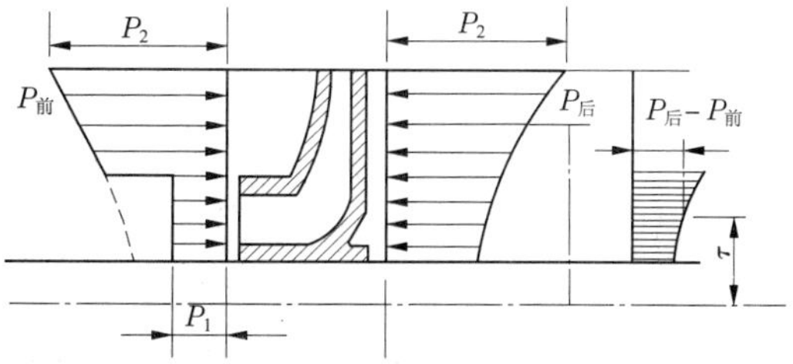

$P_前$—叶轮进水侧压力;$P_后$—叶轮出水侧压力

图 8-7　叶轮前后两侧压力分布图

在叶轮上产生了一个指向吸入侧的轴向力，此力会使叶轮和轴发生窜动、叶轮与密封环发生摩擦，造成零件损坏。因此，必须设法平衡或消除轴向力。单级单吸离心泵可采用平衡孔平衡轴向力。在叶轮后盖板靠近轴孔处的四周钻几个平衡孔，并在相应位置的泵盖上加装密封环，此环的直径可与叶轮入口处密封环的直径相等。压力水经过泵盖上密封环的间隙，再经平衡孔，流向叶轮吸入口，使叶轮两侧的压力大致平衡，如图 8-8 所示，这种方法构造简单，但是开了平衡孔后，有回流损失，使水泵的效率有所降低。单级单吸离心泵亦可采用具有平衡筋板的叶轮来平衡轴向力。在叶轮后盖板上加 4 ~6 条径向的平衡筋板，当叶轮旋转时，筋板强迫叶轮后面的液流加快转动，从而使叶轮背面靠近泵轴附近的区域压力显著下降，以达到减小或平衡轴向力的目的。另外，平衡筋板还能减小轴端密封处的水压力，并可防止杂质进入轴端密封，所以平衡筋板常被用在输送杂质的泵上。

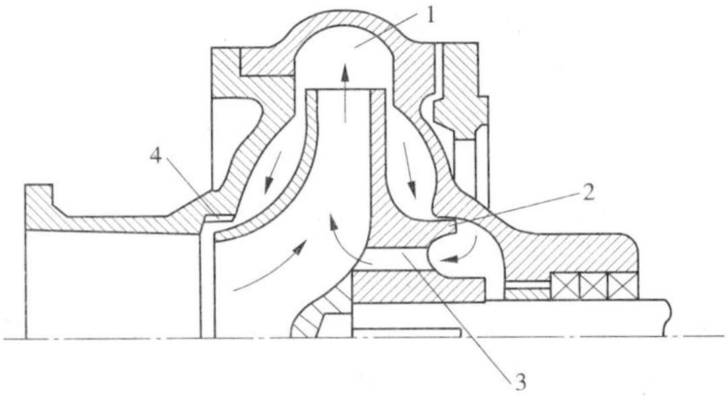

1—排出压力；2—加装的减漏环；3—平衡孔；4—泵壳上的减漏环

图 8-8　平衡孔图

单吸式叶轮由于背水面承受的水压力较进水侧大，这个轴向力随着泵的增大和扬程的增高而增大。为了平衡此轴向力，一般采用在靠近叶轮进口处的后轮盖上开 4 ~6 个小孔，这样便可减少叶轮进水面和背水面的压力差，从而降低水压对叶轮的轴向推力。但是，由于叶轮背面的压力水经过平衡孔流向压力低的进水侧后，会降低叶轮的工作效率。所以，现在对小型低扬程泵均不开平衡孔，因其所承受的轴向推力不大，可完全由轴承承担。

单级单吸离心泵的特点是流量小、扬程较低、构造简单、维修方便、体积小、重量轻、成本低。单级单吸离心泵主要用于较低扬程、小流量的平原和圩垸地区小型灌区。

2. 单级双吸离心泵的构造

对于流量较大的离心泵，常采用双吸式叶轮，外形如图 8-9 所示。它好像是由两个单吸式叶轮背靠背组合而成。水从叶轮的左右两侧流入叶轮，然后再汇集到同一泵壳中，不仅轴向力可以自行平衡，而且改善了水泵的吸水性能。

图 8-10 所示为 SH 型（卧式）单级双吸离心泵的构造图。其主要零件与单级单吸离心泵基本相似，由叶轮、泵壳、泵轴、轴承、密封环及填料函等组成。水从泵的吸水口流入后，经半螺旋形流道由两侧流入叶轮，从叶轮甩出后，经蜗壳形流道由出水口流出，故称双吸泵。泵壳由泵体和泵盖构成，用铸铁或球墨铸铁制成。泵的吸水口和出水口均在泵体上，与泵轴垂直，呈水平方向。

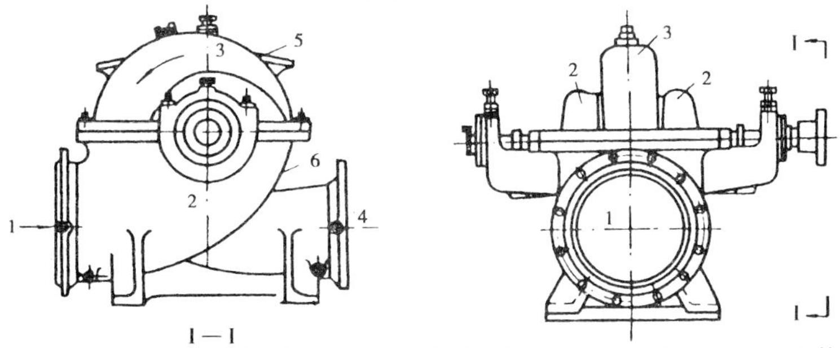

I—I

1—吸入口;2—半螺旋形吸入室;3—蜗形压出室;4—出水口;5—泵盖;6—泵体

图 8-9 单级双吸离心泵外形图

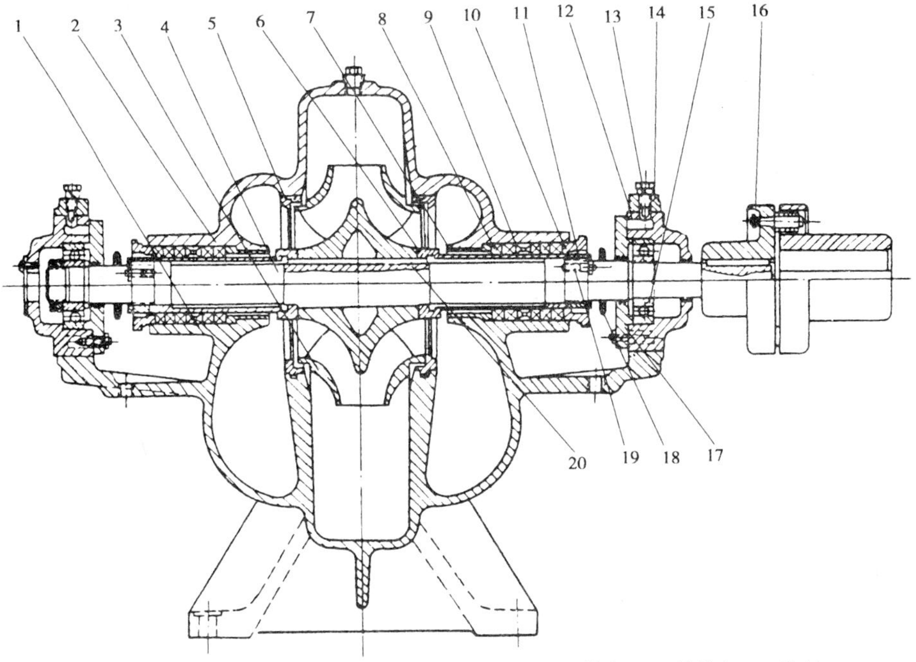

1—泵体;2—泵盖;3—叶轮;4—泵轴;5—双吸减漏环;6—轴套;7—填料套;8—填料;9—填料环;10—压盖;11—轴套螺母;12—轴承体;13—固定螺钉;14—轴承体压盖;15—单列向心球轴承;16—联轴器;17—轴承端盖;18—挡水圈;19—螺柱;20—键

图 8-10 单级双吸卧式离心泵结构图

我国制造的中小型双吸式离心泵一律采用蜗壳式。泵盖顶部设有安装抽气管的螺孔,泵体下部设有放水用的螺孔。泵盖和泵体的连接是水平中开的,故又称为水平中开式双吸离心泵。泵轴两端由装在轴承体内的轴承支承,泵壳内缘与叶轮吸入口外缘的配合处,装有密封环,泵轴穿出泵壳处设填料函。

单级双吸离心泵的特点是流量较大,扬程较高,范围宽广,安装检修方便,由于叶轮对称布置,基本上不产生轴向推力,运行比较平稳,效率高,在灌溉工程和给水工程中应用极为广泛。

3. 多级离心泵的构造

分段式(节段式)多级离心泵的构造如图 8-11 所示,泵轴上的叶轮数目代表水泵的级数。这种泵的泵体是分段式的，由一个进水段（进水部分）、一个出水段（出水部分）和数个中段（叶轮部分）所组成，各段用长螺杆连接成为一个整体。泵的吸水口位于进水段上成水平方向，出水口在出水段上成垂直方向，水从一个叶轮流入另一个叶轮，中间经过导流器。导流器的构造形式是一个铸有导叶的圆环，安装时用螺母固定在泵壳上。通常把这种带导流器的多级泵称为导叶式多级泵。

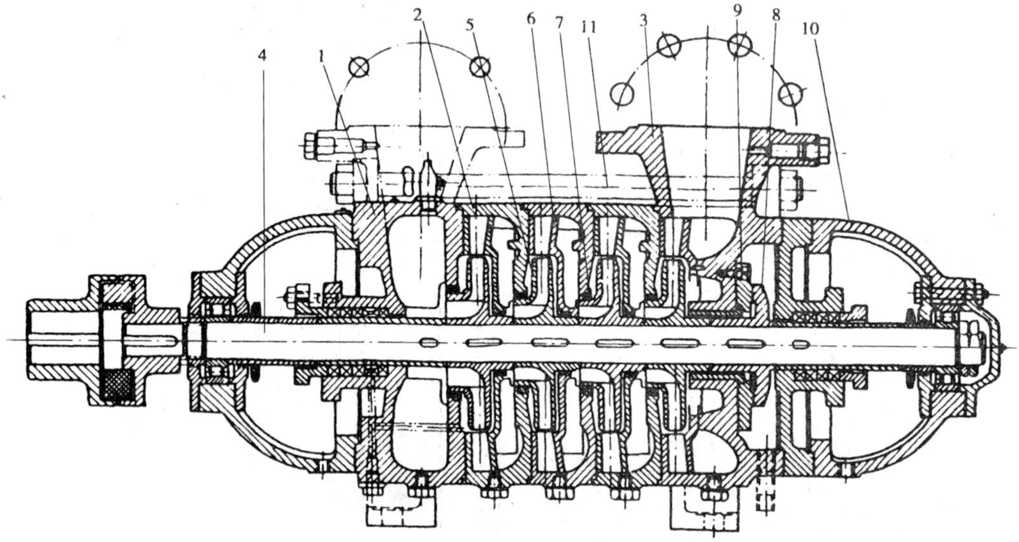

1—吸入段；2—中段；3—压出段；4—轴；5—叶轮；6—导叶；
7—密封环；8—平衡盘；9—平衡圈；10—轴承部件；11—穿杠

图 8-11　分段式多级离心泵结构图

分段式多级离心泵的特点是流量小，扬程高，但构造较复杂，拆装较困难。我国的中压分段式多级泵，一般流量在 6.25 ~ 450 m^3/h、扬程在 25 ~ 650 m 范围内，主要用于山区和高原地区的灌溉工程。

二、轴流泵的构造

（一）轴流泵的工作原理

图 8-12、图 8-13 分别为立式轴流泵基本构造简图和外形图，它由叶轮、泵轴、喇叭管、导叶和出水弯管等组成。立式轴流泵叶轮安装在进水池最低水面以下，当电动机通过泵轴带动叶片旋转时，流经叶片下表面的流体速度大于上表面。因此，下表面的压力要低于上表面，由于这个压力差的存在，水对叶片产生一向下的压力，而高速旋转的叶片将对水产生一向上的推力，使之上升。在此升力和导叶体的共同作用下，水流经导叶而沿轴向流出，然后通过出水弯管、出水管输送至出水池。由于流体基本上沿着轴向流过叶轮，所以通常把这种水泵称为轴流泵。

（二）轴流泵的构造

轴流泵的结构型式有立式、卧式和斜式三种，其中立式泵因其占地面积小，叶轮淹没在水中，启动方便，电动机安装在水泵上部，不易受潮等优点而得到广泛采用。

1. 叶轮

叶轮是最主要的工作部件，由叶片、轮毂、导水锥等组成，一般用优质铸铁制成，大型泵多用铸钢制成。

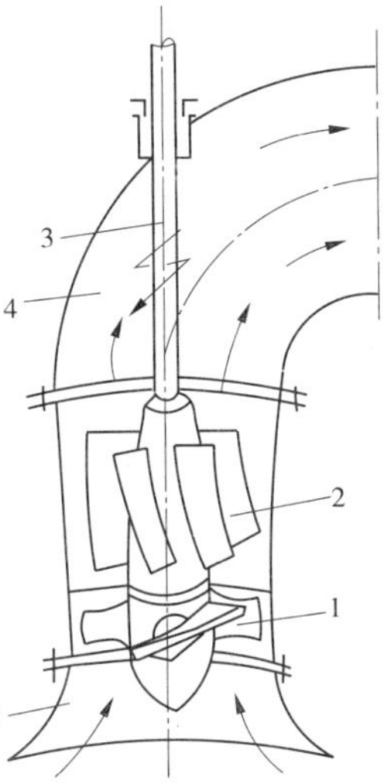

1—叶轮；2—导叶；3—泵轴；
4—出水弯管；5—喇叭管

图 8-12　立式轴流泵基本构造简图

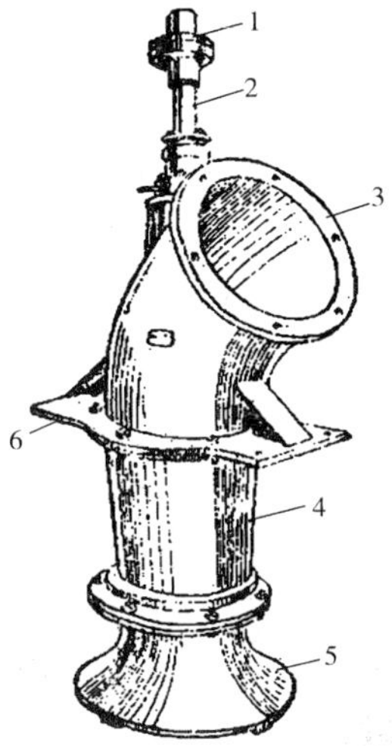

1—联轴器；2—泵轴；3—出水弯管；
4—导叶体；5—喇叭口；6—水泵支座

图 8-13　立式轴流泵外形图

轴流泵的叶片呈扭曲形装在轮毂上。根据叶片调节的可能性分为固定式、半调节式和全调节式三种。固定式的叶片和轮毂成一体，叶片的安装角度是不能调节的。半调节式的叶片用螺母拴紧在轮毂上，如图 8-14 所示。在叶片的根部上刻有基准线，而在轮毂上刻有几个相应安装角度的位置线，如 +4°、+2°、0°等。叶片安装角度不同，其性能曲线将不同，使用时可根据需要调节叶片安装角度。调节时先卸下喇叭管，再把叶轮卸下来，将螺母松开转动叶片，使叶片的基准线对准轮毂上的某一要求的角度线，然后再把螺母拧紧，装好叶轮即可。半调节式叶轮叶片一般需要停机并拆卸叶轮之后，才能进行调节，适用于中小型轴流泵。全调节式的叶片是通过机械或液压的一套调节机构来改变叶片的安装角。它可以在不停机或只停机而不拆卸叶轮的情况下调节。改变叶片的安装角这种调节方式构造复杂，一般应用于大型轴流泵。轴流泵的叶轮均为开敞式，一般具有 2 ~ 6 个叶片，安装在粗大的轮毂上。轮毂前端有导水锥叶片，截面呈流线型，叶轮前后两侧压力分布与机翼截面十分相似，前端（迎水端）呈圆形，叶轮进水压力小于叶轮背水侧压力，后端（出水端）呈尖圆形。当叶轮旋转时，由于沿半径方向的线速度不同，为了得到同样的扬程，沿半径方向叶片各截面的安装角不相等，愈接近外缘其安装角就愈小，因此叶片呈扭曲形。根据轴流泵内的叶轮数目，又可分为单级和多级两种。

由于叶片下表面曲率大于上表面，当叶轮转动时，叶轮尺寸是根据水动力学计算决定的，但同时必须使叶轮具有足够的机械强度。我国一般采用铸铁或优良灰铸铁作为中小型清水泵的叶轮材料，大型叶片泵可用性能比铸铁好的铸钢作为叶轮材料，泵轴必须有足够的抗扭强度。

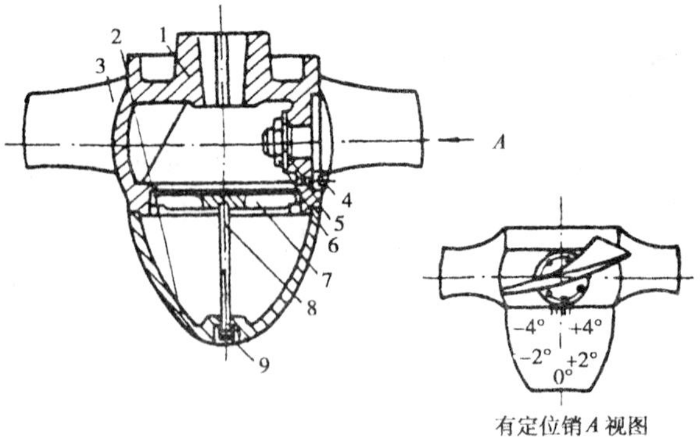

1—轮毂;2—导水锥;3—叶片;4—定位销;5—垫圈;
6—紧叶片螺帽;7—横闩;8—螺柱;9—六角螺帽

图 8-14 半调节叶片轴流泵的叶轮

2. 泵体

泵体为轴流泵的固定部件,包括进水喇叭、动叶外圈、导叶体和出水弯管。

喇叭管为中小型立式轴流泵的吸水室,用铸铁制造,它的作用是把水以最小的损失均匀地引向叶轮。喇叭管的进口部分呈圆弧形,进口直径约为叶轮直径的 1.5 倍。在大型轴流泵中,吸水室一般做成流道的形式。

动叶外圈为叶轮外壳。调节叶片时,为保持叶片外缘与动叶外圈有一固定间隙,动叶外圈呈圆球形。为便于安装、拆卸,动叶外圈是分瓣铸造的,中间用法兰和螺栓连接。导叶体为轴流泵的压出室,由导叶、导叶毂、扩散管组合而成,用铸铁制造,如图 8-15 所示。

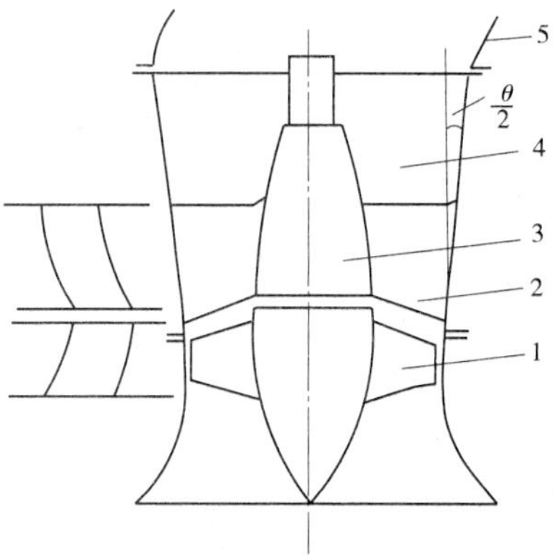

1—导叶;2—外壳;3—导叶毂;
4—叶轮;5—出水弯管

图 8-15 导叶体轴面投影图

导叶体的作用是把从叶轮中流出的液体汇集起来输送到出水弯管,并消除液体的旋转运动,在圆锥形导叶体中可以转换速度能为压力能。导叶体的扩散角 θ 一般不大于 7° ~9°,导叶进口边一般和叶轮叶片出口边平行,以免造成冲击损失。导叶出口边通常取 90°或稍大于 90°。导叶的叶片数一般为 5 ~10 片。

导叶的出口接出水弯管,为使液体在弯管中的损失最小,弯管通常为等断面的,弯管转弯角度通常为 60°,泵的底脚与出水弯管铸造在一起。水泵固定部件的全部重量,以及停泵时回水的冲击力量全部由弯管上的底脚传递到水泵梁上。

3. 轴和轴承

轴流泵的轴承按其功能有导轴承和推力轴承两种。导轴承用来承受泵轴的径向力,起径向定位作用。中小型轴流泵大多数采用水润滑橡胶导轴承,在橡胶导轴承内表面开有轴向槽道,使水能进入橡胶与轴之间进行润滑和冷却,如图 8-16 所示。一般中小型立式轴流泵有上、下两只橡胶导轴承,下导轴承装在导叶毂内,上导轴承装在泵轴穿过出水弯管处。泵运行时利用泵内的水润滑,但需保证良好的水质。上导轴承多半高出进水池的水面，所以在轴封装置处有一根短管，供泵启动前向该橡胶导轴承输送清水进行润滑。待启动出水后，即可停止供水。为增强泵轴的耐磨性、抗腐蚀性和便于磨损后更换，在泵轴轴颈处镀铬或喷镀一层不锈钢或镶不锈钢套。

在立式轴流泵中，推力轴承主要用来承受水流作用在叶片上的轴向水压力和机组转动部件的重力，并将这些力传到基础上去。

4. 轴封装置

轴流泵的填料密封装置装在出水弯管的轴孔处，其构造与离心泵的填料密封相似，一般由填料函、填料和填料压盖等零件组成。

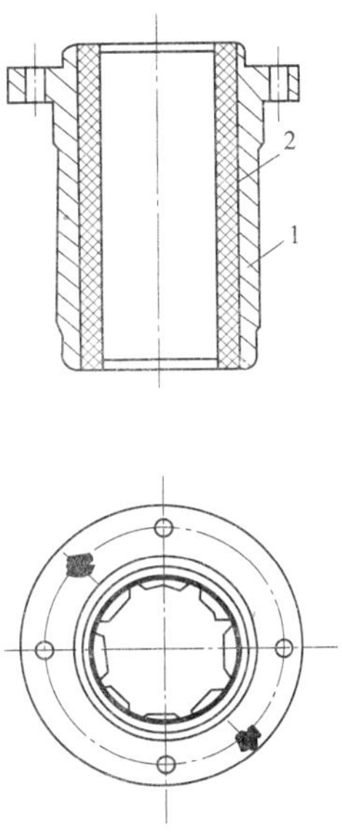

1—轴承外壳；2—橡胶

图 8-16　橡胶导轴承

轴流泵的特点是低扬程，大流量。立式轴流泵结构简单，外形尺寸小，占地面积小，泵房较小。立式轴流泵叶轮安装在进水池最低水位以下，启动方便。轴流泵叶轮的叶片可以调节，使用工况发生变化时，只要改变叶片角度，就可改变泵的性能。中小型轴流泵的适用范围：泵出口直径为 150 ~ 1 400 mm，流量为 100 ~ 5 000 L/s，扬程为 2 ~ 21 m，适用于圩区和平原地区的灌溉与排涝。

为适应大面积农田排灌和跨流域调水的需要，我国兴建了一系列大型排灌泵站，安装叶轮直径为 1.6 ~ 4.5 m 的特大型轴流泵，流量范围为 5.0 ~ 60 m^3/s，扬程范围为 1.3 ~ 9 m。随着南水北调等工程的兴建，特大型轴流泵将进一步得到发展。

三、混流泵的构造

混流泵中液体的出流方向介于离心泵与轴流泵之间。所以，叶轮旋转时，液体受惯性离心力和轴向推力共同作用。混流泵的特点介于离心泵与轴流泵之间，泵的高效区范围比轴流泵宽广，汽蚀性能也较好，使用维修较为方便。

混流泵按结构型式可分为蜗壳式和导叶式两种。蜗壳式混流泵有卧式和立式两种。中小型泵多为卧式，立式用于大型泵。卧式蜗壳式混流泵的结构与单级单吸离心泵相似，只是叶轮形状不同，如图 8-17 所示。混流泵叶片出口边是倾斜的，叶片数较少，流道宽阔，如图 8-18 所示。

导叶式混流泵有立式和卧式两种，其结构与轴流泵很相似。立式导叶式混流泵如图 8-19所示。按叶片角度调节方式也可分为固定式、半调节式与全调节式。与蜗壳式混流泵比较，它的径向尺寸较小，但水力性能稍差。卧式导叶式混流泵的泵体为水平中开式，安装、维修都较方便。

混流泵的特点是流量比离心泵大，比轴流泵小；扬程比离心泵低，比轴流泵高；泵的效率高，且高效区较宽广；流量变化时，轴功率变化较小，动力机可经常处于满载运行；抗汽蚀性能较好，运行平稳，工作范围广；中小型卧式混流泵，结构简单，重量轻，使用维修方便。它兼有离心泵和轴流泵的优点，是一种较为理想的泵型，广泛用于平原地区、圩区、丘

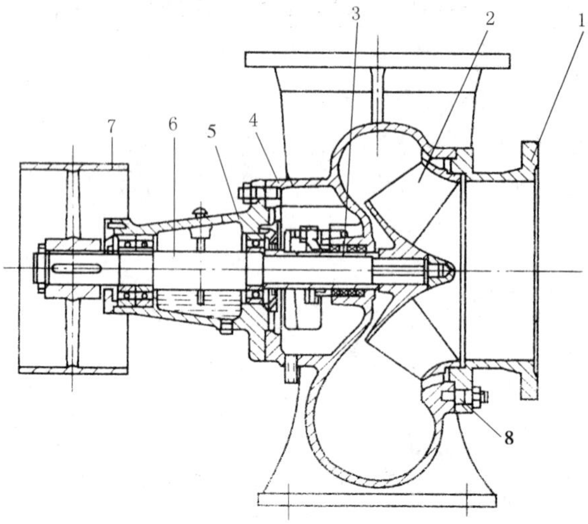

1—泵盖;2—叶轮;3—填料;4—蜗形体;5—轴承体;6—泵轴;7—带轮;8—双头螺丝

图 8-17 蜗壳式混流泵结构图

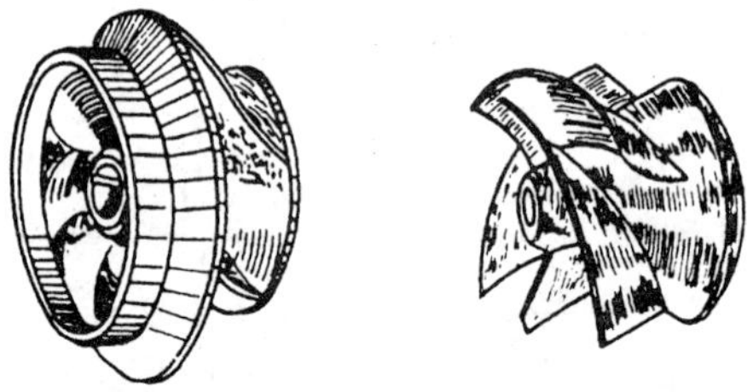

(a)低比速叶轮　　(b)高比速叶轮

图 8-18 混流泵叶轮

陵山区的排水和灌溉。

我国目前生产的中小型蜗壳式混流泵的适用范围:泵进口直径为50～1200mm,扬程为3.5～30.0m,流量为130～17000m^3/h。中小型导叶式混流泵的适用范围:泵出口直径为300～2 200 mm,扬程为3～30 m,流量为1 000～48 000 m^3/h。

四、叶片泵型号

叶片泵的品种与规格繁多,为便于用户订购和选用方便,对不同品种、规格的水泵,按其基本结构、型式特征、主要尺寸和工作参数的不同,分别编制了不同的型号。国产水泵通常用汉语拼音字母表示泵的名称、型式及特征,用数字表示泵的主要尺寸和工作参数;也有单纯用数字组成的。我国常用泵的型号意义详见表 8-1。

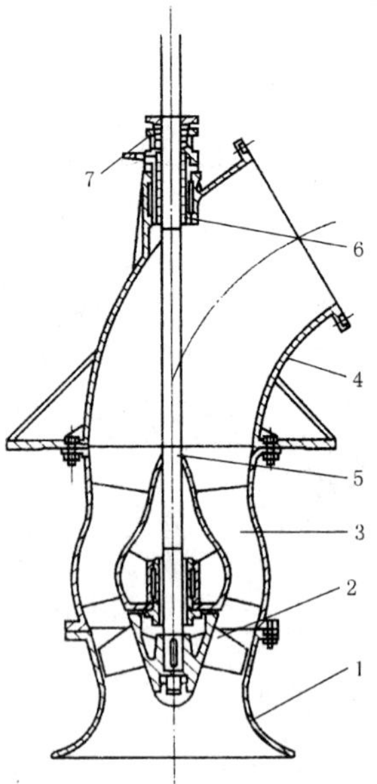

1—进水喇叭;2—叶轮;3—导叶体;4—出水弯管;5—泵轴;6—橡胶轴承;7—填料函

图 8-19 立式导叶式混流泵结构图

表 8-1　叶片泵的型号及其说明

泵类	产品名称	型号举例		型号说明	说明
离心泵	IB、IS型单级单吸离心泵	原型号	3BA－6A	3—泵吸入口径为 3 in;BA—单级单吸悬臂式离心泵;6—比转速为 60;A—叶轮外径已车削	“IB”、“IS”表示符合国际标准的单级单吸式离心泵
			3B31	3—泵吸入口径为 3 in;B—单级单吸悬臂式离心泵;31—额定扬程 31 m	
		改进型号	IB100－65－250	100—泵的进口直径为 100 mm;65—泵的出口直径为 65 mm;250—叶轮名义直径为 250 mm	
			16SA－9	16—泵吸入口径为 16 m;SA—单级双吸卧式离心泵;9—比转速为 90	
			250S－39	250—泵进口直径为 250 mm;S—单级双吸卧式离心泵;39—额定扬程为 39 m	
	分段多级离心泵	原型号	D46－50×12	D—分段式多级离心泵;46—流量为 46 m^3/h,50—单级叶轮额定扬程 50 m;12—泵的级数为 12 级	
		改进型号	40A－8×5	4—泵吸入口径为 4 in;DA—分段式多级离心泵;8—比转速为 80;5—泵的级数为 5 级	
			150D－30×10	150—泵进口直径为 150 mm;D—分段式多级离心泵;30—单级叶轮额定扬程 30 m;;10—泵的级数为 10 级	
	自吸离心泵	65ZX30－15		ZX—自吸式离心泵;65—口径为 65 mm;30—流量为 30 m^3/h;15—扬程为 15 m	
混流泵	蜗壳式混流泵	原型号	16HB－50	16—泵吸入口径、出水口径为 16 in;HB—蜗壳式混流泵;50—比转速为 500	
		改进型号	300HW－7	300—泵进口直径为 300 mm;HW—蜗壳式混流泵;7—额定扬程为 7 m	
	导叶式混流泵	250HD－12		250—泵出水口直径为 250 mm,HD—导叶式混流泵;12—额定扬程为 12 m	
轴流泵	中小型轴流泵	原型号	14ZLD－70 14ZLB－70 14ZXB－70	14—泵出水口直径为 14 in;ZLD—立式固定叶片轴流泵;ZLB—立式半调节叶片轴流泵;ZXB—斜式半调节叶片轴流泵;70—比转速为 700	
		改进型号	350ZLB－4 350ZWB－4	350—泵的出口直径为 350 mm;ZLB—立式半调节叶片轴流泵;ZWB—卧式半调节叶片轴流泵;4—设计扬程为 4 m	
			700ZLQ－6	700—泵的出口直径为 700 mm;ZLQ—立式全调节叶片轴流泵;6—设计扬程为 6 m	
	特大型轴流泵	1.6CJ－8		1.6—叶轮直径为 1.6 m;CJ—长江牌;8—额定扬程为 8 m	
	贯流泵	23ZGQ－42		23—叶轮直径为 2.3 m;ZGQ—贯流全调节叶片轴流泵;42—设计扬程为 4.2 m	

五、水泵装置及抽水过程

水泵、动力机、传动设备的组合称为水泵机组。水泵机组、管路及管路附件的组合称为水泵装置或抽水装置。在实际工程中,只有构成抽水装置,水泵才能进行工作。

(一)离心泵抽水装置

图 8-20 为卧式离心泵抽水装置示意图。双吸离心泵安装在进水池水面以上,水泵由电动机驱动。水泵进口连接进水管路,出口连接出水管路。在进、出水管路上装有各种管件、阀件,统称为管路附件。管件是将管路连接起来的连接件,在图 8-20 中装有 90°弯头、偏心渐缩管、同心渐扩管、两个 22.5°弯头。阀件包括底阀、闸阀、逆止阀、拍门等。水泵启动前泵壳和进水管路内必须充满水。底阀是人工充水时防止水漏失的单向阀门。在小型水泵装置中,为防止水中杂物吸入泵内,在进水管路进口装有滤网。在出水管路上装有闸阀,用以启动、停机或检修时截断水流,并可减轻动力机启动时的负载,抽真空时隔绝外界空气,对小型水泵装置也可调节水泵流量。

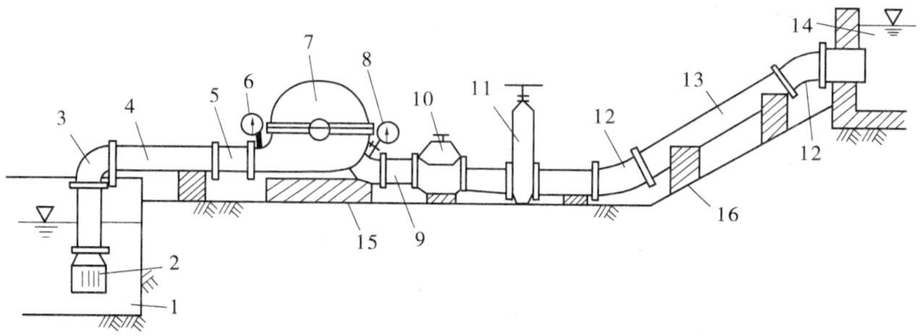

1—进水池;2—滤网与底阀;3—90°弯头;4—进水管;5—偏心渐缩管; 6—真空表;
7—水泵;8—压力表;9—同心渐扩管;10—逆止阀;11—闸阀; 12—弯头;13—出水管;
14—出水池;15—水泵基础;16—支墩

图 8-20 卧式离心泵抽水装置示意图

水泵运行时,电动机通过联轴器带动水泵叶轮旋转,使水产生惯性离心力,进水池的水经进水管路吸入泵内,从叶轮甩出的水经出水管路流入出水池。停机时靠安装在出水管路出口处的拍门自动关闭防止水倒流。

(二)轴流泵抽水装置

图 8-21 为立式轴流泵抽水装置示意图。立式轴流泵叶轮淹没于进水池最低水位以下,因此无需充水设备。电动机安装在水泵的上层,用联轴器与水泵直接连接。水泵出水弯管与出水管路相连。泵运行时,电动机通过联轴器带动叶轮旋转,进水池的水从喇叭管进入叶轮后,经导叶体、出水弯管和出水管路流入出水池。轴流泵不允许闭阀启动,因此轴流泵抽水装置中不设闸阀,停泵时采用拍门断流。

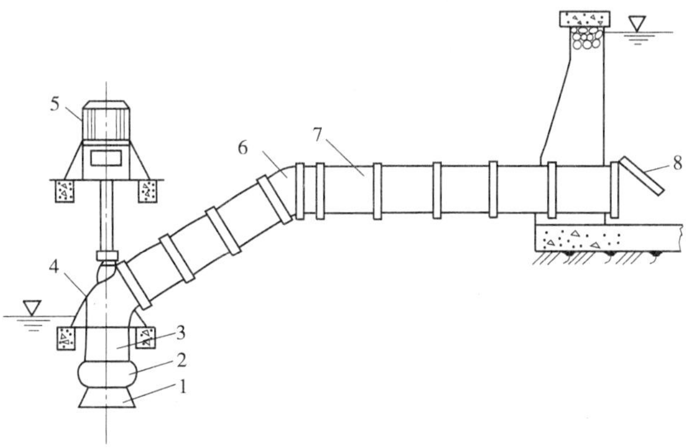

1—喇叭管;2—叶轮;3—导叶体;4—出水弯管;5—电动机;6—45°弯头;7—出水管;8—拍门

图 8-21 立式轴流泵抽水装置示意图

第三节 其他类型泵介绍

一、长轴井泵

我国北方地区年降雨量少,地表水缺乏,但地下水源比较丰富,适宜发展井灌。我国井灌区使用的泵有离心泵、长轴井泵、潜水电泵、拉杆式活塞泵、射流式深井泵和空气扬水机等。其中以采用长轴井泵和潜水电泵最为普遍。前者的动力机安装在井上,而泵浸没于井水中,它靠长传动轴使动力机带动水泵抽水。后者是把水泵与电动机组装成一个密封的整体,潜没于井水中抽水。以上两种泵都属于叶片泵。

目前我国使用最广的长轴井泵是 JD 型泵,它的结构紧凑,性能稳定,效率高,适用范围广。本节主要介绍长轴井泵的构造、工作特性和选型。

(一)长轴井泵的类型

长轴井泵将泵体置于井中动水位(井中来水量和泵的出水量平衡时的井水位)以下,将泵座与动力机安装在井口地面上,靠长的传动轴从井上直通到井下,带动水泵叶轮旋转,通过输水管把水从井下抽送到地面。

长轴井泵类型较多,按水泵的扬程分为浅井泵和深井泵两种。浅井泵扬程一般在 50 m 以下,用于大口井或土井。如我国生产的 TJ(水龙)型、J(井龙)型、10J90 型和 20 型等均属浅井泵。深井泵扬程一般在 50 m 以上,多用于小口径机井。如我国生产的 JD 型、J 型、SD 型和 NJ 型等均属深井泵。为适应深井提水的需要,目前国产的深井泵最高扬程达 200 m,美国已达 450 m 左右。

长轴井泵的主要特点是叶轮装在动水位以下,启动前不需灌水,动力机安装在井上,提水深度不受允许吸上真空高度的限制。但由于采用长传动轴,耗费钢材多,造价贵,安装、检修困难。这种泵目前一些国家均在生产,并向高转速、大口径、深井方向发展。

(二)长轴井泵的构造

上述几种泵型,其基本构造大同小异,全泵由滤水管和泵体部分、输水管和传动轴部分，以及泵座和动力机（或传动装置）部分三部分所组成。前两部分位于井下，后一部分位于井上。其外形如图 8-22 所示。

1. 滤水管和泵体部分

滤水管安装在泵体的下端，由一节短管加工而成。在短管的下部钻有若干直径为 10～25 mm 的圆孔。它的作用是防止水中杂物进入泵体，堵塞叶轮损坏水泵。短管上部的一段称为进水管，它的长度为直径的 4～10 倍，其主要作用是稳定水流，使水通过滤水网后能够平稳地进入泵体内。

泵体由下导流壳、中导流壳、上导流壳、叶轮轴、叶轮和橡胶轴承组成。上、下导流壳各有一个，中导流壳数目为叶轮级数减 1。导流壳的作用是将水流平顺地引入各级叶轮，并在水力损失最小的情况下进入输水管中，在上、中、下导流壳内均铸有轴承孔座，其中孔内放置用水润滑的橡胶轴承以支承叶轮轴，并防止摆动和减少摩擦。

2. 输水管和传动轴部分

该部分主要包括输水管、联管器、传动轴、联轴器、轴承支架、橡胶轴承等部件，起传递动力和输水作用。输水管是输送水流的通道，上连泵座、下连泵体，一般由上、下两根短管和中间若干根等长度的长管（1.5～3.0 m）组成，多采用无缝钢管或高频焊接钢管制成，两管之间用联管器或法兰管连接。联管器是带有内螺纹的短套管，用钢管或球墨铸铁制造。JD 型、J（井龙）型泵用联管器连接，J 型、SD 型、10J90 型、TJ（水龙）型和 20 型泵用法兰管连接，NJ 型用联管器或法兰管连接。传动轴是传递动力的重要部件，由上、下两节短轴和若干节长轴连接而成。轴承支架内装有橡胶轴承，其作用是支撑和稳定传动轴。

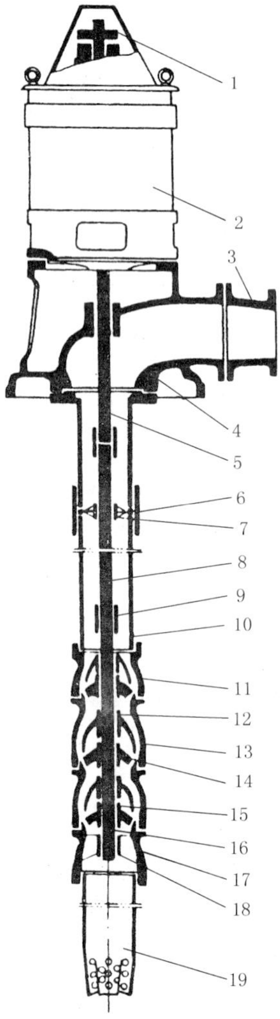

1—调节螺母；2—电机；3—出水管；4—泵体；5、8、16—电机传动、水泵轴；6—支架；7、12、18—轴承；9—联轴器；10—输水管；11、13、17—上、中、下导流壳；14—叶轮；15—锥形套；19—滤水管

图 8-22　JC 型长轴井泵结构示意图

3. 泵座和动力机部分

泵座和动力机是长轴井泵的井上部分，用螺栓固定在井口混凝土基础上，动力机安装在泵座上。泵座承受水泵的全部重量和水泵的轴向力。

除电动机外，井泵用动力机还可配用柴油机作动力，通过皮带传动或者齿轮传动装置进行间接传动。

150JC－30－9.5×6 型长轴井泵的型号意义：150—该泵适用的最小井径为 150 mm；JC—井用长轴泵；30—额定流量为 30 m^3/h；9.5—单级叶轮的扬程为 9.5 m，6—叶轮个数

（水泵级数）为6。

二、潜水泵

潜水电泵简称潜水泵，它是把水泵轴和电动机轴直联或同轴装成一个整体，机泵合一潜入水下运行。地面的电源通过防水电缆接入水下电动机的定子，电动机转子转动后带动同一轴上的水泵叶轮一起旋转。水由滤网进入泵体，经输水管送到地面上。由于潜水电泵的电动机在水下运行，要求防水密封。因此，一般多根据所采用的防水技术措施的不同，将潜水电泵分为干式、半干式、充油式和湿式等四类。

（一）干式潜水电泵

干式潜水电泵在电动机轴伸端采用机械密封或气垫密封装置，进行严密轴封，以阻止水浸入电动机内腔，保持机内干燥，所选用的电动机，在构造上和一般鼠笼式电动机没有多大差别。它的内部不允许进水，须经常保持干燥状态。干式潜水电泵由于受密封结构的限制，浸入水下的深度不能太大。

（二）半干式潜水电泵

半干式潜水电泵的构造和干式潜水电泵无大差异，只是对电动机轴伸端的机械密封装置要求较低，允许电动机转子浸在水中运转。为了不使水进入定子绕组，在转子和定子之间装有一个起第二道密封作用、用非磁性的不锈钢或环氧树脂等有机合成材料制成的屏蔽套筒。半干式潜水电泵的电动机只让转子在水中转动，定子绕组采用很薄的非磁性不锈钢套筒或塑料套筒封闭起来。它的优点是电动机绝缘较可靠，锈蚀问题不严重。缺点是由于存在套筒，气隙增大，电动机效率有所降低，此外，电动机的制造维修较复杂。由于这种电泵在使用上可靠性较差，目前国内已很少生产。

（三）充油式潜水电泵

在干式潜水电泵的基础上，经过改进，制成了充油式潜水电泵。这种电泵的特点是预先向电动机内充满变压器油和定子油，用以阻止水和潮气浸入电动机定子绕组，并起绝缘、防锈、冷却和润滑作用。这种电泵的优点是水和潮气不易浸入，机件浸在油中不易锈蚀，电动机轴承的润滑良好，电动机定子绕组可采用一般电磁线制造。为了防止水浸入电动机内部和油向外泄漏，轴伸端仍需采用密封装置。其缺点是电动机转子在黏性较大的油中转动，阻力较大，电动机效率较低。对密封要求高，转子处在具有较大黏滞力的油中转动，功率损耗较大，效率也略有降低，当密封失效后，机体内的油外漏，会使水源受污染，故不适宜于抽吸生活用水，但由于充油式潜水泵优点较多，因此在全国各地生产日渐增多。

（四）湿式潜水电泵

湿式潜水电泵的电动机定子绕组采用耐水绝缘导线。电动机内部充满纯净的水，转子浸在水中运转。这种电泵的优点是轴伸端防水密封措施要求较低，主要用以防沙，所以结构大为简化。潜水深度不受机械密封的限制，潜水深度也较深，因电动机内外均浸在水中，冷却条件好，效率较高，运用范围较大。但这种电泵对电动机定子绕组所用的绝缘导线和水润滑轴承所用的材料都有较高的要求，对于电动机内部零件的防锈蚀问题也要求较严。如这些问题解决不好，就会严重影响电泵的使用寿命。我国近年来大量生产和使用的 NQ 型、JQ 型系列均属这种湿式潜水电泵。

潜水泵按使用场合不同，又可分为作业面潜水泵和深井潜水泵等。作业面潜水泵通常为可移动式的，用于浅井及沟、塘、河、湖提水排灌，水泵部分大多为立式单级泵。深井潜水泵用于从深井中提水，提水高度大，水泵部分一般为立式多级离心泵，如图 8-23 所示。深井潜水泵和长轴井泵相比，省去了长的传动轴，可节约大量钢材，结构紧凑，体积小，重量轻，便于移动，造价较低；安装拆卸简单，使用管理方便；可不建泵房和机组基础，节约土建投资。因此，近年来深井潜水泵得到迅速发展。从国内外发展情况看，有逐步取代长轴井泵的趋势。

当前，潜水泵的主要问题是电动机的防潮、防水、防沙和防锈等技术措施有待进一步完善，以便提高产品的寿命，保证使用可靠。

综合上述，干式、半干式、充油式和湿式潜水电泵虽各有其优缺点，但从加工制造、材料用量、制造成本、机组效率、适用范围、使用寿命，以及安装维修等各方面综合比较，密闭充油式和密闭充水湿式两种电泵优点较为突出。因此，这两种电泵近年来在我国各地广为生产和使用，在国外也发展得较快。

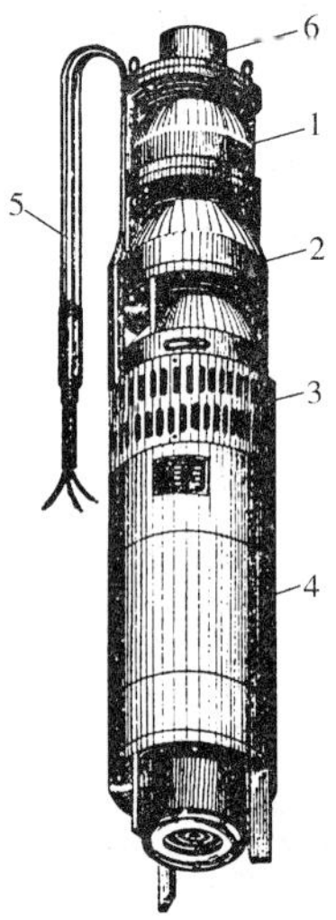

1—逆止阀体；2—泵体；
3—滤水网；4—潜水电动机；
5—电缆；6—输水管

图 8-23　深井潜水电泵外形

三、污水泵、杂质泵

污水泵实际上是杂质泵的一种，按结构型式不同分为卧式和立式两种。常用的PW型污水泵为卧式单级悬臂式离心泵，PWL 型污水泵是立式单级单吸离心泵。由于输送带有纤维或其他悬浮杂质的污水，因此在结构上与一般清水泵不同之处在于其叶轮的叶片少、流道宽。另外，为了避免堵塞，在泵体的外壳上开设有检查、清扫孔，便于在停机后及时清除泵壳内部的杂质。

在矿山、冶金、化工、电力等部门中，经常需要输送带有杂质液体的水泵，如泥浆泵、灰渣泵、混凝土泵等，这类泵统称为杂质泵。其主要特点是叶轮、泵体及泵盖等过流部分要求采用耐磨材料。此外，泵壳上通常有清扫孔，以适应经常检查拆洗的要求。对于杂质泵也有采取局部加厚承磨部分的断面来延长使用寿命的。

4PWL 型污水杂质泵的型号意义：4—泵出水口直径 152 mm；P—杂质泵；W—污水泵；L—立式。

四、管道泵

管道泵直接与管道连接，电动机位于泵体上方，泵的吸水口和出水口直径相同，并位于同一水平线上，其下部有方形底座，可直接安装在混凝土基础上。小型管道泵如需直接安装于管道中，则泵两侧管道应有支承。管道泵高效节能，振动小，噪声低，结构较简单，安装方便，占地面积小。泵的吸水口和出水口位置在同一水平线上，有利于管道安装，减少管件。配带露天防爆型电动机的管道泵适于户外运行。管道泵广泛用于输送水、石油、化工等液体。图 8-24 所示为立式离心管道泵外形图。

50YG－60A 型管道泵的型号意义：50—泵吸水口与出水口直径为 50 mm；YG—单级立式离心管道泵；60—泵设计点单级扬程值为 60 m；A—泵叶轮外径经第一次切削。

图 8-24　立式离心管道泵外形图

五、气升泵

气升泵的扬水原理是：利用压缩空气通入井下水中和水相混合，形成气水混合体，因其重量减轻而上扬至井上。压缩空气从通气管通入井中扬水管的下部，此处压缩空气从通气管下端的一些小孔射出和井水相混合，形成气水混合体，因而重量减轻。为了与扬水管外的井中水柱压力相平衡，扬水管中的气水混合体必然上升，形成液气两相流，经气水分离器将水扬至井上。根据连通器的原理，扬水管内外液柱可建立下列平衡方程式

$$\gamma_w h_1 = \gamma_m H = \gamma_m (h_1 + h) \tag{8-1}$$

或

$$h = \left(\frac{\gamma_w}{\gamma_m} - 1\right) h_1 \tag{8-2}$$

式中　γ_w——水的重力密度，kN/m^3；

γ_m——气水混合体的重度，一般为 $(0.15 \sim 0.25)\gamma_w$；

h——混合液扬升的高度，m；

h_1——通气管下端淹没在稳定动水位以下的深度，m。

从式(8-1)、式(8-2)可知，其扬水高度主要取决于 γ_m 和 h_1，即 γ_m 越小且淹没深度 h_1 越深，则气水混合液上升得也越高。但该液压平衡方程式是近似的，因气水混合体上升需要动能，在上升过程中有各种能量损失，所以实际扬水高比用式(8-2)算出的低。

气升泵结构简单，但它的工作原理却较为复杂。研究表明，气升泵除靠上述的井中水柱压力进行扬水外，还由于空气的喷射及气流上升速度较水流快而引起的“挟带作用”等因素带动水流上升。从上述工作原理可以看出，用气升泵扬水，扬水管须有较大的淹没深度，所以需要打深井；另外还需要一套较复杂、笨重的压缩空气设备。这些耗资均较大，其次是装置效率低。由于气水混合的碰撞、摩擦、旋涡等能量损失很大，如不考虑空压机及通气管的能量损失，其效率为 30% ~50%（最高可达 60%），如计入其能量损失，它的装置效率只有 20% ~35%。但由于其井下设备简单且无转动部件，工作可靠，不易堵塞，所以适合抽取含有固体颗粒的水。同时它对井的不垂直度要求较低，适用于井管不直、倾斜的深井抽水，因此在实际工程中，不仅可用以提取井水，而且可作为凿井工艺的洗井，用以提升泥浆、矿浆、卤液以及石油开采中的气举采油，矿山井坑排水等。气升泵的构造如图 8-25 所示。它主要由通气管、扬水管和喷气管（又称混合器）组成。

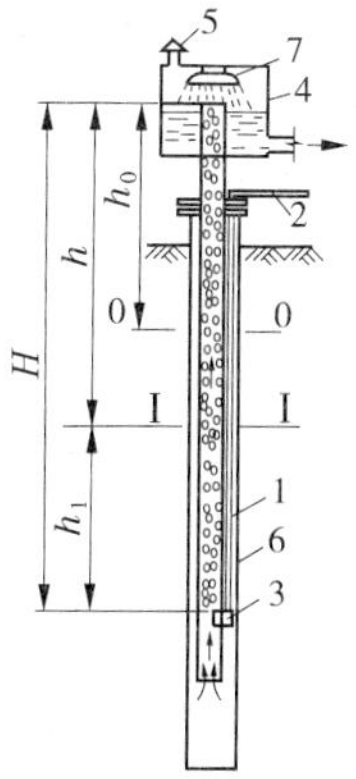

1—扬水管；2—输水管；3—喷嘴；
4—水气分离器；5—排气孔；
6—井管；7—伞形钟罩

图 8-25　气升泵的构造图

喷气管的作用是使压缩空气从管上一系列小孔喷出，以便与水充分混合。其装置型式有平行式和同心式。平行式空气用量较少，效率较高，多用于井孔直径较大的情况。同心式的喷气管为一节长 1.5 m 左右的管周围钻有许多小孔，压缩空气从小孔中喷出与水混合。这种布置方式适用于较小直径的井孔（一般 100 mm）。

六、射流泵

射流泵也称水射器，它是利用高速工作流体（液体或气体）的能量来完成流体输送的机械。其基本构造如图 8-26 所示，由喷嘴、吸入室、混合管及扩散管等部件组成。

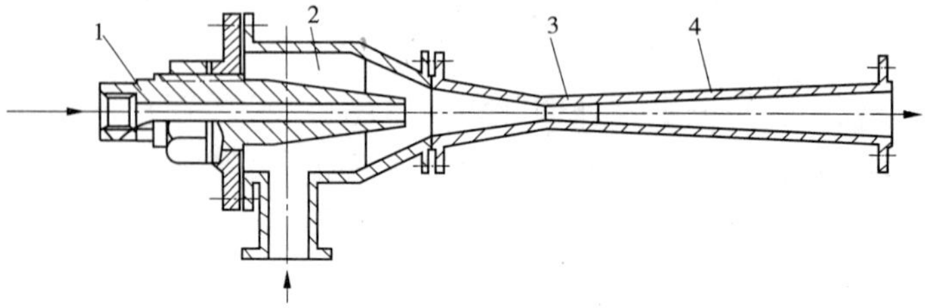

1—喷嘴；2—吸入室；3—混合室；4—扩散管

图 8-26　射流泵构造图

（一）射流泵的工作原理

射流泵是利用流体（液体或气体）来传递能量的流体机械，这是它与其他机械泵（叶片泵、往复泵等）的主要区别之处。其工作原理（见图 8-27）是高压流体以流量 Q_1、比能 H_1 通过喷嘴射出时，连续带走吸入室内的空气，此时吸入室内便形成不同程度的真空，被抽送的液体在大气压的作用下，以流量 Q_2 经吸水管进入吸入室内，两股流体（Q_1+Q_2）在混合管中进行动量传递和交换，使速度和压力渐趋一致，然后通过扩散管将混合流体的动能转换为压能后，再经压水管排出送到用户处。这时流体的流量为（Q_1+Q_2），扬程为 H_2，H_2 即为射流泵的扬程。射流泵的工作动力是有压气体（如蒸汽、煤气和压缩空气等）或有压液体。

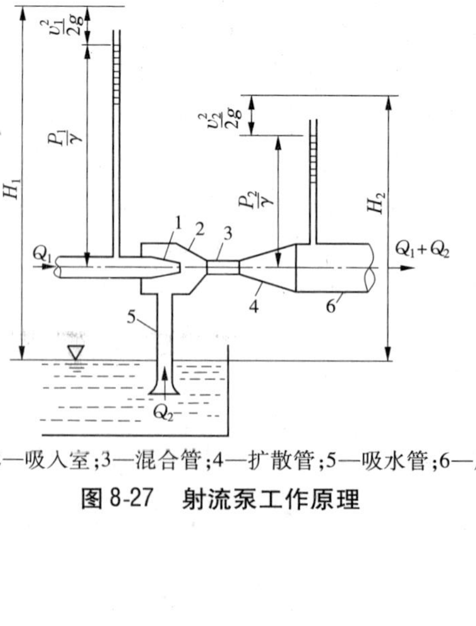

1—喷嘴；2—吸入室；3—混合管；4—扩散管；5—吸水管；6—压水管

图 8-27　射流泵工作原理

(二)射流泵的特点和应用

射流泵一般采用铸造和焊接两种结构,在总装时,要保证喷嘴、喉管和扩散管的同心度。泵体内没有转动部件,因此射流泵具有以下特点:

(1)结构简单,加工容易,便于推广。

(2)工作可靠,密封性能好,有利于输送有毒、易爆、易燃和放射性介质。

(3)便于综合利用。除作为输送机械使用外,射流泵还可兼作混合反应设备。各种有压流体(如废水、废气)都可作为它的工作动力,直接加以利用,不需增加很多辅助设备。

射流泵的主要缺点是传能效率低,这是由于两股流体混合时,产生较大能量损失的缘故,但是由于射流泵的使用条件不同,它的效率也不一样。在有些情况下,它的效率不低于其他类型的泵。因此,如何合理使用射流泵,以得到尽可能高的效率是一个很重要的问题。目前,国内外采用多股射流、多级喷射、脉冲射流等新型结构射流泵,在提高传能效率方面,取得了一定的进展。

由于射流泵具有上述优点,近年来,它已发展成为一门新的学科——射流泵技术。目前在国内外,射流泵已被应用于水利、电力、交通、冶金、化工、石油、环境保护、海洋开发、核能利用、航空及航天等部门。在农田水利工程中射流泵主要用于深井提水、提高水泵吸程、抽真空启动、取水口及水库清淤、泵房排水等;在给水排水工程中,射流泵主要用于离心泵的引水装置工程施工来降低地下水位,小型水厂抽升液氯和矾液,以及地下水除铁、除锰曝气的充氧工艺等。图 8-28 为离心泵的引水装置,在泵壳顶部接一射流泵,在水泵启动前,给水管中的高压水作为射流泵的工作液体,通过射流泵来抽吸离心泵内的空气,达到离心泵启动前的抽气引水的目的。

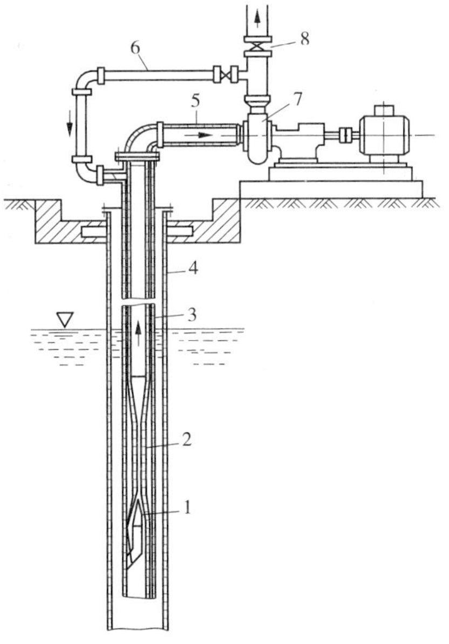

1—喷嘴;2—混合管;3—套管;4—井管;

5—水泵吸水管;6—工作压力水管;7—水泵;8—阀门

图 8-28 射流泵与离心泵联合工作

七、往复泵

往复泵利用活塞的往复运动，将能量传递给液体，以完成液体输送任务。往复泵输送液体的流量只与活塞的位移有关，而与管路情况无关，但往复泵的压头只与管路情况有关。这种特性称为正位移特性，具有这种特性的泵称为正位移泵。

（一）往复泵的构造及操作原理

往复泵装置如图 8-29 所示，主要部件有泵缸、活塞、活塞杆、吸入阀和排出阀。活塞由曲柄连杆机构带动做往复运动，在活塞周期性的往复运动过程中，泵缸内的容积和压强周期性地变化，交替地打开和关闭吸入阀和排出阀，达到输送液体的目的。活塞往复一次只吸液和排液一次称为单动泵。活塞的往复运动由等速旋转的曲柄转换而来，速度变化服从正弦曲线，所以在一个周期内排液量也必然经历同样的变化，如图 8-30（a）所示。为了改变单动泵流量的不均匀性，可采用双动泵。双动泵的工作原理如图 8-31 所示，在活塞两侧都装有吸入阀和排出阀，活塞往复一次，吸液和排液各两次，使活塞每个行程均有吸液和排液。其双动泵的流量曲线如图 8-30（b）所示。

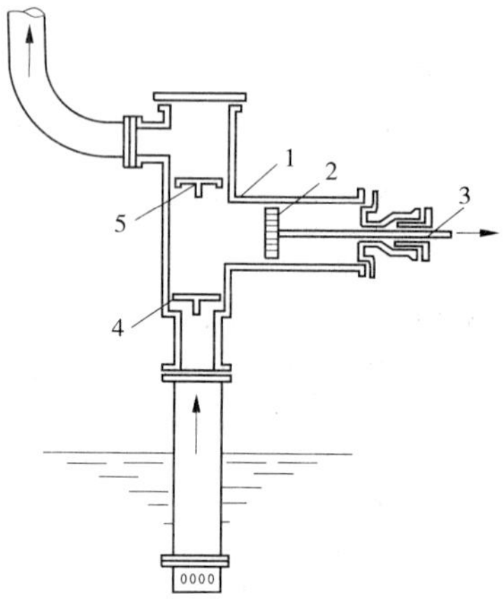

1—泵缸；2—活塞；3—活塞杆；4—吸入阀；5—排出阀

图 8-29　往复泵装置简图

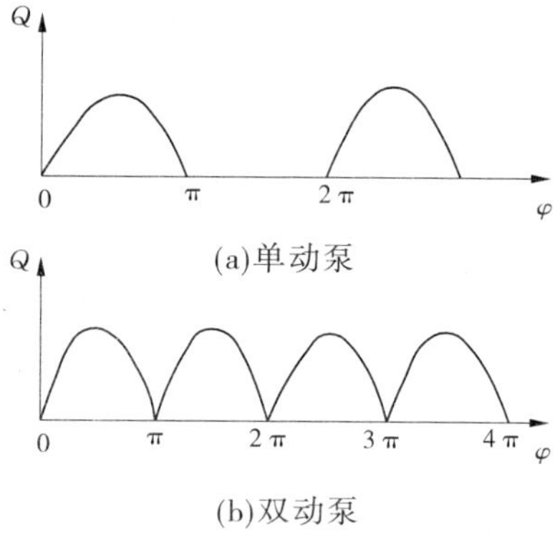

图 8-30　往复泵的流量曲线

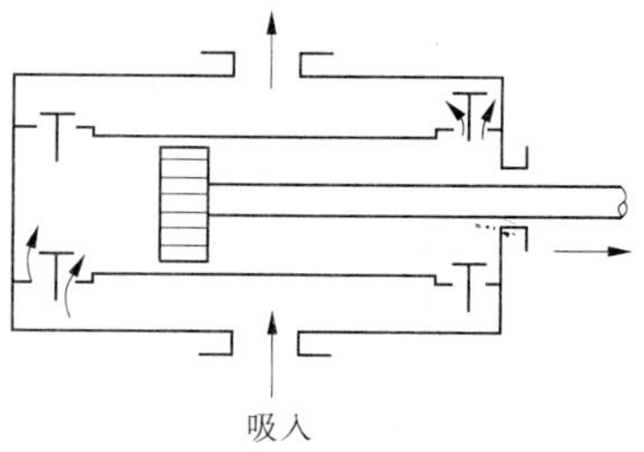

图 8-31　双动泵

（二）往复泵的流量调节

往复泵的理论流量是由活塞所扫过的体积决定的，而与管路特性无关。而往复泵提供的压头则只决定于管路情况。往复泵的工作点也是管路特性曲线和泵的特性曲线的交点，如图 8-32 所示。实际上，往复泵的流量随压头升高而略微减小，这是由于容积损失造成的。

离心泵可用出口阀门来调节流量，但对往复泵此法却不能采用。因为往复泵属于正位移泵，其流量与管路特性无关，安装调节阀非但不能改变流量，而且还会造成危险，一旦出口阀门完全关闭，泵缸内的压强将急剧上升，导致机件破损或电机烧毁。

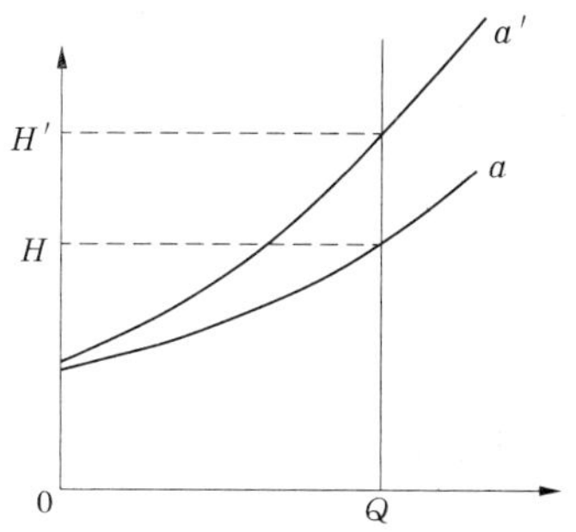

图 8-32　往复泵的工作点

往复泵的流量调节方法如下：

(1)旁路调节，如图 8-33 所示。因往复泵的流量一定，通过阀门调节旁路流量，使一部分压出流体返回吸入管路，便可以达到调节主管流量的目的。显然，这种调节方法很不经济，只适用于变化幅度较小的经常性调节。

(2)改变曲柄转速和活塞行程。因电动机是通过减速装置与往复泵相连接的，所以改变减速装置的传动比可以更方便地改变曲柄转速，达到流量调节的目的。因此，改变转速调节法是最常用的经济方法。

对输送易燃、易爆液体由蒸汽推动的往复泵，可改变蒸汽进入量使活塞往复次数改变，实现流量的调节。

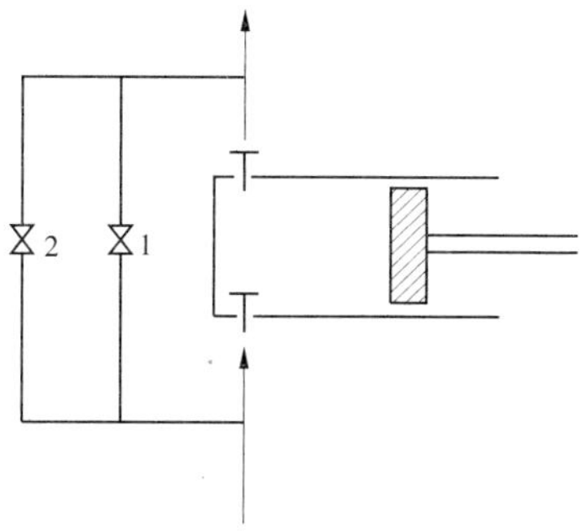

1—旁路阀；2—安全阀

图 8-33　往复泵旁路调节流量示意图

本章小结

本章以能量转换的观点，给出了泵的定义，并对常用的水泵进行分类。本章主要介绍了叶片式水泵的工作原理和结构构造，并对常用的其他类型泵的特点也进行了详细的叙述。

(1)泵是一种转换能量的机械。利用泵把动力机的机械能转换成所抽送液体的能量(位能、压能、动能)，用于抽送水的泵，叫水泵。

(2)按工作原理的不同水泵可分为叶片式泵、容积式泵和其他类型泵。叶片式泵根据工作原理的不同可分为离心泵、轴流泵和混流泵。离心泵按结构构造的不同可分为单级单吸离心泵、单级双吸离心泵、多级离心泵和自吸离心泵。轴流泵按主轴安装方式的不同分为立式泵、卧式泵和斜式泵；按叶片固定方式的不同分为固定式、半调节式和全调节式。

(3)离心泵是根据离心现象的原理工作的；轴流泵是根据叶轮旋转时产生推力的原理工作的；混流泵是在离心力和轴向推力的共同作用下工作的。离心泵、轴流泵和混流泵的主要区别在于工作原理不相同。

(4)组成叶片泵的主要零件有叶轮、泵体(泵壳)、泵轴、轴承、轴封装置。

(5)国产叶片泵采用汉语拼音字母和阿拉伯数字相间排列的方法命名。用汉语拼音字母表表示水泵类型、型式，用阿拉伯数字表示水泵的规格、数据。

（6）在排灌工程和给排水工程中除叶片式泵、容积式泵外的其他常用泵有长轴泵、潜水电泵、污水泵、管道泵、气升泵、射流泵、往复泵（活塞泵）等。

习　题

8-1　什么是水泵？

8-2　常见的水泵类型有哪些？各有什么特点？

8-3　离心泵是如何工作的？

8-4　离心泵由哪些主要零件组成？各主要零件的作用是什么？

8-5　轴流泵是如何工作的？

8-6　轴流泵由哪些主要零件组成？各主要零件的作用是什么？

8-7　蜗壳式混流泵由哪些主要零件组成？各主要零件的作用是什么？

8-8　离心泵、轴流泵和混流泵的叶轮有何异同？

8-9　解释下列水泵型号的意义：

IS－1000－750－1200；4BA－12A；14Sh－9；200S－63A；350ZL－5；40ZLB－70；400HW－5；150D－30×12；150JD36×11

8-10　离心泵抽水装置中管路附件有哪些？

8-11　简述射流泵、往复泵、气升泵的工作原理。

8-12　简述潜水电泵、长轴井泵的构造。

第九章　叶片泵的性能

第一节　叶片泵的性能参数

叶片泵的性能是用性能曲线表示的,而性能曲线又是用性能参数之间的关系来表达的。因此,在研究叶片泵性能前,首先必须对性能参数的意义有一正确理解。叶片泵的性能参数主要有流量、扬程、功率、效率、转速、允许吸上真空高度(或必需汽蚀余量)等,现分述如下。

一、流量

流量是指单位时间内水泵所抽提的流体体积,符号为 Q,其常用单位有 L/s、m^3/s 和 m^3/h 等。各单位间的关系是:1 m^3/s = 1 000 L/s = 3 600 m^3/h。

二、扬程

扬程是指单位重力的水从泵进口到泵出口所增加的能量,用 H 表示,单位是 mH_2O,简略为 m。

对于图 9-1 所示的卧式离心泵抽水装置,若以水泵轴线为基准面,泵运行时,单位重量的水在泵进口断面处的总能量为

$$E_1 = z_1 + \frac{p_1}{\rho g} + \frac{v_1^2}{2g}$$

单位重量的水在泵出口断面处的总能量为

$$E_2 = z_2 + \frac{p_2}{\rho g} + \frac{v_2^2}{2g}$$

根据扬程定义得

$$H = E_2 - E_1 = z_2 - z_1 + \frac{p_2 - p_1}{\rho g} + \frac{v_2^2 - v_1^2}{2g} \tag{9-1}$$

式中　z_1、$\frac{p_1}{\rho g}$、$\frac{v_1^2}{2g}$——相应于水泵进口断面 1—1 处的位置水头、绝对压力水头、流速水头,m;

z_2、$\frac{p_2}{\rho g}$、$\frac{v_2^2}{2g}$——相应于水泵出口断面 2—2 处的位置水头、绝对压力水头、流速水头,m。

为了监视水泵的运行状况,在泵进、出口断面处分别安装真空表、压力表,如图 9-1 所示。真空表、压力表的读数为相对压力,设真空表的读数为 V(低于一个大气压的数值,即

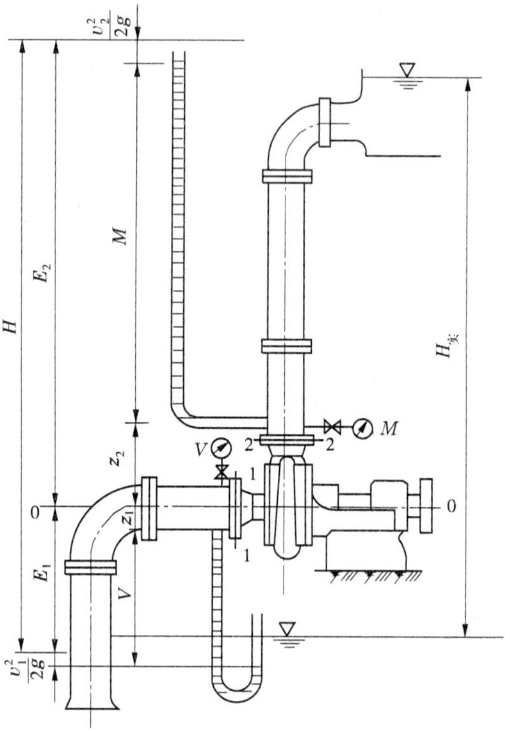

图 9-1 卧式离心泵扬程示意图

$V=\frac{p_a}{\rho g}-\frac{p_1}{\rho g}$)，压力表的读数为 M(高于一个大气压的数值，即 $M=\frac{p_2}{\rho g}-\frac{p_a}{\rho g}$)，则式(9-1)可写成

$$H = z_2 - z_1 + V + M + \frac{v_2^2 - v_1^2}{2g} \tag{9-2}$$

真空表、压力表的读数单位为兆帕(MPa)时，将兆帕表示的读数 V'、M'换算为米水柱(mH_2O)，则

$$H = z_2 - z_1 + 100V' + 100M' + \frac{v_2^2 - v_1^2}{2g} \tag{9-3}$$

由式(9-3)计算的扬程为水泵工作状况时的扬程。水泵铭牌上所标出的扬程是这台泵的设计扬程，即相应于通过设计流量时的扬程，又称额定扬程。

从图 9-1 可清楚地看出扬程 H 与实际扬程 $H_实$ 是两个不同的概念，前者为单位重量的液体从泵进口到出口能量增加的数值，后者为进出水池水位差。显然，泵扬程总是大于实际扬程。

三、功率

功率是指水泵在单位时间内所做功的大小，常用单位是 kW。水泵的功率可分为有效功率、轴功率和配套功率。

（一）有效功率

有效功率指水流流经水泵时实际所得到的功率，用符号 P_u 表示。

$$P_u = \gamma QH \tag{9-4}$$

式中 γ——水的容重，N/m^3，$\gamma = \rho g = 9\ 800\ N/m^3$；

Q——水泵的流量，m^3/s；

H——水泵的扬程，m。

（二）轴功率

轴功率是泵的输入功率，系指动力机传给泵轴的输入功率，用符号 P 来表示，水泵运行时，不可避免地有各种损失，要消耗一部分功率。水泵的轴功率可按下式计算

$$P = \frac{\gamma QH}{\eta} \tag{9-5}$$

式中 η——水泵的效率（%）。

（三）配套功率

配套功率是指水泵所要求的动力机的输出功率。

$$P_p = k\frac{\gamma QH}{\eta\eta_p} \tag{9-6}$$

式中 k——动力机储备系数；

η_p——传动设备的效率（%）。

四、效率

水泵的效率是泵的有效功率与轴功率之比，它标志着水泵对能量的有效利用程度，用 η 表示。其表达式为

$$\eta = \frac{P_u}{P} \times 100\% \tag{9-7}$$

或

$$\eta = \frac{\rho gQH}{1\ 000P} \times 100\% \tag{9-8}$$

水泵铭牌上的效率是对应于通过设计流量时的效率，为水泵的最高效率。水泵的功率损失有三部分，即机械损失、容积损失和水力损失。水泵的有效功率加上所有的损失功率应等于轴功率。

（一）机械损失和机械效率

叶轮在泵体内的水中旋转时，固定部件（轴封、轴承）与转动部件（泵轴）之间、固定部件（叶轮前后盖板外表面和盖板轮圈的圆柱表面）与水流之间产生摩擦。这些机械摩擦引起的能量损失称为机械损失，传给泵轴的轴功率，克服了机械损失之后，传给水的功率称水功率，用 $P_水$ 表示。

$$P_水 = P - P_m = \frac{\rho g(Q + q)H_T}{1\ 000} \tag{9-9}$$

水功率与轴功率之比称为机械效率 η_m，即

$$\eta_m = \frac{P_水}{P} \times 100\% \tag{9-10}$$

式中 $(Q+q)$——水泵的理论流量，是实际流量 Q 与漏损流量之和，m^3/s；

H_T——水泵的理论扬程，即未考虑泵内损失时的扬程，m。

（二）容积损失和容积效率

水流流经叶轮之后，有一小部分高压水经过泵体内间隙（如减漏环）和轴向力平衡装置（如平衡孔、平衡盘）泄漏到叶轮的进口，另有一小部分从轴封处泄漏到泵外，因而消耗了一部分能量，即容积损失。通过泵出口的流量为 Q，通过泵进口的流量为 $Q+q$，两者之比称为容积效率 η_V，即

$$\eta_V = \frac{Q}{Q+q} \times 100\% \tag{9-11}$$

（三）水力损失和水力效率

水流流经水泵的吸入室、叶轮、压出室时产生摩擦损失、局部损失和冲击损失。摩擦损失是水流与过流部件边壁间的摩擦阻力引起的损失。局部损失是水流在泵内由于水流运动速度大小与方向发生变化引起的损失。冲击损失是泵在非设计工况下运行时水流在叶片入口处、出口处及压出室内引起的损失。水泵扬程与理论扬程之比，称为水力效率 η_h，即

$$\eta_h = \frac{H}{H_T} \times 100\% \tag{9-12}$$

综上所述，泵的总效率 η 的公式可变换成下列形式

$$\eta = \frac{P_u}{P} \times 100\% = \frac{P_u}{P_{水}}\eta_m = \frac{\rho g Q H}{\rho g (Q+q) H_T}\eta_m = \eta_V \eta_h \eta_m \tag{9-13}$$

由式(9-13)可见，水泵的效率是三个效率（容积效率、水力效率、机械效率）的乘积。要提高水泵的效率，必须尽量减小水泵内各种损失，特别是水力损失。提高水泵的效率意义很大，除从设计、制造等方面加以改善外，使用单位要注意合理选型，正确运行，并加强对水泵的维护和检修，使水泵经常在高效率状态下工作，从而达到经济运行的目的。

五、转速

转速是指泵轴单位时间内旋转的圈数，用符号 n 表示，单位是 r/min。中小型水泵常用的转速有 2 900 r/min、1 450 r/min、970 r/min、730 r/min、485 r/min 等。一般口径小的泵转速高，口径大的泵转速低。转速是影响水泵性能的一个重要参数，当转速变化时，水泵的其他性能参数都相应地发生变化。

六、允许吸上真空高度或必需汽蚀余量

允许吸上真空高度或必需汽蚀余量是表征叶片泵吸水性能的参数。允许吸上真空高度表示离心型泵（含离心泵和蜗壳式混流泵）吸上高度的安全理论上限，符号为 $[H_S]$，单位是 m。必需汽蚀余量也称为允许汽蚀余量，表示水力机械低压侧（水泵进口侧）单位重量水体所具有的超过该温度下水体汽化压强的安全理论下限，西方发达国家均采用允许汽蚀余量，符号为 $[\Delta h]$，单位是 m。具体内容将在第五节讲述。

【例 9-1】 某离心泵抽水装置，测得水泵流量 $Q=18$ L/s，水泵出口压力表读数为

$M' = 0.324$ MPa，进口真空表读数为 $V' = 0.039$ MPa，真空表与压力表测压点距离 $\Delta z = 0.8$ m，水泵进、出口直径分别为 100 mm 和 75 mm，水泵轴功率 $P = 10$ kW，求水泵的效率 η。

解： (1)水泵流量 $Q = 18$ L/s $= 0.018\ m^3/s$。

(2)水泵的扬程 H：

由水泵进口直径 $D_1 = 100$ mm $= 0.1$ m 和水泵出口直径 $D_2 = 75$ mm $= 0.075$ m，可计算出

泵进口流速 $$v_1 = \frac{4Q}{\pi D_1^2} = \frac{4 \times 0.018}{3.14 \times 0.1^2} = 2.29(\mathrm{m/s})$$

泵进口流速 $$v_2 = \frac{4Q}{\pi D_2^2} = \frac{4 \times 0.018}{3.14 \times 0.075^2} = 4.08(\mathrm{m/s})$$

将 $z_2 - z_1 = \Delta z = 0.8$ m，$V' = 0.039$ MPa，$M' = 0.324$ MPa 和 $v_1 = 2.29$ m/s，$v_2 = 4.08$ m/s 代入式(9-3)，可计算出水泵扬程 H

$$H = z_2 - z_1 + 100V' + 100M' + \frac{v_2^2 - v_1^2}{2g}$$
$$= 0.8 + 100 \times 0.039 + 100 \times 0.324 + \frac{4.08^2 - 2.29^2}{2 \times 9.8} = 37.682(\mathrm{m})$$

(3)水泵的有效功率 P_u：

将水的密度 $\rho = 1\ 000\ kg/m^3$，流量 $Q = 0.018\ m^3/s$，扬程 $H = 37.682$ m 代入式(9-4)，即

$$P_u = \frac{\rho g Q H}{1\ 000} = \frac{1\ 000 \times 9.8 \times 0.018 \times 37.682}{1\ 000} = 6.647(\mathrm{kW})$$

(4)水泵的效率 η：

将有效功率 $P_u = 6.647$ kW 和轴功率 $P = 10$ kW 代入式(9-7)，即

$$\eta = \frac{P_u}{P} \times 100\% = \frac{6.647}{10} \times 100\% = 66.47\%$$

第二节　水泵的基本性能曲线

叶片泵的性能参数标志着叶片泵的性能。但各个性能参数不是孤立的、静止的，而是相互联系和相互制约的。对于某一确定的泵，这种联系和制约具有一定的规律性。叶片泵性能参数的变化规律，通常用曲线表征，我们把这种表征叶片泵性能参数之间的相互关系的曲线，称为基本性能曲线。由于泵内液流的复杂性，对于有限多叶片的理论扬程以及各部分效率都难以从理论上准确计算，所以基本性能曲线是通过试验的方法测绘出来的，也称为试验性能曲线。通常将泵的转速作为常量，以流量为横坐标，以扬程、轴功率、效率、允许吸上真空高度或必需汽蚀余量为纵坐标绘制的 $Q \sim H$、$Q \sim P$、$Q \sim \eta$、$Q \sim [H_S]$ 曲线。了解泵的性能，熟悉性能曲线的特点，掌握其变化规律，对合理选型配套、正确确定泵的安装高度、调节泵运行工况、加强科学运行管理等极为重要。

一、流量和扬程曲线 $Q \sim H$

图 9-2、图 9-3、图 9-4 分别为 12Sh－6 型离心泵、14ZLB－100 型轴流泵及 8HB－35 型

混流泵三种泵的实验性能曲线。

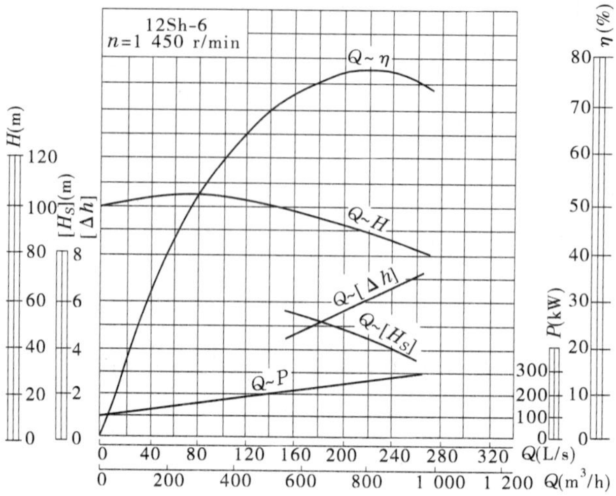

图 9-2　12Sh－6 型离心泵的试验性能曲线

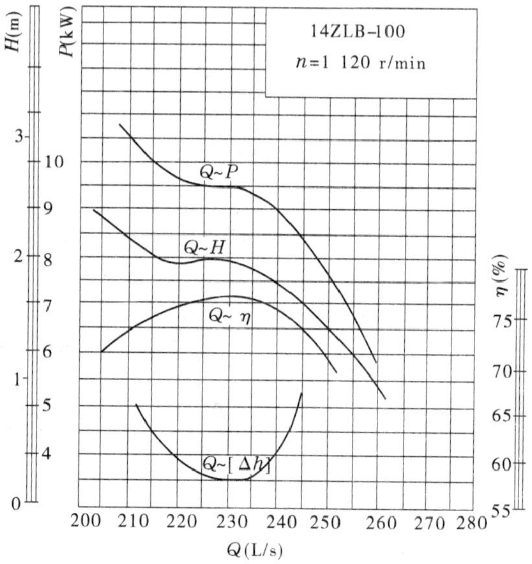

图 9-3　14ZLB－100 型轴流泵的试验性能曲线

从图 9-2～图 9-4 中可以看出三种泵的 $Q \sim H$ 曲线都是下降曲线，即扬程随着流量的增加而逐渐减小。对应于效率最高值的点的各参数，即为铭牌上所列出的数据，它将是该泵最经济工作的一个点。在该点左右的一定范围内（一般不低于最高效率点的 10% 左右），属于效率较高的区段，在水泵样品中，用两条竖波形线标出，称为水泵的高效率段，又称为水泵的高效区。离心泵的 $Q \sim H$ 曲线下降较平缓。

轴流泵的 $Q \sim H$ 曲线下降较陡，当 Q 为零时，扬程最高，为设计扬程的 2 倍左右。当轴流泵的流量为设计流量的 40%～60% 时，曲线上出现拐点，并呈马鞍形。这是一段不稳定区，使用时应避免在这个区域内运行，因为同一扬程，可能出现两个或两个以上的流

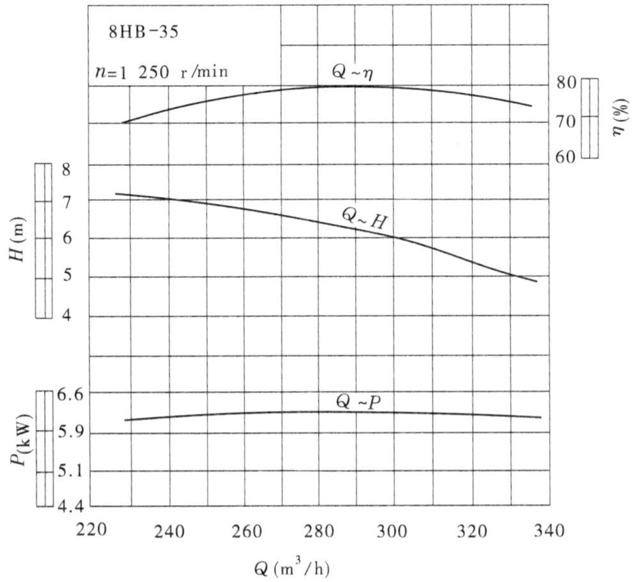

图 9-4　8HB－35 型混流泵的试验性能曲线

量值，故在运行中会出现噪声和振动。

混流泵的 $Q\sim H$ 曲线，介于离心泵与轴流泵之间。

二、流量和功率曲线 $Q\sim P$

离心泵的 $Q\sim P$ 曲线是一上升曲线，即功率随流量的增加而增加。当流量为零时，其轴功率最小，为额定功率的 30% 左右。轴流泵的 $Q\sim P$ 曲线是一陡降曲线，即功率随流量的增加而减小。当流量为零时，轴功率达到最大值，为额定功率的 2 倍左右。在小流量区，轴功率曲线也呈马鞍形。混流泵的 $Q\sim P$ 曲线比较平坦，当流量变化时，功率变化很小。

从功率曲线的特点可知，离心泵应关阀启动，以减小动力机启动负载。轴流泵则应开阀启动，一般在轴流泵出水管上不装闸阀。

三、流量和效率曲线 $Q\sim\eta$

由图 9-2 ~ 图 9-4 可以看出三种泵效率曲线的变化趋势都是从最高效率点向两侧下降。但离心泵的效率曲线变化比较平缓，高效区范围较宽，使用范围较大。轴流泵的效率曲线变化较陡，高效率区范围较窄，使用范围较小。混流泵的效率曲线介于离心泵和轴流泵之间。在水泵实际运行时，铭牌上所标注的各参数是很难达到的，也就是说，在实际工作中水泵不一定在最高效率点工作。因此，在选择水泵时，应使所选水泵在高效率区范围内工作，这样才能达到较好的经济效果。

四、流量和允许吸上真空高度或必需汽蚀余量曲线 $Q\sim[H_S]$ 或 $Q\sim[\Delta h]$

$Q\sim[H_S]$ 或 $Q\sim[\Delta h]$ 曲线是表征水泵吸水性能的两条曲线，但两者的变化规律不同。离心泵 $Q \sim [H_S]$ 是一条下降曲线，即 $[H_S]$ 随流量的增加而减小。轴流泵 $Q \sim [\Delta h]$ 曲线是一条具有最小值的曲线，即在最高效率点附近 $[\Delta h]$ 值最小，偏离最高效率点两侧，相应的 $[\Delta h]$ 值都增加，偏离愈远，$[\Delta h]$ 值愈大。这说明在离心泵中当水泵的流量大于设计流量时，在轴流泵中当流量大于或小于设计流量时，都要注意发生汽蚀或吸不上水的情况。

第三节　叶片泵的相似律和比例律

一、相似理论的作用

水流在水泵内的运动是很复杂的，仅从理论上还不能准确地算出叶片泵的性能。要研制一台高效率的泵，除要利用前人的经验和资料外，还需做大量的试验研究工作。但对于大型泵，在一般的实验室条件下进行试验是很困难的，也是不经济的。只能根据相似理论，将原型泵缩小为模型泵进行试验，再将模型泵数据换算为原型泵数据。应用相似理论，可以解决以下几个问题：

(1)根据模型试验，进行新产品的设计和制造；

(2)对两台几何相似的水泵的性能进行换算；

(3)根据同一台泵在某一转速(或叶轮直径、叶片安装角)下的性能参数，换算出在其他转速(或叶轮直径、叶片安装角)下的性能参数，也就是进行性能曲线的转绘。

因此，相似理论不仅用于水泵的设计和制造，而且还用于解决水泵运行中的问题。

二、相似条件

根据相似原理，两台水泵相似必须满足以下三个相似条件。

(一)几何相似

两台水泵过流部分相应点的同名角相等，同名尺寸比值相等。也就是模型泵与原型泵的所有几何尺寸对应成比例，所有夹角对应相等(见图9-5)。其数学表达式为

$$\left.\begin{aligned} &\frac{b_1}{b_{1M}} = \frac{b_2}{b_{2M}} = \frac{D_1}{D_{1M}} = \frac{D_2}{D_{2M}} \\ &\alpha_1 = \alpha_{1M}, \alpha_2 = \alpha_{2M}, \cdots \end{aligned}\right\} \tag{9-14}$$

式中　b——叶槽宽度，m，下标 M 为模型，无此下标为原型。

(二)运动相似

两台水泵内相应点处水流的同名速度比值相等，方向相同。即在相应点处水流的速度三角形相似。其数学表达式为

$$\left.\begin{aligned} &\frac{c_1}{c_{1M}} = \frac{c_2}{c_{2M}} = \frac{u_1}{u_{1M}} \cdots = \frac{D_2}{D_{2M}} \frac{n}{n_M} \\ &\alpha_2 = \alpha_{2M}, \beta_2 = \beta_{2M}, \cdots \end{aligned}\right\} \tag{9-15}$$

(三)动力相似

两台水泵相应点处所受的力为同名力，且方向相同，大小成比例。用向量 $\vec{P}$ 表示液

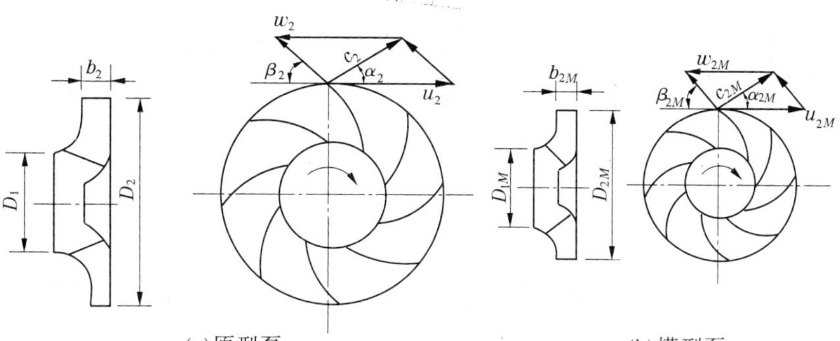

(a)原型泵　　(b)模型泵

图 9-5　型与模型泵的几何相似和运动相似

流运动中的作用力，则有

$$\frac{\vec{P}}{\vec{P}_M} = 常数 \tag{9-16}$$

作用在液体中的力有惯性力、压力、重力、黏滞力等。这些力同时满足动力相似是有困难的，在这些力中，以黏滞力的影响为最大。因此，只要两台水泵中水流的雷诺数相等，则两台水泵动力相似。

三、相似律

（一）第一相似定律

第一相似定律确定两台工况相似水泵流量之间的关系。

$$\frac{Q}{Q_M} = \left(\frac{D_2}{D_{2M}}\right)^3 \frac{n}{n_M} \frac{\eta_V}{\eta_{VM}} \tag{9-17}$$

（二）第二相似定律

第二相似定律确定两台工况相似水泵扬程之间的关系。

$$\frac{H}{H_M} = \left(\frac{D_2}{D_{2M}}\right)^2 \left(\frac{n}{n_M}\right)^2 \frac{\eta_H}{\eta_{HM}} \tag{9-18}$$

（三）第三相似定律

第三相似定律确定两台工况相似水泵轴功率之间的关系。

$$\frac{P}{P_M} = \frac{\gamma}{\gamma_M}\left(\frac{D_2}{D_{2M}}\right)^5 \left(\frac{n}{n_M}\right)^3 \frac{\eta_{mM}}{\eta_m} \tag{9-19}$$

如果原型泵与模型泵的尺寸相差不大，且转速也相差不大，则各种效率可近似看成相等。若 $\rho g = \rho_M g_M$，则三组相似律公式可简化为

$$\left.\begin{aligned} \frac{Q}{Q_M} &= \left(\frac{D_2}{D_{2M}}\right)^3 \frac{n}{n_M} \\ \frac{H}{H_M} &= \left(\frac{D_2}{D_{2M}}\right)^2 \left(\frac{n}{n_M}\right)^2 \\ \frac{P}{P_M} &= \left(\frac{D_2}{D_{2M}}\right)^5 \left(\frac{n}{n_M}\right)^3 \end{aligned}\right\} \tag{9-20}$$

四、比例律

对于同一台水泵，其叶轮直径不变，相当于 $D_2 = D_{2M}$，式(9-20)可简化成比例律为

$$\left.\begin{aligned}\frac{Q_1}{Q_2} &= \frac{n_1}{n_2}\\ \frac{H_1}{H_2} &= \left(\frac{n_1}{n_2}\right)^2\\ \frac{P_1}{P_2} &= \left(\frac{n_1}{n_2}\right)^3\end{aligned}\right\} \tag{9-21}$$

以上三个式子是相似定律的一个特例，称比例律。说明同一台泵，当转速改变时，流量与泵转速的一次方成正比，扬程与泵转速的二次方成正比，轴功率与泵转速的三次方成正比。比例律在泵站设计和管理运行中很有用处。由于泵的机械损失随泵转速的提高而增大，故比例律只适用于转速相差不大的场合。

相似定律表示两台相似泵的性能参数及叶轮直径之间的关系，而比例律则表示同一台水泵在不同工况下性能参数之间的关系。

五、比转速

比转速是一个表达水泵的流量、扬程和转速等参数关系的一个综合性指标，用 n_s 表示，可用于水泵的分类和比较，便于使水泵成为有系列的编制，方便选型。

（一）比转速的计算公式

$$n_s = 3.65\frac{n\sqrt{Q}}{H^{3/4}} \tag{9-22}$$

式中 n——水泵的额定转速，r/min；

Q——水泵的额定流量，m^3/s，对于双吸泵，Q 应除以 2；

H——水泵的额定扬程，m，对于多级泵，H 应除以级数。

在应用比转速的公式时，应注意比转速是根据所抽液体密度 $\rho = 1\ 000\ kg/m^3$ 推导出来的，故以抽清水为标准。同一台泵在不同工况下运行，有不同的比转速。为便于进行分析、比较，以泵最高效率点（设计工况下）的比转速作为该泵的比转速，用来作为相似准则。

（二）比转速的作用

(1)对泵进行分类。比转速的大小反映了水泵的水力特性。比转速与流量成正比，而与扬程成反比。所以，低扬程、大流量的水泵比转速大，高扬程、小流量的水泵比转速小。根据比转速的大小，可将叶片泵分为离心泵（$n_s = 20 \sim 350$）、混流泵（$n_s = 250 \sim 600$）和轴流泵（$n_s = 500 \sim 2\ 000$）三大类，其中离心泵又可分为低比转速（$n_s = 20 \sim 80$）、中比转速（$n_s = 80 \sim 150$）和高比转速（$n_s = 150 \sim 350$）三种。

(2)叶片形状随比转速而变。对低比转速泵，为了得到高扬程、小流量，必须增加叶

轮外径 D_2，减小内径 D_0 和叶槽出口宽度 b_2，故叶轮扁平，叶槽狭长，叶片形状呈圆柱形，水流径向流出。随着 n_s 的增大，D_2/D_0 由大到小，叶槽出口宽度 b_2 由小到大，叶片形状由圆柱形过渡为扭曲形，叶槽由窄长变为粗短，水流方向由径向变为轴向。

(3)分析叶片泵的性能。水泵的性能与比转速有关。为了分析水泵性能随比转速而变化的关系，将叶片泵的性能曲线用相对性能曲线表示。

(4)比转速是水泵设计和选型的依据和参考。水泵设计时，选择水泵中 n_s 相同、效率高、抗汽蚀性能好、运行可靠的模型泵，由此来初步确定原型泵的类型和性能。

【例 9-2】 已知一台 8Sh 型泵，额定流量 $Q = 288\ m^3/h$ ($Q = 0.08\ m^3/s$)，额定扬程 $H = 41\ m$，额定转速 $n = 2\ 900\ r/min$，求该泵的 n_s，并判别该泵的型号。

解： 由于 Sh 型泵为双吸泵，故应采用式(9-22)，即

$$n_s = 3.65\frac{n\sqrt{Q/2}}{H^{3/4}} = 3.65 \times \frac{2\ 900\sqrt{0.08/2}}{41^{3/4}} = 130$$

该泵的型号为 8Sh－13。

第四节　水泵的汽蚀及其防治措施

从水泵的工作原理可知，高速旋转的叶轮使泵进口处的水不断获得能量并流向出口，而在进口处形成一定的真空值，该真空值就是进口压强与进水池水面压强(大气压)之差值。在这一压差作用下，水不断地从进水池经进水管流向水泵进口。

由于一个标准大气压等于 10.33 m 水柱高，所以水泵的最大吸水高度不会超过 10.33 m。实际上，水流在流动过程中要克服进水管中的各种水力损头，并且因水泵吸水性能的要求，其进口还需保持一定的能量(压头)，以及绝大多数地方的大气压小于标准大气压，这就使得水泵的吸水高度远小于 10.33 m，而受到一定的限制。如果水泵实际的吸水高度超出了上述限制，或由于其他原因使泵进口的能量小于要求的值，泵内将会发生汽蚀，从而影响泵的正常工作。

一、汽化及汽蚀现象

由物理学可知，水变为汽的过程称为汽化，汽变为水的过程称为凝结。水和汽可以互相转化，而温度和压力则是促成其互相转化的外部条件。即在一定压力下，温度升高到一定数值时，水就会汽化；或在一定温度下，将压力降到一定数值时，水也会汽化。例如，在一个标准大气压下，水加热到 100 ℃就开始汽化(沸腾)；而在水温 20 ℃的情况下，将压力降到 0.024 个标准大气压，水同样发生汽化。我们把在一定温度下，液体开始汽化的临界压力，称为该温度下液体的汽化压力，用 mH_2O 表示。表 9-1 所示的是水在不同温度下的汽化压力。

当水泵在运行时，由于某些原因使泵内局部位置液体的压力降低到工作温度下的汽化压力时，水就产生汽化现象，这时水流中离析出大量气泡，这些气泡随水流流入叶轮中压力较高的部位时，气泡受到挤压而迅速溃灭，又重新凝结为水。在这种气泡的产生和溃灭过程中，作为连续介质的水体本身发生破坏，使水泵性能恶化，同时还将产生噪声、振动

和对过流部件材料的破坏，这种现象称为水泵的汽蚀现象。

表 9-1　水在不同温度下的汽化压力

水温(℃)	0	5	10	20	30	40	50	60	70	80	90	100
汽化压力$\frac{p_v}{\gamma}$(m)	0.06	0.09	0.12	0.24	0.43	0.75	1.25	2.02	3.17	4.82	7.14	10.33

二、水泵产生汽蚀的原因

如上所述，泵内局部压力降低到水的汽化压力是产生汽蚀的直接原因，或者说汽化是形成汽蚀的先决条件。造成泵内压力过低的原因大致有以下几个方面：

(1)水泵吸水高度过大。随着水泵吸水高度的增加，泵进口处的真空度增加，致使泵内压力降得过低。造成吸水高度增大的原因大多是水泵工作期间进水池水位下降过大。

(2)泵内水流经过狭窄的间隙。流经间隙的水流速度增大，压力下降，形成汽化。

(3)水泵偏离设计工况点较远。在这种情况下叶片进口处将形成冲击入流，水流脱离叶面而出现低压。

(4)水泵的进水条件不良。如果进水池产生旋涡使进入水泵的水存在预旋或将空气带入水泵，以及进水流道在其出口处(叶轮进口处)所形成的流速、压力分布不均匀，都会导致汽化及汽蚀的产生。有关试验表明，水中含气量越大，就越容易产生汽化。

(5)叶轮叶片制造不够精确或水泵设计参数选择不合理。

(6)水泵安装地点的海拔较高或水泵抽送的水流温度较高。这是因为海拔越高，大气压力越低，相应地在泵吸入口的压力也就越低；而水温越高，汽化压力就越大，水流就越易于汽化。表 9-2 所示的是不同海拔的大气压力值。

表 9-2　不同海拔的大气压力值

海拔(m)	-600	0	100	200	300	400	500	600	700
大气压力 H_a(m)	11.3	10.33	10.2	10.1	10.0	9.8	9.7	9.6	9.5
海拔(m)	800	900	1 000	1 500	2 000	3 000	4 000	5 000	
大气压力 H_a(m)	9.4	9.3	9.2	8.6	8.1	7.2	6.3	5.5	

三、汽蚀的类型

水泵的汽蚀按其发生的部位不同可分为叶面汽蚀、间隙汽蚀和涡带汽蚀三种形式，如图 9-6、图 9-7 和图 9-8 所示。

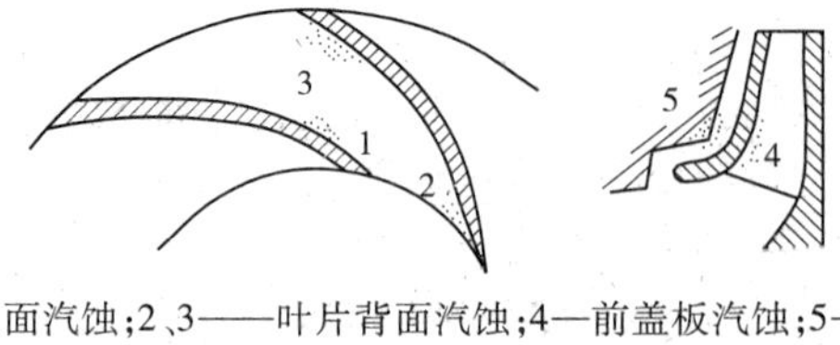

1—叶片正面汽蚀；2、3——叶片背面汽蚀；4—前盖板汽蚀；5—间隙汽蚀

图 9-6　离心泵汽蚀发生部位

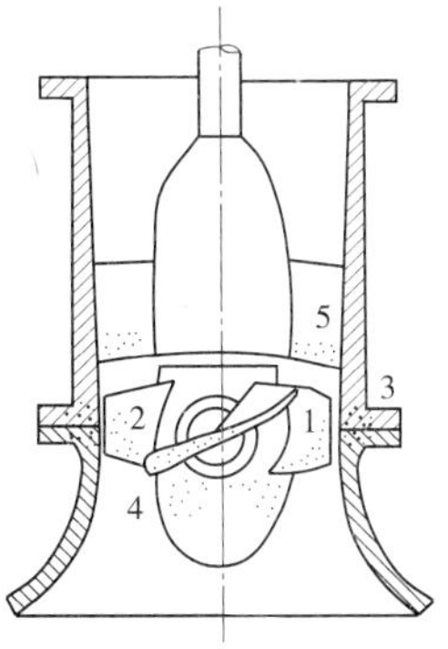

1—叶片正面汽蚀；2—叶片背面汽蚀；
3—间隙汽蚀；4—轮毂体表面汽蚀；
5—导叶叶面汽蚀

图 9-7 轴流泵汽蚀发生部位

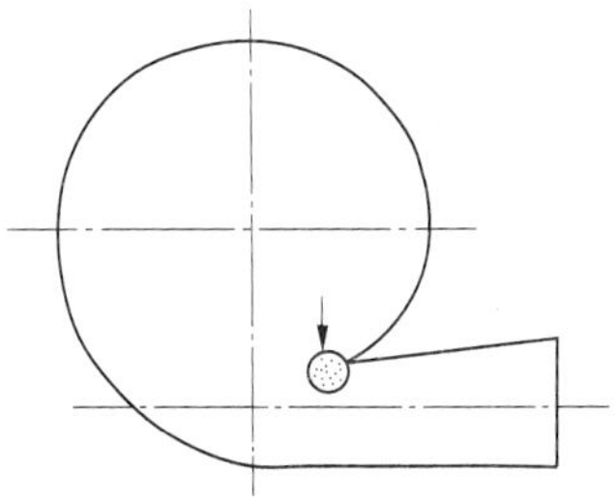

(a)蜗壳汽蚀部位

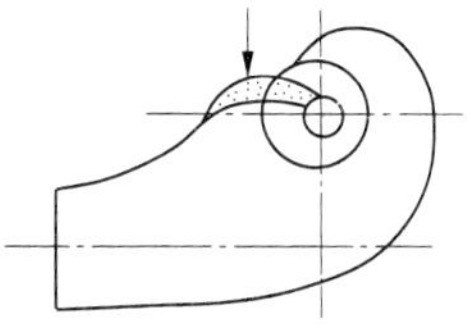

(b)吸水室汽蚀部位

图 9-8 蜗壳及吸水室汽蚀部位

(一)叶面汽蚀

凡是在叶片的正面或背面发生的汽蚀称为叶面汽蚀，叶面汽蚀是水泵最常见的汽蚀现象。叶轮要把能量传给水流，叶片背面的压力总是小于叶片正面的压力，因此在叶片背面流速最大部位便形成易于汽化的低压区。如果水泵吸水高度过大，即使在设计工况下运行，也会在叶片背面发生汽蚀。

(二)间隙汽蚀

当水流流经离心泵的回流槽等缝隙时，水流通过突然变窄的间隙，速度增加而压强下降，也会产生汽蚀。轴流泵的叶片外缘与泵壳之间很小的间隙内，在叶片正、背两侧很大的压强差作用下，引起极大的回流速度，造成局部压降，引起间隙汽蚀。在泵壳对应叶片外缘部位形成一圈蜂窝麻面汽蚀带。在离心泵的减漏环与叶轮外缘间隙处，亦会引起间隙汽蚀。

(三)涡带汽蚀

涡带汽蚀是由于进水建筑物、进水构筑物设计不当，造成了水泵进口处水流的紊乱和旋涡，产生了涡带，把大量的气体周期性地带入水泵内。即使在水泵叶片本身不产生叶面汽蚀的情况下，由于涡带的产生也会在叶片低压区产生周期性的强度很大的叶面汽蚀。

此外，水流经过泵内凹凸不平的过流部件表面时，会在凸出物的紧邻下游形成脱壁和旋涡，从而使局部压力降低引起汽蚀，将此称为粗糙汽蚀。这类汽蚀主要由于水泵制造工艺不良所致。

四、水泵汽蚀的危害

水泵汽蚀是一种极其复杂的物理、化学现象，汽蚀的发生和发展会对水泵产生以下危害。

(一)使水泵性能恶化

当泵内水流汽化时，大量气泡的生成、发育和溃灭，改变了流道内尤其是叶槽内的过流面积和流动方向，致使叶轮与水流之间能量交换的稳定性遭到破坏，能量损失增加，水泵的流量、扬程和效率迅速下降，甚至出现断流。这种对水泵性能的影响会因水泵比转速的不同而呈现不同程度的差异。低比转速的离心泵由于叶槽狭长，宽度较小，汽化发生后，汽泡会迅速布满整个叶槽宽度，形成所谓的“堵塞”现象，从而破坏水流运动的连续性，过早出现断流，水泵性能曲线呈急剧下降状态，如图9-9(a)所示。高比转速的离心泵和混流泵，由于叶槽较宽，不易被气泡“堵塞”，当流量(流速)增大、汽化发展到一定程度时，才会出现断流，因此其性能曲线的下降是先缓后陡，如图9-9(b)所示。对于高比转速的轴流泵，因其叶片间流道相当宽，即使汽化有一定的发展，气泡也不易扩展至整个叶槽，因此其性能曲线下降缓慢，且无明显断裂点，如图9-9(c)所示。

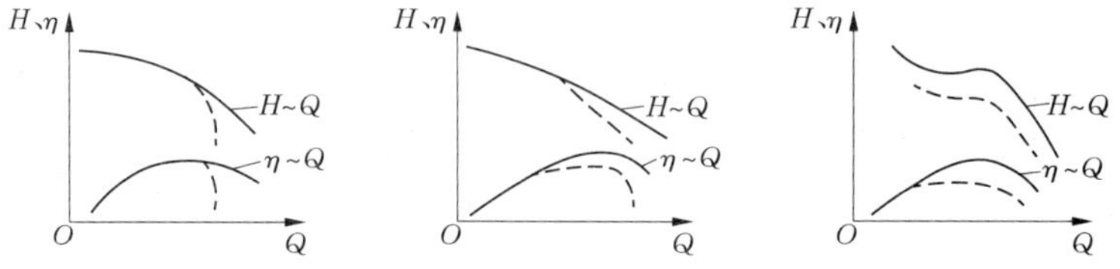

(a)离心泵　　(b)混流泵　　(c)轴流泵

图9-9　不同比转速泵受汽蚀影响性能下降的形式

(二)对过流部件材料形成破坏

气泡随水流到达高压区后，由于受气泡内外的压力差的作用，其被压缩、分裂及溃灭。在气泡凝结的瞬间，四周的水流质点高速向气泡中心冲击，互相碰撞，产生强烈的水锤。观察资料表明，这种冲击频率很高，每分钟可达数万次，瞬时的局部冲击压力可达几十甚至几百兆帕。

由于上述情况也会发生在过流部件的表面及其附近，如果如此巨大的冲击压力，持续、长久地作用在叶轮和泵壳的壁面上，会引起金属材料的塑性变形和局部硬化，产生疲劳现象，进而发生裂缝、击破及剥落，使金属表面呈现蜂窝状孔洞。在冲击压力的进一步作用下，裂缝相互贯通，直至叶轮或泵壳被蚀坏和断裂。这就是汽蚀的机械剥蚀作用。

(三)产生噪声和振动

在气泡的连续形成和溃灭过程中，因水流质点间的撞击和对过流部件表面的打击，泵内产生强烈的脉冲压力。因此，当汽蚀发生时，水泵会产生频率很高的噪声和振动。振动会使机组零件和机座受到破坏，尤其是汽蚀振动的频率与机组自振频率相接近时，会引发共振现象，有可能招致更严重的后果。

五、减轻和防治汽蚀的措施

水泵的汽蚀是由水泵本身的汽蚀性能和抽水装置的使用条件来决定的。水泵运行过程中，往往总是发生一定程度的汽蚀，问题在于设法减轻汽蚀的影响。减轻汽蚀的根本措施是提高泵本身的抗汽蚀性能，尽可能减小必需汽蚀余量。但是，对给定的水泵来说，应合理地确定水泵吸入侧管路系统的装置情况和保证水泵的合理运行。下面从使用角度叙述减轻汽蚀的一些措施。

(一)正确确定水泵安装高程

在设计泵站时，要使装置汽蚀余量大于水泵的允许汽蚀余量，或者水泵进口处的吸上真空高度小于水泵的允许吸上真空高度。同时，应充分考虑抽水装置可能遇到的各种工作情况，以便正确确定安装高程。

(二)要有良好的进水条件

进水建筑物内的水流要平稳、均匀，不产生旋涡。大中型泵站的进水流道要设计得合理，进入叶轮的水流速度和压强要接近正常分布，避免产生局部低压区。

(三)尽量减少进水管路水头损失

在设计泵站时，应尽量缩短进水管路的长度，减少管路的附件，管道内壁应光滑和适当加大进水管的直径。

(四)提高汽蚀区的压强

在水泵进水管内，注入少量水或空气，可以缓和气泡破灭时的冲击，并减小汽蚀区的真空度。但注入量必须控制，否则反而会使水泵工作性能变坏。将出水管的高压水引入泵的进口，可以提高叶轮进口的压强，从而提高泵的抗汽蚀性能，但减小了水泵的出水量，降低了水泵的效率。如江都水利枢纽工程第三排灌站，在轴流泵叶片进水端发生汽蚀的部位，采取钻斜孔的办法，提高汽蚀区的压强，可以减轻叶面汽蚀的程度。

(五)降低工作水温

夏季气温较高，可掺井水混合或在引水渠、进水建筑物处加遮热防晒措施，以减轻汽蚀现象的危害程度。

(六)提高叶轮表面的光洁度

叶轮表面的光洁度影响泵的汽蚀性能，光洁度愈高，其抗汽蚀性能愈好。如果叶轮表面粗糙，使用单位可精细加工，提高其光洁度。

(七)及时进行涂敷与修复

如果水泵过流部件已出现剥蚀，可采用金属或非金属材料在剥蚀部位及时涂敷修复，非金属材料包括环氧材料、复合尼龙、53－A 涂料等。涂敷修复后的叶轮，抗剥蚀和磨损的能力均大大提高，不仅延长了叶轮使用寿命，而且提高了效率，对剥蚀和磨损伤痕亦可进行补焊修复。此外，多泥沙水源的泵站应留有更多的汽蚀余量。

(八)调节水泵的工况点

在水泵运行过程中，利用调节水泵工况点的方法可以减轻汽蚀。对于离心泵，可适当减小流量，使工况点向左移动，减少[Δh]值或增大[H_S]值；对于轴流泵，可调节叶片安装角，使工况点移到[Δh]值较小的区域。

(九)降低水泵的转速

允许汽蚀余量与转速的平方成正比。降低水泵的转速，可以减轻汽蚀现象的危害。

第五节　水泵的汽蚀性能和安装高程

一、汽蚀性能参数

(一)汽蚀余量

汽蚀余量是表征水泵汽蚀性能的参数，我国一般用符号[Δh]表示，国际标准用

（NPSH）表示。

1. 装置汽蚀余量 Δh_a

装置汽蚀余量是指在水泵进口处，单位重量的水所具有的大于汽化压强的剩余比能，其大小以换算到水泵基准面上的米水柱表示。根据其定义，可写出下列表达式：

$$\Delta h_a = \frac{p_S}{\gamma} + \frac{v_S^2}{2g} - \frac{p_v}{\gamma} \tag{9-23}$$

式中 p_v——所抽水温度下的汽化压强，kPa；

其他符号意义同前。

装置汽蚀余量是水泵装置给予水泵基准面上单位重量水的能量，减去相应水温的汽化压强水头后剩余的比能，也就是装置给水泵提供的汽蚀余量。装置形式不同，计算式也不同。

当水泵安装于进水建筑物水面以上时，如图 9-10 所示，以进水建筑物水面为位置基准面，选用绝对压强，对进水建筑物水面和水泵进口断面 $S—S$ 列能量方程，得

$$0 + \frac{p_a}{\gamma} + \frac{v_0^2}{2g} = H_{SS} + \frac{p_S}{\gamma} + \frac{v_S^2}{2g} + \sum h_S \tag{9-24}$$

式中 p_a——进水建筑物水面上的大气压强，kPa；

v_0——进水建筑物水面上的流速；

p_S——水泵进口处的绝对压强，kPa；

v_S——水泵进口断面的平均流速，m/s；

H_{SS}——水泵的吸水高度，m；

$\sum h_S$——吸水管路的水头损失，m；

其他符号意义同前。

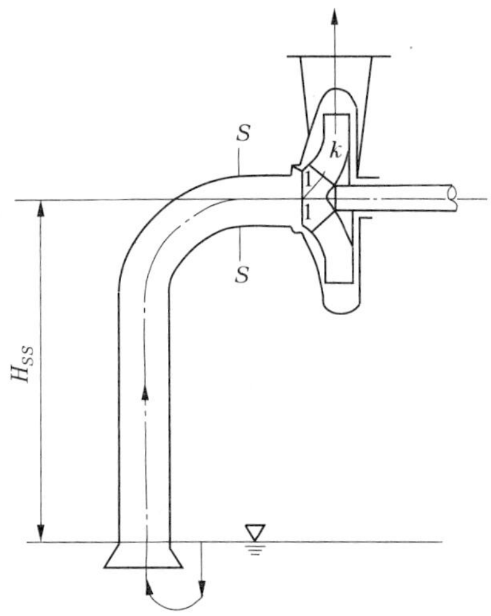

图 9-10　离心泵抽水装置简图

进水建筑物的流速水头很小，可以忽略不计。将式（9-23）代入式（9-24），并忽略进水建筑物中的流速水头，即可得到装置汽蚀余量的计算式

$$\Delta h_a = \frac{p_a - p_v}{\gamma} - H_{SS} - \sum h_S \tag{9-25}$$

当水泵安装于进水建筑物水面以下时，采用同样方法，导出装置汽蚀余量的计算公式

$$\Delta h_a = \frac{p_a - p_v}{\gamma} + H_{SS} - \sum h_S \tag{9-26}$$

式中 H_{SS}——水泵的倒灌（或淹水）深度，m。

应当注意，装置汽蚀量是指水泵装置能提供给水泵的汽蚀余量。

2. 临界汽蚀余量 Δh_K

临界汽蚀余量是指水泵内最低压强点的压强为汽化压强时水泵进口处的汽蚀余量，

其实质是水泵进口处的水在流到水泵内最低压强点，压强降为汽化压强时的水头差，也就是说，临界汽蚀余量为水泵内发生汽蚀的临界条件。

3. 允许汽蚀余量[Δh]

允许汽蚀余量[Δh]是将临界汽蚀余量适当加大，以保证水泵正常工作不发生汽蚀情况下的汽蚀余量，m。其计算公式为

$$[\Delta h] = \Delta h_K + 0.3 \sim 0.5 \tag{9-27}$$

式中，0.3 ~0.5 m 是按机械工业部部颁标准 JB 1040—67 的规定所加的安全值。

由于大型水泵一方面 Δh_K 较大，另一方面从模型试验换算到原型水泵时，由于比尺效应的影响，0.3 ~0.5 m 安全值尚嫌小，[Δh]可采用下式计算

$$[\Delta h] = (1.1 \sim 1.3)\Delta h_K \tag{9-28}$$

应当注意，[Δh]和 Δh_K 一样也是水泵本身的汽蚀参数。在水泵的流量和转速相同时，其数值越小，则水泵的汽蚀性能越好。

(二)允许吸上真空高度

允许吸上真空高度是为保证水泵内部压强最低点不产生或仅产生微弱的对水泵工作尚无危害的汽蚀时，在水泵进口处允许的最大真空度，以换算到水泵装置参考基准面上的米水柱表示。[H_S]是水泵汽蚀参数的一种表达形式。当进水建筑物水面为大气压强时，对水源水面和叶轮进口列能量方程整理得

$$\frac{p_a - p_S}{\gamma} = H_{SS} + \frac{v_S^2}{2g} + \sum h_S \tag{9-29}$$

式中 $\frac{p_a - p_S}{\gamma}$——水泵进口处的真空高度。

在水泵吸水过程中，进水建筑物水面和水泵进口间的压差，一方面用于维持水的流动所需要的流速水头；另一方面用于克服因流动而引起的水力摩擦阻力损失水头；再一方面用于把水流从进水建筑物液面提升到 H_{SS}的高度。三者中任何一项变大，都会引起真空度的增加。为了防止水泵产生汽蚀，水泵样本中规定了水泵的允许吸上真空高度[H_S]。若水泵进口处的真空度 H_V 达到[H_S]时，其对应的 H_{SS}即为允许的最大净吸上高度[H_{SS}]，并考虑 0.3 ~0.5 m 的安全值，即

$$[H_S] = [H_{SS}] + \frac{v_S^2}{2g} + \sum h_S \tag{9-30}$$

(三)允许汽蚀余量与允许吸上真空高度的关系

为使水泵不产生汽蚀，装置提供的汽蚀余量应大于或等于水泵的允许汽蚀余量，即

$$\Delta h_a \geqslant [\Delta h] \tag{9-31}$$

当取 $\Delta h_a = [\Delta h]$时，式(9-30)中净吸上高度 H_{SS}相应为允许吸上高度[H_S]，在标准状态下，$\frac{p_a - p_v}{\gamma} = 10.09$，则

$$[\Delta h] = 10.09 - [H_S] - \sum h_S \tag{9-32}$$

根据式(9-25)与式(9-29)的关系，可得出

$$[H_S] = 10.09 - [\Delta h] + \frac{v_S^2}{2g} \tag{9-33}$$

或

$$[\Delta h] = 10.09 - [H_S] + \frac{v_S^2}{2g} \tag{9-34}$$

式(9-33)和式(9-34)就是两种不同形式的水泵汽蚀参数之间的换算公式。

二、安装高度确定

(一)用允许吸上真空高度计算

我国的离心泵的安装高度一般用允许吸上真空高度计算。

1. 安装高度确定

水泵安装高程是指水泵不发生汽蚀的基准面高程，根据与水泵工况点对应的吸水性能参数，以及进水池的最低水位确定。不同结构型式水泵的基准面如图9-11所示。

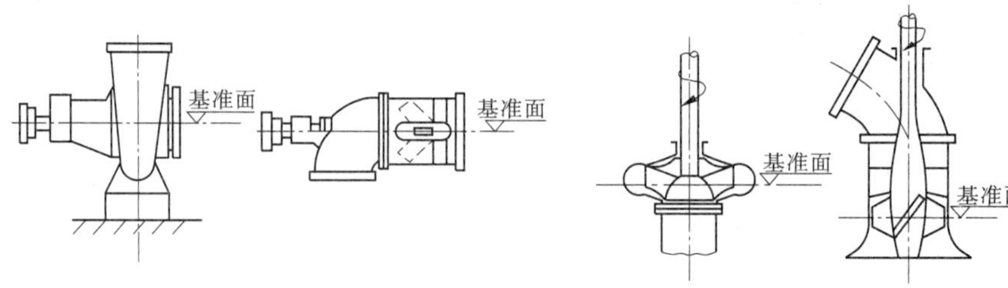

(a)卧式泵　　(b)立式泵

图9-11　水泵基准面

卧式泵一般多安在进水建筑物水面以上，由式(9-30)可得水泵的安装高度计算公式

$$[H_{SS}] = [H_S] - \sum h_S - \frac{v_S^2}{2g} \tag{9-35}$$

2. 适用条件

在确定水泵的安装高度时，必须注意水泵制造厂样本中所给的$[H_S]$是在一个标准大气压强下，水温为20 ℃以下，水泵在额定转速的条件下工作的允许吸上真空高度。

3. 公式修正

如果实际情况与这些条件不符，应进行下述修正。

1)对海拔和水温的修正

各地大气压的数值取决于各地的海拔(见表9-2)，而水的饱和蒸汽压强是依水的温度而定的(见表9-1)。所以，在大气压强水头不等于10.33 m与水温超过20 ℃的情况下，允许吸上真空高度应由下式修正：

$$[H_S'] = [H_S] - 10.09 + \frac{p_a}{\gamma} - \frac{p_v}{\gamma} \tag{9-36}$$

式中　$[H_S]$、$[H_S']$——修正前、后的允许吸上真空高度，m。

2)对转速的修正

$$[H_S'] = 10.09 - (10.09 - [H_S])\left(\frac{n'}{n}\right)^2 \tag{9-37}$$

式中　n、n'——修正前、后的转速，r/min。

（二）用允许汽蚀余量计算

由式(9-25)知

$$[H_{SS}] = 10.09 - [\Delta h] - \sum h_S \tag{9-38}$$

必须注意的是，水泵厂提供的$[\Delta h]$是额定转速时的值，若水泵工作转速n'与额定转速n不同，则按下式修正

$$[\Delta h'] = [\Delta h]\left(\frac{n'}{n}\right)^2 \tag{9-39}$$

式中　$[\Delta h]$、$[\Delta h']$——修正前、后的允许汽蚀余量。

根据式(9-35)和式(9-38)算出的安装高度为正值，表示该泵可以安装在水面以上，如卧式离心泵。但若将立式轴流泵叶轮安装在水面以上，水泵启动前就要事先排气。因此，为了便于启动，常将叶轮中心线淹没于水下0.5～1.0 m。若安装高度为负值，表示该水泵必须安装在水面以下，其数值即表示叶轮中心必须淹没在水下的最小深度，如果其值不足0.5 m，应当采用0.5～1.0 m。

三、安装高程确定

水泵的安装高程，取水源设计最高水位加上相对应的安装高度与水源设计最低水位加上相对应的安装高度两者的最小值，即

$$\nabla_{安} = \mathrm{Min}(Z_{max} + [H_{SS}]_{max}, Z_{min} + [H_{SS}]_{min}) \tag{9-40}$$

式中　Z_{max}、Z_{min}——水源设计最高水位和水源设计最低水位。

【例9-3】　12Sh-9型泵的允许吸上真空高度$[H_S]=4.5$ m，水泵运行时的流量$Q=0.2\ m^3/s$，吸水井最低水位13.85 m，吸水管阻力系数$S_{吸}=50\ s^2/m^5$，试确定水泵的安装高程。

解：　先确定水泵进口处的流速：

$$v_S = \frac{4Q}{\pi D^2} = \frac{4\times0.2}{3.14\times(12\times25/1\,000)^2} = 2.83(\mathrm{m/s})$$

将有关参数代入$[H_{SS}]=[H_S]-\sum h_S-\frac{v_S^2}{2g}$，得

$$[H_{SS}] = 4.5 - \frac{2.83^2}{2\times9.8} - 50\times0.2^2 = 2.09(\mathrm{m})$$

将$[H_{SS}]=2.09$ m代入$Z=Z_{min}+[H_{SS}]$，得

$$\nabla_{安} = 13.85 + 2.09 = 15.94(\mathrm{m})$$

本章小结

(1)叶片泵性能参数的含义和各参数的计算，重点是水泵扬程的计算。

(2)叶片泵性能曲线及其在水泵工况确定和调试中的重要性。

(3)水泵的安装高程的计算。

(4)汽蚀是由于某种原因，使水力机械的局部压强降低到水流在该温度下的汽化压强(饱和蒸汽压强)以下，引起气泡的发生、发展及溃灭，造成过流部件损坏的全过程。作用形式主要有叶面汽蚀、间隙汽蚀和涡带汽蚀。

(5)水泵汽蚀是由于水泵本身的汽蚀性能和抽水装置的使用条件来决定的，水泵运行过程中，往往总是发生一定程度的汽蚀，问题在于设法减轻汽蚀的影响，减轻汽蚀的根本措施是提高水泵本身的抗汽蚀性能，尽可能减小必需汽蚀余量。但是，对于给定的水泵来说，应合理地确定水泵吸入侧管路系统的装置情况和保证水泵的合理运行。

习 题

9-1 水泵的基本性能参数有哪几个，它们是如何定义的？

9-2 什么是泵的性能曲线？轴流泵的性能曲线与离心泵的性能曲线相比有何差异？使用时应注意什么问题？

9-3 水泵效率包括哪三种？它们的意义是什么？

9-4 试述比转速的意义和标准模型泵的定义。

9-5 同一台泵，在运行中转速由 n_1 变为 n_2，试问其比转速 n_s 是否发生相应变化，为什么？

9-6 n_s 相同的叶轮是否必定为相似叶轮？

9-7 某水泵装置在运行时测得流量为 102 L/s，扬程为 20 m，轴功率为 27 kW，试计算该泵的效率为多少。若将运行效率提高到 80%，它的轴功率应是多少？

9-8 一台离心泵，已知其扬程 $H=25$ m，流量 $Q=180$ m^3/h，泄漏流量 $q=52$ m^3/h，$n=1\ 450$ r/min，轴功率 $P=14.7$ kW，机械效率 $\eta_m=95.2\%$，试求：(1)有效功率 P_u；(2)容积效率 η_V；(3)效率 η；(4)水力效率 η_h。

9-9 有一台双吸(Sh 型)离心泵，已知其流量 $Q=792$ m^3/h，扬程 $H=58.0$ m，比转速 $n_s=90$，试求该泵的转速 n。

9-10 有一台多级离心泵的比转速 $n_s=150$，流量 $Q=5$ L/s，总扬程 $H=51$ m，转速 $n=2\ 950$ r/min，求这台泵叶轮的级数 i。

9-11 什么是汽蚀现象？水泵的汽蚀有哪些危害？

9-12 允许吸上真空高度受海拔和水温影响时，如何进行修正？

9-13 什么是汽蚀余量？与允许吸上真空高度有何区别？

9-14 如何确定水泵安装高程？

第十章 水泵的运行

水泵运行时的工况取决于水泵本身性能、抽水装置的管路系统及进、出水池的水位差，这三个因素中任何一个发生变化，水泵运行工况均随之发生改变。当水泵运行工况偏离设计工况较远时，将造成效率降低、运行不经济或运行不安全。因此，掌握水泵运行工况点的确定方法，对水泵机组选型、装置设计和分析运行的合理性非常重要。同时要掌握水泵运行工况点的调节方法，这对泵站的设计及运行管理有着重要的意义。

第一节 水泵工况点的确定

通过水泵性能曲线可以看出每台水泵在一定转速下，都有自己的性能曲线，性能曲线反映了水泵本身潜在的工作能力，这种潜在的工作能力，在泵站的实际运行中，就表现为在某一特定条件下的实际工作能力。水泵的工况点不仅取决于水泵本身所具有的性能，还取决于进、出水池水位差与进、出水管路系统性能。因此，工况点是由水泵和管路系统性能共同决定的。

一、管路系统特性曲线

水泵的管路系统包括管路及其附件。由水力学知识可知，管路水头损失包括管路沿程水头损失与局部水头损失。

(一)管路局部水头损失

根据管路的具体布置，对于圆管可以按下式计算

$$h_{局} = \sum \xi \frac{v^2}{2g} = 0.083\frac{\sum \xi}{d^4}Q^2 = S_{局} Q^2 \tag{10-1}$$

式中 ξ——局部水头损失系数；

v——管路中水流的平均流速，m/s；

d——管路直径，m；

$S_{局}$——管路局部阻力系数，s^2/m^5，$S_{局}=0.083\frac{\sum\xi}{d^4}$。

(二)管路沿程水头损失

对于圆管可以按下式计算

$$h_{沿} = \sum \lambda \frac{L}{d}\frac{v^2}{2g} = 10.29n^2\frac{L}{d^{5.33}}Q^2 = S_{沿} Q^2 \tag{10-2}$$

式中 λ——沿程阻力系数；

L——管路长度，m；

d——管路直径，m；

n——管道粗糙系数；

$S_{沿}$——沿程阻力系数，s^2/m^5，$S_{沿}=10.29n^2\dfrac{L}{d^{5.33}}$。

（三）管路系统的损失

$$\sum h = h_{沿} + h_{局} = (S_{沿} + S_{局})Q^2 = SQ^2 \tag{10-3}$$

式中 S——沿程阻力系数与局部阻力系数之和，即 $S_{沿}+S_{局}=S$，s^2/m^5，在管材、管径及管路布置已定时，S 是常数。

由式(10-3)可以看出，管路的水头损失与流量的平方成正比，式(10-3)可用一条顶点在原点的二次抛物线表示，该曲线反映了管路水头损失与管路通过流量之间的规律，称为管路水头损失特性曲线，如图 10-1 所示。

在泵站设计和运行管理中，为了确定水泵装置的工况点，可利用管路水头损失特性曲线，并将它与水泵工作的外界条件联系起来。这样，单位重量液体通过管路系统时所需要的能量 $H_{需}$ 为

$$H_{需} = H_{st} + \frac{v_{出}^2 - v_{进}^2}{2g} + \sum h \tag{10-4}$$

式中 $H_{需}$——水泵装置的需要扬程，m；

H_{st}——水泵运行时的净扬程，m；

$\dfrac{v_{出}^2 - v_{进}^2}{2g}$——进、出水池的流速水头差，m；

$\sum h$——管路水头损失，m。

若进、出水池的流速水头差较小，可忽略不计，则式(10-4)可简化为

$$H_{需} = H_{st} + \sum h = H_{st} + SQ^2 \tag{10-5}$$

利用式(10-5)可以画出如图 10-2 所示的二次抛物线，该曲线上任意一点表示水泵输送某一流量并将其提升高度时，管路中每单位重量的液体所消耗的能量。因此，称该曲线为水泵装置的需要扬程或管路系统特性曲线。

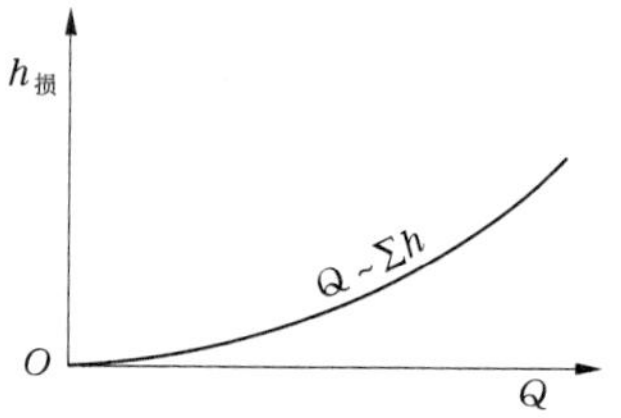

图 10-1 管路水头损失特性曲线

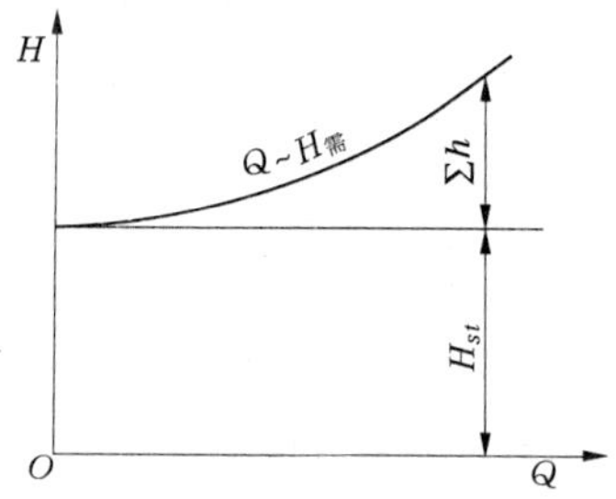

图 10-2 管路系统特性曲线

二、水泵工况点的确定

水泵的 $Q\sim H$ 曲线与管路系统特性曲线 $Q\sim H_{需}$ 的交点称为水泵的工作状况点，简称工况点或工作点。

水泵工况点的确定方法有两种：一种是图解法，另一种是数解法。

（一）图解法

将水泵的性能曲线 $Q \sim H$ 和管路系统特性曲线 $Q \sim H_{需}$ 绘制在同一个 Q、H 坐标内，两条曲线相交于 A 点，则 A 点即为水泵运行的工况点，如图 10-3 所示。A 点表明，当流量为 Q_A 时，水泵所提供的能量恰好等于管路系统所需要的能量，故 A 点为供需平衡点。若工况点不在 A 点而在 B 点，如图 10-3 所示，此时流量为 Q_B，水泵供给的能量 H_B 大于管路系统所需的能量 $H_{B需}$，供需失去平衡，多余的能量会使管中水流加速，流量加大，直到工况点移至 A 点达到能量供需平衡为止。反之，若工况点在 C 点，则水泵供给的能量 H_C 小于管路系统所需要的能量 $H_{C需}$，则能量供不应求，管中水流减速，流量减小，减至 Q_A 为止。因此，只要水泵性能、管路损失和进、出水池水位差等因素不变，水泵将稳定在 A 点工作。工况点确定后，其对应的轴功率、效率等参数可从相应的曲线上查得。水泵运行时，水泵装置的工况点应在水泵高效区内，这样泵站工作最经济。

在净扬程变化较大的情况下，运用上述方法确定工况点需绘制一系列 $Q \sim H_{需}$ 曲线，比较烦琐。应用折引法求工况点，则方便得多。如图 10-4 所示，先在沿 Q 坐标轴的下面画出该管路水头损失特性曲线 $Q \sim \sum h$，再在水泵的 $Q \sim H$ 特性曲线上减去相应流量下的水头损失，得 $(Q \sim H)'$ 曲线。此 $(Q \sim H)'$ 曲线称为折引特性曲线。此曲线上各点的纵坐标值，表示水泵在扣除了管路中相应流量时的水头损失以后，尚剩余的能量。这部分能量仅用来改变被抽升水的位能，即它把水提升到 H_{st} 的高度上去。$(Q \sim H)'$ 曲线与净扬程 H_{st} 水平横线相交于 M' 点，再由 M' 点向上引垂线与 $Q \sim H$ 曲线相交于 M 点，M 点称为水泵的工况点。其相应的工作扬程为 H_M，工作流量为 Q_M。

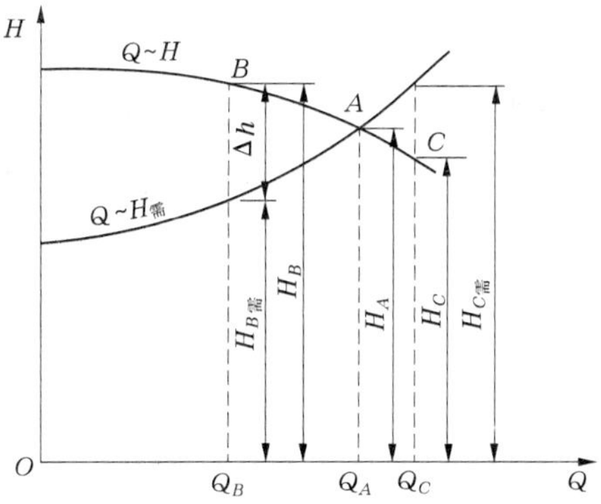

图 10-3　水泵工况点的确定

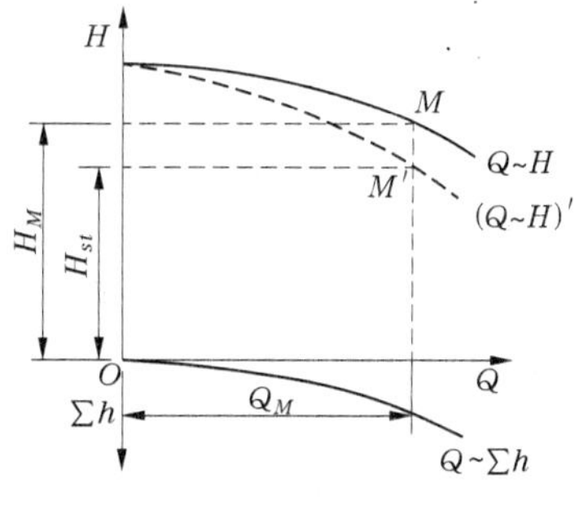

图 10-4　折引特性曲线法求水泵工况

（二）数解法

水泵工况点的数解法，是由水泵 $Q \sim H$ 曲线方程式及管路系统特性曲线方程式联立解出流量 Q 及扬程 H 值，即由下列两个方程式求解 Q、H 值。

$$H = f(Q) \tag{10-6}$$

$$H_{需} = H_{st} + SQ^2 \tag{10-7}$$

由式(10-6)、式(10-7)两个方程式求解两个未知数是完全可以的,关键是如何确定水泵的 $H=f(Q)$ 函数关系。

水泵的 $Q\sim H$ 曲线可近似用下列抛物线方程式表示

$$H = H_0 + A_1 Q + B_1 Q^2 \tag{10-8}$$

式中 H_0——正值系数;

A_1、B_1——系数,是正值还是负值,取决于水泵性能曲线的形状。

系数 H_0、A_1 和 B_1 值的确定可用选点法,即利用水泵性能表中的三组流量、扬程参数或在已知水泵的实验性能曲线上选取三个不同点,以其对应的 Q 和 H 值分别代入式(10-8),即可得三元一次方程组,进而计算出 H_0、A_1 和 B_1。

对离心泵来说,在 $Q\sim H$ 曲线的高效段,可用下面经验方程式表示

$$H = H_x - S_x Q^2 \tag{10-9}$$

式中 H_x——水泵在 $Q=0$ 时所产生的虚总扬程,m;

S_x——泵内虚阻耗系数,s^2/m^5。

式(10-7)是管路系统特性曲线方程,利用式(10-8)或式(10-9)就可以用数解法来确定水泵的工况点。

在工况点处,联解式(10-7)和式(10-8)或式(10-7)和式(10-9),就可计算出工况点对应的流量

$$Q = \frac{-A_1 \pm \sqrt{A_1^2 - 4(B_1 - S)(H_0 - H_{st})}}{2(B_1 - S)} \tag{10-10}$$

或

$$Q = \sqrt{\frac{H_x - H_{st}}{S_x + S}} \tag{10-11}$$

进而可以计算出水泵的扬程。

【例 10-1】 某小型灌溉泵站装有两台 12Sh-9 型双吸离心泵,其中一台备用。管路的总阻力系数为 $S=161.5\ s^2/m^5$,泵站扬程 $H_{st}=49.0$ m,试求水泵的工况点。

12Sh-9 型泵的性能参数见表 10-1。

表 10-1 水泵的性能参数

型号	流量 Q (L/s)	扬程 H (m)	转速 n (r/min)	轴功率 N (kW)	效率 η (%)	允许吸上真空高度$[H_S]$(m)
12Sh-9	160	65	1 470	127.5	80.0	4.5
	220	58		150.0	83.5	
	270	50		167.5	79.0	

解: 管路系统特性曲线方程为

$$H = 49 + 161.5Q^2$$

离心泵 $Q\sim H$ 曲线高效段方程为

$$H = H_x - S_x Q^2$$

利用该泵性能表中数值来求解 H_x 和 S_x 值

$$S_x = \frac{65 - 58}{0.22^2 - 0.16^2} = 307.02(s^2/m^5)$$

$$H_x = 65 + 307.02 \times 0.16^2 = 72.86(m)$$

则 $Q \sim H$ 曲线高效段方程可写成

$$H = 72.86 - 307.02Q^2$$

管路系统特性曲线与水泵 $Q \sim H$ 曲线的交点即为水泵的工况点，则有

$$49 + 161.5Q^2 = 72.86 - 307.02Q^2$$

解得 $Q = 0.225\,7\ m^3/s; H = 57.22\ m$

第二节　水泵的并联和串联运行

一、水泵并联运行

当泵站的机组台数较多、出水管路较长时，为了节省管材，减小占地面积，降低工程造价，常采用两台或两台以上水泵共用一条出水管路，这种运行方式称为水泵的并联运行。

并联运行工况点的确定方法有图解法和数解法两种，这里只简要介绍两台水泵并联运行工况点确定的图解法。

（一）同型号、同水位、对称布置的两台水泵并联运行

当两台水泵的进水管相同，且进水管路的水头损失比出水管路小得多时，则进水管口至并联节点的管路水头损失可忽略不计。近似地看成两台同型号水泵直接并联在 MC 段管路上，则单位重量的液体在管路中所需要的能量 $H_{需}$ 为

$$H_{需} = H_{st} + S_{MC}Q_M^2 \tag{10-12}$$

因为两台水泵同型号，因此两台水泵的流量相等，通过 MC 管路的流量是两台水泵流量之和。由于忽略并联节点前管路水头损失，则两台水泵的扬程相等。并联运行的流量和扬程曲线为两单泵 $Q \sim H$ 曲线横向叠加，即把并联的单台水泵的 $Q \sim H$ 曲线在同一扬程下流量相加，如图 10-5 所示，并有

$$Q_1 = Q_2; Q_1 + Q_2 = Q_M; H_1 = H_2 = H_M$$

管路系统特性曲线 R_{MC} 与并联运行的 $Q \sim H$ 曲线相交于 M 点，M 点为并联运行时的工况点，如图 10-5 所示。从 M 点向左作水平线与每台水泵的 $Q \sim H$ 曲线相交于 B 点，B 点对应的横坐标就是并联运行时每台水泵的流量 Q_B（等于 $Q_M/2$）。当只有一台水泵在并联装置中运行时，管路系统特性曲线与每台水泵的 $Q \sim H$ 曲线相交于 B_1 点，B_1 点可近似看作一台水泵单独运行时的工况点。

如图 10-5 所示，两台水泵并联运行对，其流量与单泵运行时流量相比不是成倍增加的，当管路系统特性曲线越陡，且并联的水泵台数越多时，这种现象就更加突出。此外，轴功率 $P_B < P_{B1}$，即并联运行时各台水泵的轴功率小于各台水泵单独运行时的轴功率。为避免动力机超载，在选配动力机时要根据一台水泵单独运行时的轴功率配套。

如果考虑进水管路进口至并联点的管路水头损失，可把并联节点至水泵进水管路进口这段管路看成是单泵Ⅰ本身的一部分，而形成虚拟泵Ⅰ′，然后采用扣损法求出虚拟泵Ⅰ′

的性能曲线 $Q \sim H'$，即从水泵性能曲线的纵坐标上减去并联节点前进水管路相应的水头损失 $\sum h$，如图 10-6 所示。在 $Q \sim H'$ 曲线上对应于同一扬程的流量相加，即得并联的 $Q \sim H$ 曲线。它与管路系统特性曲线 R_{MC} 的交点 A 就是并联运行的工况点。过 A 点作水平线与 $Q \sim H'$ 曲线相交于 B' 点，再过 B' 点作垂线与 $Q \sim H$ 曲线相交于 B 点，B 点即是两台水泵并联运行时其中一台水泵的工况点。

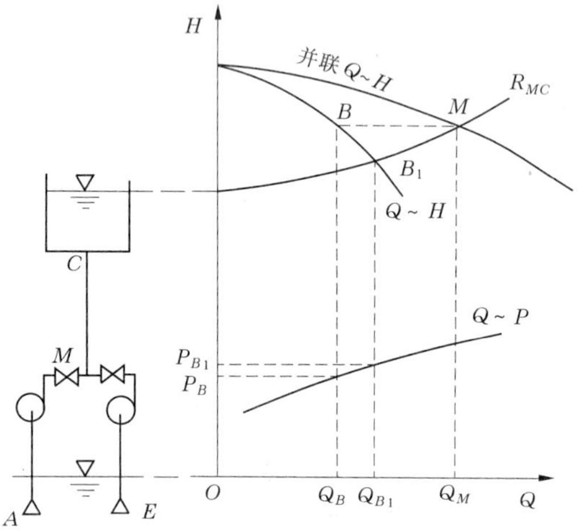

图 10-5 同型号、同水位、对称布置的两台水泵并联

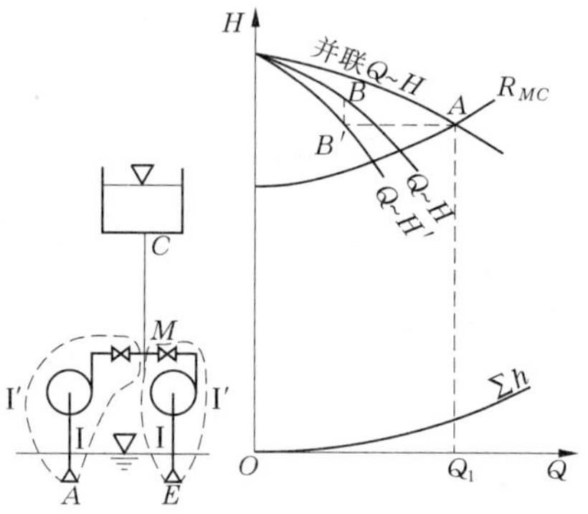

图 10-6 计入水头损失的两台水泵并联

(二)不同型号的两台水泵并联

由于两台水泵型号不同，两台水泵的性能曲线也就不同；由于管道布置不对称，并联节点 F 前管道 DF、EF 的水头损失不相等；两台水泵并联运行时每台水泵工作点的扬程也不相等。因此，并联后 $Q \sim H$ 曲线的绘制不能直接采用横加法。

在并联节点 F 处安装一根测压管，如图 10-7 所示，当水泵Ⅰ流量为 Q_{I} 时，则测压管水面与吸水井水面之间的高度差为 H_F。

$$H_F = H_{\mathrm{I}} - \sum h_{DF} = H_{\mathrm{I}} - S_{DF}Q_{\mathrm{I}}^2 \tag{10-13}$$

式中 H_{I}——水泵Ⅰ在流量为 Q_{I} 时的总扬程，m；

S_{DF}——管道 DF 的阻力系数，s^2/m^5。

同理

$$H_F = H_{\mathrm{II}} - \sum h_{EF} = H_{\mathrm{II}} - S_{EF}Q_{\mathrm{II}}^2 \tag{10-14}$$

式中 H_{II}——水泵Ⅱ在流量为 Q_{II} 时的总扬程，m；

S_{EF}——管道 EF 的阻力系数，s^2/m^5。

式(10-13)、式(10-14)分别表示水泵Ⅰ、水泵Ⅱ的总扬程 H_{I}、H_{II} 扣除了 DF、EF 管道在通过流量 Q_{I}、Q_{II} 时的水头损失后的测压管水面与吸水井水面的高差。如果将水泵Ⅰ、水泵Ⅱ的 $(Q \sim H)_{\mathrm{I}}$、$(Q \sim H)_{\mathrm{II}}$ 曲线上各点分别减去同流量下 DF、EF 管道的水头损失随流量而变化的关系曲线 $Q \sim \sum h_{DF}$、$Q \sim \sum h_{EF}$ 对应的点，如图 10-7 所示，便可得到用虚线表示的 $(Q \sim H)'_{\mathrm{I}}$、$(Q \sim H)'_{\mathrm{II}}$ 曲线。显然，这两条曲线排除了水泵Ⅰ和水泵Ⅱ扬程不等的因素。这样就可以采用横加法在图 10-7 中绘出两台不同型号水泵并联运行时的 $(Q \sim H)'_{\mathrm{I+II}}$ 曲线。

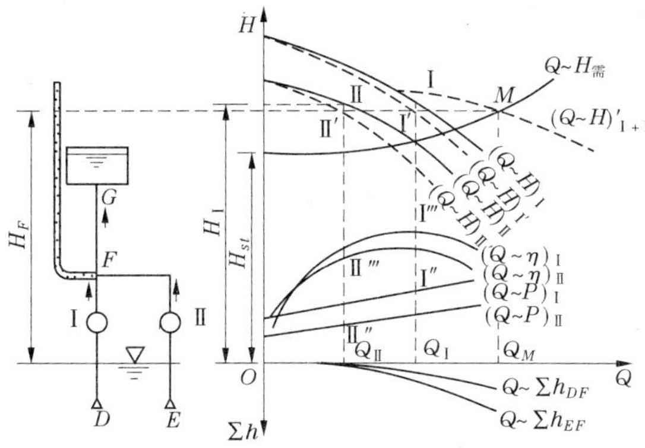

图 10-7　不同型号两台水泵并联

管道 FG 中单位重量的水所需消耗的能量为

$$H_{需} = H_{st} + S_{FG}Q_{FG}^2 \tag{10-15}$$

式中　S_{FG}——管道 FG 的阻力系数，s^2/m^5；

Q_{FG}——管道 FG 的流量，m^3/s。

由式(10-15)可绘出 FG 管道系统的特性曲线 $Q\sim H_{需}$。该曲线与$(Q\sim H)'_{Ⅰ+Ⅱ}$曲线相交于 M 点，M 点的流量 Q_M，即为两台水泵并联工作时的总出水量。通过 M 点向纵轴作垂线与$(Q\sim H)'_Ⅰ$及$(Q\sim H)'_Ⅱ$曲线相交于Ⅰ′及Ⅱ′两点，则 $Q_Ⅰ$、$Q_Ⅱ$ 即为水泵Ⅰ、水泵Ⅱ在并联运行时的单泵流量，$Q_M = Q_Ⅰ + Q_Ⅱ$；再由Ⅰ′、Ⅱ′两点各引垂线向上，与$(Q\sim H)_Ⅰ$、$(Q\sim H)_Ⅱ$曲线分别交于Ⅰ、Ⅱ两点。显然，Ⅰ、Ⅱ两点就是并联运行时，水泵Ⅰ、水泵Ⅱ各自的工况点，扬程分别为 $H_Ⅰ$ 及 $H_Ⅱ$。由Ⅰ′、Ⅱ′两点各引垂线向下，与$(Q\sim P)_Ⅰ$及$(Q\sim P)_Ⅱ$曲线分别相交于Ⅰ″和Ⅱ″点，此两点的 $N_Ⅰ$ 及 $N_Ⅱ$ 就是两台水泵并联运行时，各台水泵的轴功率值。同样，其效率点分别为Ⅰ‴、Ⅱ‴点，其效率值分别为 $\eta_Ⅰ$、$\eta_Ⅱ$。

随着并联水泵台数的增加，总流量也增加，但是每台水泵流量却减少，水泵的利用率逐渐降低；随着并联水泵台数的增加，水泵的效率一般也下降，故并联水泵的台数不宜太多，一般不超过 5 台，以避免水泵在高效区外运行。

二、水泵串联运行

几台水泵顺次连接，前一台水泵的出水管路与后一台水泵的进水管路相接，由最后一台水泵将水送入输水管路，称为水泵串联运行。这种运行方式适用于扬程较高而一台水泵的扬程不能满足要求的供水场合，或用于远距离输水、输油管线上的加压。

水泵串联运行的基本条件是通过每台水泵和各管段的流量相等，而装置的总扬程为该流量下各台水泵的工作扬程之和，即

$$Q = Q_Ⅰ = Q_Ⅱ = \cdots = Q_m \tag{10-16}$$

$$H = H_Ⅰ = H_Ⅱ = \cdots = H_m \tag{10-17}$$

由此可见，水泵串联后的扬程应为同一流量下各台水泵的扬程之和。

如图 10-8 所示，两台不同型号水泵串联运行，用图解法求其工况点的方法如下：

(1)将两水泵的性能曲线$(Q\sim H)_Ⅰ$和$(Q\sim H)_Ⅱ$上同流量下的扬程相加，即可得串联

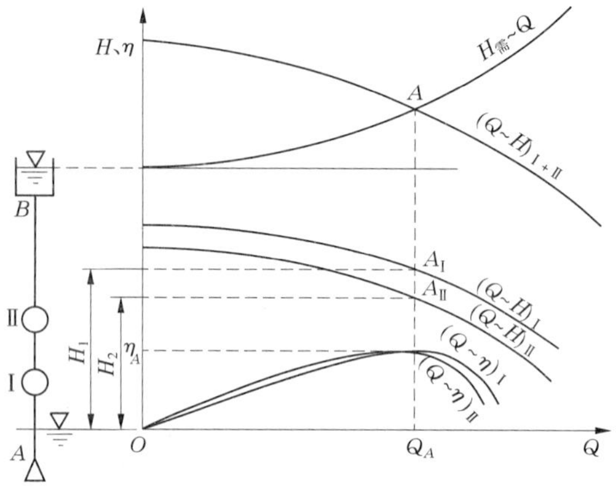

图 10-8 水泵串联运行工况点求解

运行的特性曲线$(Q\sim H)_{\text{Ⅰ}+\text{Ⅱ}}$。

(2)按 $H_{需}=H_{st}+\sum h$ 作整个串联系统的需要扬程 $Q\sim H_{需}$ 曲线,它与$(Q\sim H)_{\text{Ⅰ}+\text{Ⅱ}}$曲线交于 A 点,A 点即为串联运行的工况点。

(3)过 A 点作垂线,分别与两水泵的性能曲线$(Q\sim H)_{\text{Ⅰ}}$和$(Q\sim H)_{\text{Ⅱ}}$交于 $A_{\text{Ⅰ}}$和 $A_{\text{Ⅱ}}$两点,这两点即为串联运行时单个水泵的工况点,两点的横、纵坐标分别为(H_1,Q_A)和(H_2,Q_A)。

两台同型号水泵串联运行时,因两台水泵的性能曲线相同,故串联运行时的特性曲线$(Q\sim H)_{\text{Ⅰ}+\text{Ⅱ}}$为单泵的 $Q\sim H$ 曲线上同流量下的扬程扩大 2 倍,其他步骤与不同型号水泵串联运行时相同。

采用数解法同样可以求得水泵串联运行时的工况点。

串联运行时应注意,参加串联运行的水泵额定流量应尽量相等或采用同型号水泵,否则,当小水泵在后面一级时会超载,或小水泵在前面一级时会变成阻力,大水泵发挥不出应有的作用,且串联后的水泵不能保证在高效区范围内运行。如果串联水泵的流量相差较大,应把流量较大的水泵放在前面一级,要求后面一级水泵的泵壳和部件强度要高,以免泵壳或部件受损。

随着水泵设计、制造水平的提高,目前生产的各种型号的多级泵基本上都能满足各类泵站工程的需要,所以现在一般很少采用串联运行方式。

第三节 水泵工况点的调节

如果水泵在运行中工况点不在高效区,或水泵的流量、扬程不能满足需要,可采用改变水泵性能或改变需要扬程曲线,或者两者都改变的方法来移动工况点,使其符合要求,这种方法称为水泵工况点的调节。常用的调节方法有变速调节、变径调节、变角调节、节流调节等。

一、变速调节

改变水泵的转速,可以使水泵的性能发生变化,从而使水泵的工况点发生变化,这种方法称为变速调节。水泵变速调节最常遇到两种情况。

(1)已知水泵转速为 n_1 时的 $(Q\sim H)_1$ 曲线，如图 10-9 所示，所需的工况点不在 $(Q\sim H)_1$ 曲线上，而在坐标点 $A_2(Q_2,H_2)$ 处。这时，如果水泵在 A_2 点工作，其转速 n_2 应为多少？即根据用户需求确定转速。

(2)根据水泵的净扬程和水泵最高效率点确定水泵的运行转速。

(一)变速运行工况的图解法

1. 根据用户需求确定转速

如图 10-9 所示，采用图解法求转速 n_2 值时，必须在转速 n_1 的 $(Q\sim H)_1$ 曲线上，找出与 $A_2(Q_2,H_2)$ 点工况相似的 A_1 点。下面采用相似工况抛物线法求 A_1 点。

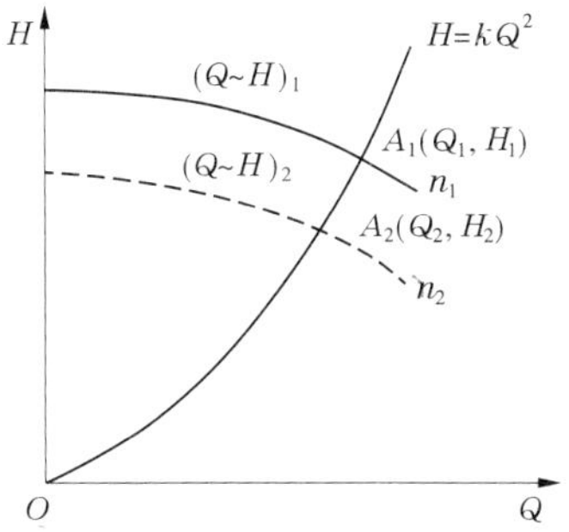

图 10-9　根据用户需要确定水泵的转速

应用比例律可得

$$\frac{H_1}{H_2}=\left(\frac{Q_1}{Q_2}\right)^2$$

令

$$\frac{H_1}{Q_1^2}=\frac{H_2}{Q_2^2}=k$$

则有

$$H=kQ^2 \tag{10-18}$$

式中　k——常数。

式(10-18)表示通过坐标原点的抛物线簇方程，它由比例律推求得到，所以在抛物线上各点具有相似的工况，此抛物线称为相似工况抛物线。如果水泵变速前后的转速相差不大，则相似工况点对应的效率可认为相等。因此，相似工况抛物线又称为等效率曲线。

将 A_2 点的坐标值 (Q_2,H_2) 代入式(10-18)，可求出 k 值，相似工况抛物线 $H=kQ^2$ 与转速为 n_1 时的 $(Q\sim H)_1$ 曲线相交于 A_1 点，A_1 点与 A_2 点的工况相似。把 A_1 和 A_2 点的坐标值代入比例律公式，可得

$$n_2=\frac{n_1}{Q_1}Q_2$$

2. 根据水泵最高效率点确定转速

如图 10-10 所示，水泵工作时的净扬程为 H_{st}，已知水泵运行时的工况点 A_1 不在最高效率点，为了使水泵在最高效率点运行，可通过改变水泵的转速来满足要求。

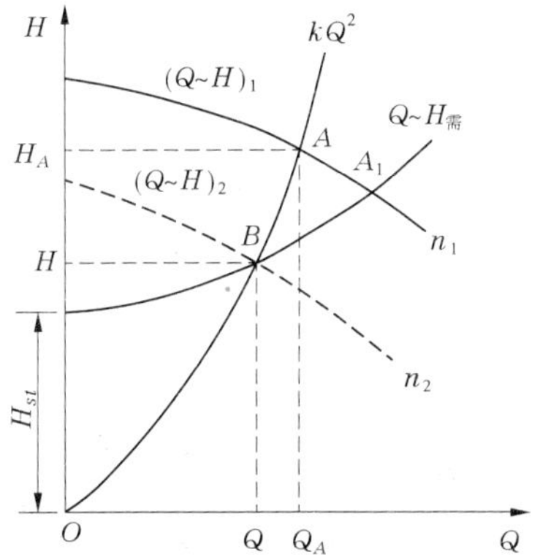

图 10-10　最高效率运行时确定转速

通过水泵最高效率点 $A(Q_A,H_A)$ 的相似工况抛物线方程为

$$H=\frac{H_A}{Q_A^2}Q^2$$

上式所表示的曲线与管路系统特性曲线 $Q\sim H_{需}$ 的交点为 $B(Q_B,H_B)$，A 点和 B 点的工作状况相似。

则水泵的转速 n_2 为

$$n_2 = \frac{n_1}{Q_A} Q_B$$

(二)变速运行工况的数解法

1. 根据用户需求确定转速

如图 10-9 所示,相似工况抛物线 $H = kQ^2$ 与转速为 n_1 时的 $(Q \sim H)_1$ 曲线的交点 $A_1(Q_1, H_1)$ 与所需的工况点 $A_2(Q_2, H_2)$ 工作状况相似。求出 A_1 点的 (Q_1, H_1) 值,即可应用比例律求出转速 n_2 值。

由式(10-9)及式(10-18)得

$$H = H_x - S_x Q^2 = kQ^2$$

即

$$Q = \sqrt{\frac{H_x}{S_x + k}} = Q_1 \tag{10-19}$$

$$H = k \frac{H_x}{S_x + k} = H_1 \tag{10-20}$$

式中 $k = \frac{H_2}{Q_2^2}$。

因此,由比例律可求出 n_2 值。

$$n_2 = n_1 \frac{Q_2}{Q_1} = \frac{n_1 Q_2}{\sqrt{\frac{H_x}{S_x + k}}} = \frac{n_1 Q_2 \sqrt{S_x + k}}{\sqrt{H_x}} \tag{10-21}$$

2. 根据水泵最高效率点确定转速

如图 10-10 所示,通过最高效率点 $A(Q_A, H_A)$ 的相似工况抛物线方程为

$$H = \frac{H_A}{Q_A^2} Q^2 \tag{10-22}$$

式(10-22)与管路系统特性曲线方程 $H = H_{st} + SQ^2$ 联解,得到变速后水泵最高效率点的 Q、H 值为

$$Q = Q_A \sqrt{\frac{H_{st}}{H_A - SQ_A^2}} \tag{10-23}$$

$$H = H_A \frac{H_{st}}{H_A - SQ_A^2} \tag{10-24}$$

因此,由比例律可求出转速 n_2 值,即

$$n_2 = n_1 \sqrt{\frac{H_{st}}{H_A - SQ_A^2}} \tag{10-25}$$

【例 10-2】 某泵站装有两台 12Sh-9 型双吸式离心泵,其中一台备用。管路的阻力系数为 $S = 161.5\ \mathrm{s^2/m^5}$,净扬程 $H_{st} = 49.0$ m。试求当供水量减少 10% 时,为节电,水泵的转速应降为多少?(12Sh-9 型泵的性能参数见表 10-1。)

解: 当供水量减少 10% 时,此时水泵的流量、扬程分别为

$$Q_2 = 0.2257 \times (1 - 10\%) = 0.2031(m^3/s)$$
$$H_2 = 49 + 161.5 \times 0.2031^2 = 55.66(m)$$

由式(10-18)得

$$k = \frac{H_2}{Q_2^2} = \frac{55.66}{(0.2031)^2} = 1349.35$$

代入式(10-21)可求得

$$n_2 = \frac{1470 \times 0.2031\sqrt{307.02 + 1349.35}}{\sqrt{72.86}} = 1424(r/min)$$

二、变径调节

叶轮经过车削以后，水泵的性能将按照一定的规律发生变化，从而使水泵的工况点发生改变。我们把车削叶轮改变水泵工况点的方法，称为变径调节。

（一）车削定律

在一定车削量范围内，叶轮车削前后 Q、H、P 与叶轮直径之间的关系为

$$\frac{Q'}{Q} = \frac{D_2'}{D_2} \tag{10-26}$$

$$\frac{H'}{H} = \left(\frac{D_2'}{D_2}\right)^2 \tag{10-27}$$

$$\frac{P'}{P} = \left(\frac{D_2'}{D_2}\right)^3 \tag{10-28}$$

式中 D_2——叶轮未车削时的直径；

Q'、H'、P'——相应于叶轮车削后，叶轮外径 D_2' 时的流量、扬程、轴功率。

式(10-26)~式(10-28)称为水泵的车削定律。车削定律是在车削前后叶轮出口过水断面面积不变、速度三角形相似等假设下推导得出的。在一定的车削量范围内，车削前后水泵的效率可视为不变。

消去式(10-26)、式(10-27)中的$\frac{D_2'}{D_2}$就得到

$$\frac{H'}{(Q')^2} = \frac{H}{Q^2} = k' \tag{10-29}$$

则
$$H' = k'(Q')^2 \tag{10-30}$$

式(10-30)称为车削抛物线方程，它的形式与相似工况抛物线方程相似。

（二）车削定律的应用

车削定律应用时一般可能遇到两类问题。一类是用户需要的流量、扬程不在叶轮外径为 D_2 的 $Q \sim H$ 曲线上，若采用车削叶轮外径的方法进行工况调节，与变速调节的计算方法类似。可以用车削抛物线和车削定律通过图解或数解法计算出车削后的叶轮直径 D_2'。另一类是用户需要的流量、扬程不在水泵的最高效率点，可根据净扬程和水泵最高效率点，利用车削抛物线和车削定律通过图解或数解法计算出车削后的叶轮直径 D_2'。

（三）车削叶轮应注意的问题

(1)叶轮的车削量有一定限度，否则叶轮的构造被破坏，使叶片出水端变厚，叶轮与

泵壳的间隙增大，水泵的效率下降过多。叶轮的最大车削量与水泵的比转速有关，见表 10-2。从该表中可以看出，比转速大于 350 的水泵不允许车削叶轮，故变径调节只适用于离心泵和部分混流泵。

（2）叶轮车削时，对不同的叶轮采用不同的车削方式，如图 10-11 所示。低比转速离心泵叶轮的车削量在前、后盖板和叶片上都相等；高比转速离心泵叶轮后盖板的车削量大于前盖板，并使前、后盖板车削量的平均值为 D_2'；混流泵叶轮只车削前盖板的外缘直径，在轮毂处的叶片不车削；低比转速离心泵叶轮车削后应将叶轮背面出口部分锉尖，可使水泵的性能得到改善，如图 10-12 所示。叶轮车削后应作平衡试验。

表 10-2　叶片泵叶轮的最大车削量

比转速	60	120	200	300	350	350 以上
允许最大车削量（%）$\frac{D_2 - D_2'}{D_2}$	20	15	11	9	1	0
效率下降值	每车削 10%，效率下降 1%		每车削 4%，效率下降 1%			

图 10-11　叶轮的车削方式

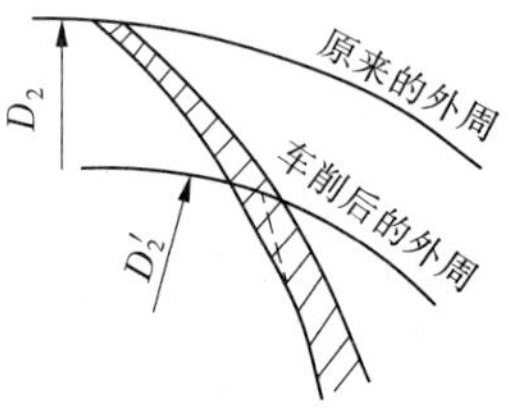

图 10-12　车削前、后的叶片

（四）水泵系列型谱图

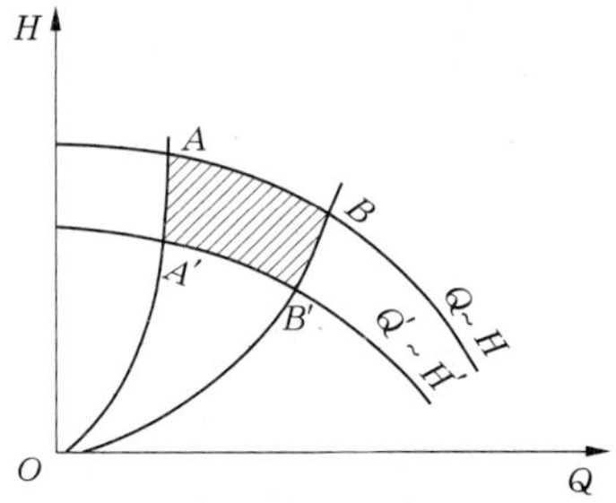

图 10-13　水泵的工作范围

车削水泵叶轮是解决水泵类型、规格的有限性与用户要求的多样性之间矛盾的一种方法，使水泵的使用范围得以扩大。水泵的工作范围是由制造厂家所规定的水泵允许使用的流量区域，通常在水泵最高效率下降范围不超过 5% ~8% 的曲线段，确定出水泵的高效段，如图 10-13 所示的 AB 段。将水泵的叶轮按最大车削量车削，求出车削后的 $Q' \sim H'$ 曲线。经过 A、B 两点作两条车削抛物线，交 $Q' \sim H'$ 曲线于 A'、B' 两点。因为车削量较小时水泵的效率不变，所以车削抛物线也是等效率曲线。$A'B'$ 段即车削后的水泵的工作范围。A、B、B'、A' 组成的范围即为该水泵的工作区域。选水泵时，若实际需要的工况点落在该区域内，则所选水泵经济合理。实际上在离心泵的制造中，除标准直径的叶轮外，大多数还有同型号带“A”（叶轮第一次车削）或“B”（叶轮第二次车削）的叶轮可供选用。将同一类型不同规格的水泵即同一系列水泵的工作区域画在同一张图上，就得到水泵系列型谱图，如图 10-14 所示。这张图对选择水泵非常方便。

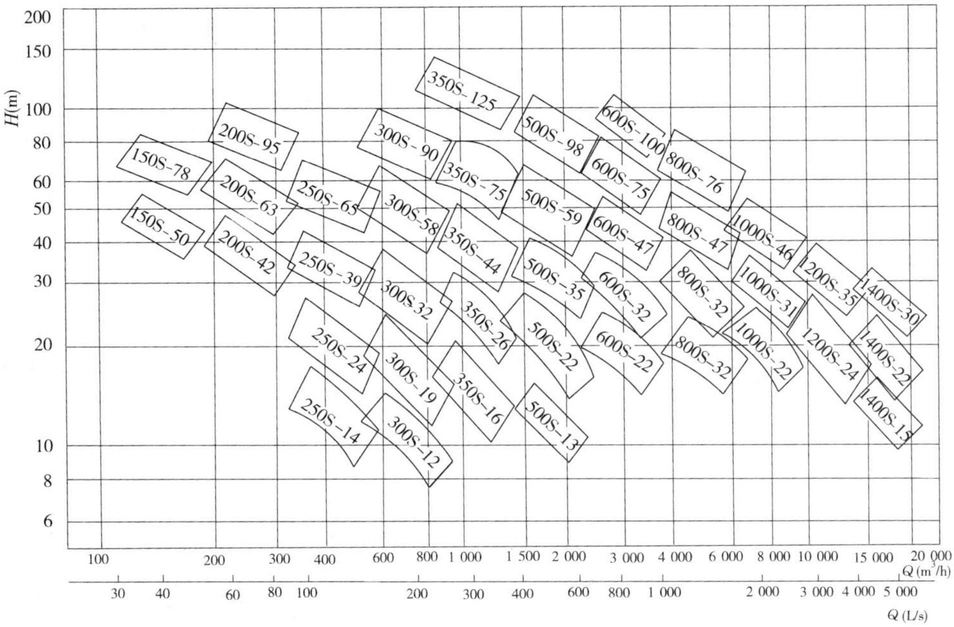

图 10-14　S 型水泵系列型谱图

三、变角调节

改变叶片的安装角度可以使水泵的性能发生变化，从而达到改变水泵工况点的目的，这种改变工况点的方式称为水泵的变角调节。

(一)轴流泵叶片变角后的性能曲线

轴流泵在转速不变的情况下，随着叶片安装角度的增大，$Q\sim H$、$Q\sim P$ 曲线向右上方移动，$Q\sim\eta$ 以几乎不变的数值向右移动，如图 10-15 所示。为便于用户使用，将 $Q\sim P$、$Q\sim\eta$曲线用数值相等的等功率曲线和等效率曲线加绘在 $Q\sim H$ 曲线上，称为轴流泵的通用性曲线，如图 10-16 所示。

(二)轴流泵的变角运行

下面以 500ZLB－7.1 型轴流泵为例，说明按照不同扬程变化时，如何调节叶片的安装角度。在图 10-16 中画出三条管路系统特性曲线 1、2、3，分别为最小、设计、最大净扬程时的 $Q\sim H_{需}$ 曲线。如果叶片安装角度为 0°，从图中可以看出，在设计净扬程运行时，$Q=570$ L/s、$P=48$ kW、$\eta>81\%$；在最小净扬程运行时，$Q=663$ L/s、$P=38.5$ kW、$\eta>81\%$，这时水泵的轴功率较小，电动机负荷也较小；在最大净扬程运行时，$Q=463$ L/s、$P=57$ kW、$\eta=73\%$，这时水泵的轴功率较大，效率较低，电动机有超载的危险。

这台水泵的叶片安装角度可以调节，所以在设计净扬程运行时，将叶片安装角定为 0°。当在最小净扬程运行时，将叶片安装角调至 +4°，这时，$Q=758$ L/s、$P=46$ kW、$\eta=81\%$，效率较高，流量增加了，电动机接近于满负荷运行。当在最大净扬程运行时，将叶片安装角调至 －2°，这时 $Q=425$ L/s、$P=51.7$ kW、$\eta=73\%$，虽然流量有所减少，但电动机在满负荷下运行，避免了超载的危险。

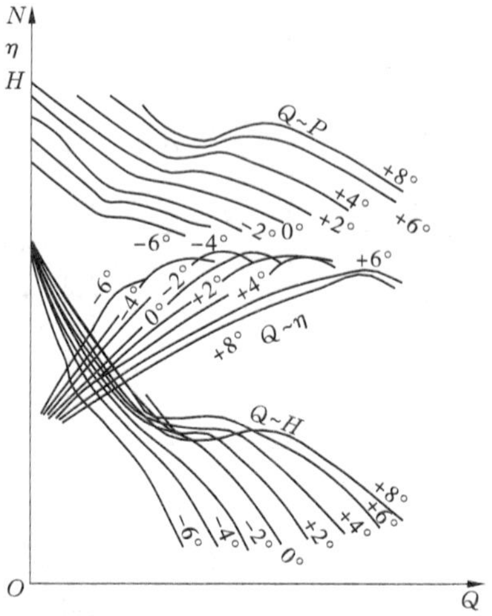

图 10-15　轴流泵变角性能曲线

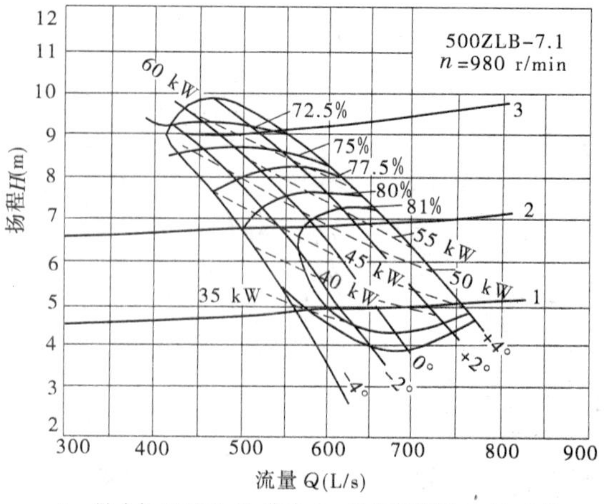

1—最小扬程时$Q\sim H_{需}$曲线;2—设计扬程时$Q\sim H_{需}$曲线;
3—最大扬程时$Q\sim H_{需}$曲线

图 10-16　轴流泵的通用性能曲线

对比以上情况,可以看出变角运行是优越的。当净扬程变大时,把叶片的安装角变小,在维持较高效率的情况下,适当减少出水量,使电动机不致超载;当净扬程变小时,把叶片的安装角度变大,使电动机满载运行,且能更多地抽水。总之,采用可以改变叶片角度的轴流泵,不仅使水泵以较高的效率抽较多的水,并使电动机长期保持或接近满负荷运行,以提高电动机的效率和功率因数。

中小型轴流泵绝大多数为半调节式,一般需在停机、拆卸叶轮之后才能改变叶片的安装角度。而泵站运行时的扬程具有一定的随机性,频繁停机改变叶片的安装角度则有许多不便。为了使泵站全年或多年运行效率最高,耗能最少,同时满足排水或灌溉流量的要求,可将叶片安装角调到最优状态,从而达到经济合理的运行。有些泵站在排水和灌溉时的扬程不同,这时可根据扬程的变化情况,采用不同的叶片安装角。如排、灌两用的泵站汛期排水时,进水侧水位较高,往往水泵运行时的扬程较低,这时可根据扬程将叶片的安装角调大,不但使泵站多抽水,而且电动机满负荷运行,提高了电动机的效率和功率因数;在灌溉时进水侧水位较低,往往水泵的扬程较高,这时可将叶片安装角调小,在水泵较高效率的情况下,适当减少出水量,防止电动机出现超载。

四、节流调节

对于出水管路安装闸阀的水泵装置来说,把闸阀关小时,在管路中增加了局部阻力,则管路特性曲线变陡,其工况点就沿着水泵的 $Q\sim H$ 曲线向左上方移动。闸阀关得越小,增加的阻力越大,流量就变得越小。这种通过关小闸阀来改变水泵工况点的方法,称为节流调节或变阀调节。

关小闸阀,管路局部水头损失增加,管路系统特性曲线向左上方移动,水泵工况点也向左上方移动。闸阀关得越小,局部水头损失越大,流量也就越小。由此可见,节流调节不仅增加局部水头损失,而且减少了出水量,很不经济。但由于其简便易行,在小型水泵装置和水泵性能试验中应用较多。

第四节　水泵供水变频调节

一、变频调节基本原理

变频调节技术主要是调速技术，由水泵的比例律知，流量 Q 与转速 n 的一次方成正比，扬程 H 与转速 n 的平方成正比，功率 P 与转速 n 的立方成正比。如果水泵的效率一定，当要求调节流量下降时，转速 n 可成比例的下降，而此时轴功率 P 按立方关系下降，即水泵电机的耗电功率与转速近似成立方比的关系。交流异步电动机的转子转速 $n=60f/p(1-s)$，因此当改变异步电动机的供电频率 f 时，即可改变电动机转子的转速 n 来达到调节电动机耗电功率的目的。因而变频调节技术主要是通过改变供电频率 f，从而改变电动机转子的转速 n，最后达到调整电动机输出功率，确保高效经济的运行效果。

美国从 20 世纪 90 年代将变频节水节能技术应用于平移式、轴转动式喷灌机及管道灌溉等系统，经测试，其节能率为 39% ~56%，节水率为 15% ~30%，既稳定了管网压力，提高了灌溉质量，又节水节能，便于自动化管理。在我国城乡供水及水泵抽灌系统中，水泵一旦开始工作，电动机便以额定转速运行，并以额定出水量供水，当用水量减少或在用水低谷时，管网压力过高，水龙头（或喷头）和输水管道往往被损坏，使水白白流掉，电能白白耗掉；有些系统通过阀门控制出水量，来减少供水管网压力升高，这样也造成电能与水资源的浪费。水泵变频调节技术有着广阔的发展前景，目前我国市场上主要有变频恒压供水设备、无负压增压供水设备等产品设备。

二、变频技术的创新点

变频调速技术大致可分为直－交变频与交－交变频两种。变频恒压供水设备可根据安装在水泵出水口的压力传感器来进行恒压供水控制，用户可自由设定一个上限（最大）压力值和下限（最小）压力值，当水压到达上限时水泵转速降低，压力回落到下限值时水泵转速提高来控制压力恒定。

水泵变频技术创新点：①使用变频调速装置后，由于变频器内部滤波电容的作用，$\cos\varphi=1$，从而减少了无功损耗，增加了电网的有功功率；②使用变频节能装置后，利用变频器的软启动功能将使启动电流从零开始，最大值也不超过额定电流，减轻了对电网的冲击和对供电容量的要求，延长了设备和阀门的使用寿命；③把交流变频调速技术应用于城乡供水及农业灌溉中，达到节水节能效果；④根据项目需要，研制出水位显示控制器，提高自动化程度；⑤根据实际需要，研制出多段压力设置转换电路，适应农业多种灌溉方式；⑥将变频调速技术、可编程控制技术、水位显示控制技术、压力传感技术等进行了集成。

三、变频调速技术应用

（一）变频恒压技术

1. 基本构成

整个恒压供水系统由变频恒压供水自动控制装置与水泵电机组合而成（见图 10-17）。

该装置由变频器（内含 PID 调节器）、可编程时控开关、可编程控制器（PLC）、水位显示控制器、远传压力表、水位传感器及相关电气控制部件构成，是一种具有变频调速和全自动闭环控制功能的机电一体化智能设备，它可同时对一台或多台三相 380 V、50 Hz 的水泵电机进行自动控制。

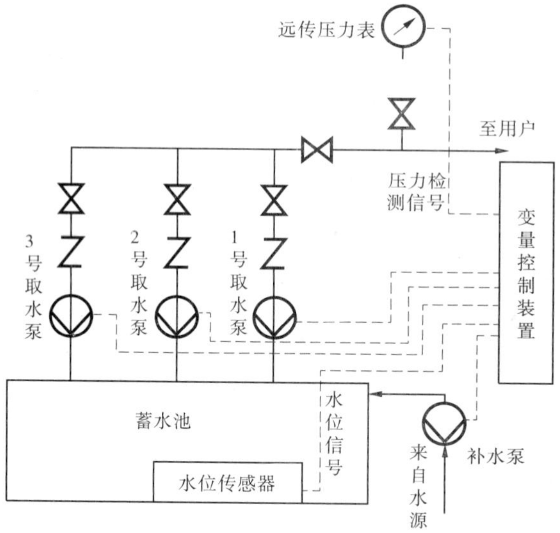

图 10-17　变频恒压供水系统组成

2. 工作原理

变频恒压供水自动控制装置以变频方式工作时，水泵电机以软启动方式启动后开始运转，由远传压力表检测供水管网实际压力，管网实际压力与设定压力经过比较后输出偏差信号，由偏差信号控制调整变频器输出的电源频率，改变水泵转速，使管网压力不断向设定压力趋近。这个闭环控制系统通过不断检测、不断调整的反复过程实现管网压力恒定，从而使水泵根据需水量自动调节供水量，达到节能节水的目的。

（二）变频恒压节水灌溉自动控制技术

变频恒压节水灌溉自动控制装置除多段压力设置转换电路外，其他部分的工作原理与变频恒压供水自动控制装置相同。多段压力设置转换电路中设计了对应于喷灌、微喷灌、滴灌及管道灌溉的 4 个压力档位，不同的灌溉方式所需的工作压力不同。为使同一供水管网能为不同灌溉方式提供不同的工作压力，在变频恒压控制装置的基础上增加了多段压力设置转换电路，实现节水灌溉。它可同时对一台或多台三相水泵电机进行自动控制。

（三）无负压供水设备

无负压供水系统是为了防止供水管网中因用户用水量过大，造成管网压力下降而采取的一种供水方式。无负压供水设备是一种直接与自来水管网连接，在市政管网压力的基础上直接叠压供水并且对自来水管网不会产生任何副作用的全封闭的二次给水设备。它具有节约能源、无污染、占地量小、安装维护方便、运行可靠等优点。设备原理图如图 10-18所示。

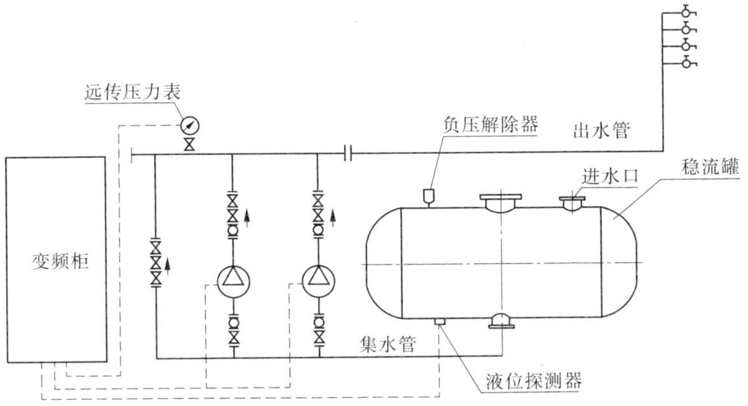

图 10-18 无负压供水设备原理图

无负压供水设备工作时，水在自来水管网剩余压力驱动下压入设备进水管，设备的加压水泵在进水剩余压力的基础上继续加压，将供水压力提高到用户所需的压力后向出水管网供水；当用户用水量大于自来水管网供水量时，进水管网压力下降，当设备进水口压力降到绝对压力小于0（或设定的管网保护压力）时，设备中的负压预防和控制装置自动启动工作，对设备运行状态进行调整，直至设备停机待命，确保进水管网压力不再降低而对自来水管网造成不利影响；当自来水管网供水能力恢复，进水管网压力恢复到保护压力以上时，设备自动启动，恢复正常供水；当自来水管网剩余压力满足用户供水要求时，设备自动进入休眠状态，由自来水管网直接向用户供水，供水不足时设备自动恢复运行；当用户不用水或用水量很小时，设备自动进入停机休眠状态，由设在设备出水侧的小流量稳压保压罐维持用户用水量及管网漏水，用户用水稳压保压罐不能维持供水管网所需压力时，设备自动唤醒，恢复正常运行。设备运行过程中充分利用自来水管网的剩余压力，始终既不对自来水管网造成不利影响又最大限度地满足用户需求，降低供水能耗，实现供水系统最优运行。

本章小结

本章主要介绍了水泵的管路特性及抽水装置总扬程、水泵工作点的确定及工况点改变的调节方法。此外，本章还专门介绍了新型的水泵变频调节的原理、特点及变频调节设备的组成结构和原理。本章是水泵部分的重点内容，也是泵站运行管理的基础知识。

（1）实际工作中，水泵的性能只有构成抽水装置才能发挥其抽水效益。水泵装置实际运行时，究竟处于性能曲线上哪一点工作，不全由水泵本身决定，而是由泵和管路系统共同决定的。

（2）水泵工作点是瞬时变化的。一旦泵的性能或装置发生变化，水泵的工作状态就会重新建立水泵和管路系统的能量供需关系，水泵的工作点就发生改变。水泵工作点确定的方法一般有图解法和数解法。

（3）水泵工况调节的目的就是在选择和使用水泵时让水泵在高效率状态下工作。调节的方法有变速调节、变径调节、变角调节、节流调节。

(4)变频调节是一种基于变速调节原理的新型调速技术。它具有调速范围广、平滑性高、可靠性好、节能效果显著等特点,在水泵站及供排水工程中具有广阔的前景。

习　题

10-1　什么是管路系统特性曲线？它表示什么含义？

10-2　什么叫水泵的工况点？如何确定？

10-3　水泵的串并联运行有什么特点？工作中应注意哪些问题？

10-4　水泵工况点的调节有哪几种方式？

10-5　某水泵转速 $n_1=970$ r/min 时的 $Q\sim H_1$ 曲线高效段方程为 $H=45-4\ 583Q^2$,管路系统特性曲线方程为 $H_{需}=12+17\ 500Q^2$,试求:

(1)该水泵装置的工况点;

(2)若所需水泵的工况点流量减少 15%,为节电水泵转速应降为多少?

10-6　水泵变频调节的原理是什么？有什么特点？

10-7　水泵变频恒压技术的基本结构由哪几种部分组成？工作原理是什么？

10-8　什么是无负压供水系统？它的原理是什么？

第十一章　机组的选型与配套

机组指的是水泵、动力机及传动设备的组合体。机组的选型配套是否合理直接关系到泵站能否满足供排水的要求以及泵站的工程投资、运行成本、运行安全等。因此，做好机组的选型、配套及安装工作非常重要。

第一节　叶片泵的选型

如何选择水泵使之满足生产所要求的扬程和需水量，是运行经济性最重要的方面。只有根据实际情况来进行正确的选型，才能使水泵正常工作，发挥应有的效益。

一、叶片泵选型的原则

叶片泵选型原则如下：

(1)满足泵站设计扬程、设计流量的要求；

(2)水泵在整个运行期内平均效率最高，运行费用低；

(3)按照选定的机组建站，设备投资和土建投资最省；

(4)水泵的水力性能、抗汽蚀性能好，便于运行和管理；

(5)选用系列化、标准化、通用化及更新换代的产品，切忌选用淘汰的产品。

二、叶片泵选型的方法和步骤

(1)根据泵站的特征扬程，从水泵综合型谱图上(或泵类产品的性能表上)选择几种扬程符合要求而流量不同的水泵。不同型号的单泵流量用 Q_i 表示。

(2)根据泵站设计流量 $Q_{设}$ 和单泵流量 Q_i，确定不同型号的水泵台数 n_i，并使其满足 $Q_{设}=\sum n_iQ_i$。

(3)按初选的泵型和台数，配置管路及附件并绘制管路特性曲线，求出水泵工况点，确定水泵的安装高程。

(4)选配动力机和辅助设备，拟定泵房的结构形式、布置方式和主要尺寸等。

(5)对不同的选型方案，对泵站建设所需的设备费、土建工程投资、运行管理费等进行估算。

(6)根据水泵选型原则，按照各方案的技术经济条件，对供水可靠性、适应性进行分析与比较，选出最优方案，最后确定采用的泵型和台数。

三、水泵选型中应注意的问题

设计流量和设计扬程是水泵选型的主要依据，在选型前应首先确定这两个参数。

(一)设计流量的确定

对于灌溉泵站的设计流量,在灌区规划所确定的灌溉设计保证率(85% ~95%)的条件下,根据农作物组成、灌溉面积、灌水定额等资料来确定。对水稻田而言,一般都用泡田用水量作为设计流量的依据。泡田用水量与土壤性质、地下水深度有关,可参考采用不同地区的经验数值。对旱作物而言,一般旱作物的灌水量播前水为 50 ~60 m^3/亩❶,生育期为 25 ~50 m^3/亩。

灌溉设计流量可用下列公式求得

$$Q = \frac{\sum mA}{3\,600 Tt\eta} \tag{11-1}$$

式中 Q——灌溉设计流量,m^3/s;

m——最大一次用水量,m^3/亩,根据各种作物而定,若同一灌区内有水田和旱地,应分别计算;

A——灌溉面积,亩,按水稻田和旱谷田分别加以统计;

t——每昼夜进行灌水的时数,h,也就是水泵每天抽水时间,通常每天工作 15 ~22 h,根据电力供应、农业劳力安排等情况而定;

T——灌水天数,指农田每一次灌水所延续的天数,应根据农时、农作物生长要求、劳力安排、水利条件等情况而定;

η——灌区渠系水利用系数。

在缺乏资料的情况下,根据已建成灌溉工程统计资料,可用下列公式估算设计流量

$$Q = M \times A \tag{11-2}$$

式中 A——灌溉面积,万亩;

M——灌水模数,即单位灌溉面积所需灌溉用水流量,m^3/(s · 万亩)。

(二)设计扬程的确定

泵站的设计扬程由设计净扬程和损失扬程两部分组成,即 $H_{设} = H_{净} + nH_{净}$,n 为损失扬程占净扬程的百分数。灌溉泵站设计净扬程按泵站进出水池设计水位差计算,损失扬程根据抽水装置管路具体布置情况计算求得。初步选型时,损失扬程依据表 11-1 和表 11-2 估算。

表 11-1 管路水头损失估算表

净扬程(m)	管路直径(mm)		
	<200	250 ~350	>350
	损失扬程占净扬程的百分数(%)		
10 以下	30 ~50	20 ~40	10 ~25
10 ~30	20 ~40	15 ~30	5 ~15
30 以上	10 ~30	10 ~20	3 ~10

❶ 1 亩 =1/15 hm^2,全书同。

表 11-2　水泵进口直径与流量对照表

水泵进口直径(mm)	流量		水泵进口直径(mm)	流量	
	(L/s)	(m^3/h)		(L/s)	(m^3/h)
75	7~20	25~70	400	400~480	1 450~1 700
100	18~35	65~125	500	400~700	1 450~2 500
150	30~55	110~200	600	650~1 000	2 300~3 600
200	55~95	200~340	800	1 300~1 800	4 600~6 500
250	90~170	320~600	900	1 500~2 000	5 400~7 200
300	140~280	500~1 000	1 000	2 000~3 000	7 200~10 800
350	220~450	800~1 600	1 200	2 500~3 500	9 000~12 500

(三)工作点的校核

根据初选的泵型,拟定管径及管路布置,确定工作点。

工作点校核的内容如下:

(1)校核初选的水泵在设计工况下工作时工作点是否落在水泵高效率区内。

(2)校核在设计扬程下运行时,对应的流量是否均能满足生产要求。

(3)校核在最高扬程和最低扬程下运行时,水泵是否发生超载或汽蚀。

如不满足要求,可采用调节措施或另选泵型,直至达到设计要求。

(四)确定泵型

根据水泵选型原则,对几种方案进行全面的技术经济比较,从中选出最优泵型和台数。

计算时先根据泵站的设计流量和一般的台数范围,初拟水泵的单泵流量,由单泵流量查表 11-2 确定水泵的进口直径;再由水泵进口直径拟定一管路直径,然后由管径和设计净扬程查表 11-1 定出损失的扬程。井灌泵站净扬程为机井动水位到出水池水面的垂直距离,损失扬程通常按 10% 的净扬程估计。

(五)水泵类型的选择

排灌泵站常用的叶片泵有离心泵、轴流泵和混流泵。离心泵扬程高,流量小;轴流泵扬程低,流量大;混流泵介于离心泵和轴流泵二者之间。一般情况下,设计扬程小于 10 m,宜选轴流泵;设计扬程为 5~20 m 时,选混流泵较好;设计扬程为 20~100 m 时,应首选单级离心泵;设计扬程大于 100 m 时,可选多级离心泵。轴流泵和混流泵都可选时,应优先选用混流泵,因为混流泵的高效率区比轴流泵宽,流量变化时,轴功率小,动力机在额定功率左右运行,比较经济,适应流量范围广,抗汽蚀性能好,泵站土建工程投资少,安装检修方便等。离心泵和混流泵都可选时,如扬程变化较大,应优先选用离心泵。

(六)水泵结构型式的选择

常用水泵的结构型式有卧式、立式和斜式三种。

卧式水泵安装精度较低,检修方便,特别是双吸离心泵,不用拆卸电动机和进出水管路即可对水泵进行检修。叶轮在水面以上,腐蚀较轻,机组造价较低,泵房高度较小,地基承载力分布均匀。水泵启动前要进行充水,泵房平面尺寸较大,适用于地基承载力小、水源水位变幅较小的泵站。立式水泵叶轮淹没于水下,水泵启动前不需要充水,启动方便、管路短、水头损失小、动力机安装在上层,便于通风,有利于防潮、防洪。但其泵房高度大,安装精度要求较高,检修麻烦,机组整体造价高。立式水泵的主要部件在水中,易腐蚀,适用于水源水位变幅较大的泵站。斜式水泵的安装、检修方便,且可安装在岸边斜坡上,叶轮淹没于水下,便于启动,斜式水泵适用于低扬程的泵站。

一般情况下,灌溉泵站扬程较高,宜选用离心泵或混流泵;排水泵站较低,多选用立式或卧式轴流泵或混流泵;流量较小、扬程较低的泵站,为便于安装检修,可选用斜式轴流泵。

【例 11-1】 某地区拟建一灌溉泵站,灌溉要求的设计流量为 2 400 L/s,进水池设计水位为 226 m,出水池水位为 258 m,试选择泵型。

解: 1. 根据设计流量拟定单泵流量

按 3 ~9 台考虑,水泵的单泵流量为 2 400/3 ~2 400/9 =800 ~267(L/s)

2. 确定泵站的扬程

$$H_{净} = 258 - 226 = 32(\mathrm{m})$$

单泵流量在 267 ~800 L/s 时,查表 11-2 可知水泵进口直径在 300 ~600 mm 之间,管路直径取 350 ~700 mm。查表 11-1 可知管路水头损失占 $H_{净}$ 的 3% ~10%,采用 10%。

$$H_{设} = H_{净} + h_{损} = 32 + 32 \times 10\% = 35.2(\mathrm{m})$$

3. 初选泵型

由于泵站设计扬程较高,故选用离心泵。查水泵性能表选合适的泵型如下:

泵型	14Sh - 13A	20Sh - 13	24Sh - 19
单泵流量(L/s)	300	480	600
台数	8	5	4

4. 工作点校核

各水泵工作点参数如下:

型号	台数	总流量(L/s)	总容量(kW)	η(%)	H_S
14Sh - 13A	8	2 468	1 031	82. 1	3. 5
20Sh - 13	5	2 726	1 127	83. 84	4. 0
24Sh - 19	4	2 929	1 175	85. 48	2. 5

由上可知,20Sh - 13 型水泵效率较高,抗汽蚀性能好,总容量较低,流量满足,此泵型较优。

第二节　动力机的配套

水泵型号选定后，还要合理地选配与水泵配套的动力机型号。目前，常用驱动水泵的动力机有电动机和柴油机。电动机操作简单，运行稳定，管理方便，成本较低，对环境影响小，易于实现自动化，但其输变电线路及其他附属设备投资大，应用时受电源的限制；柴油机使用不受电源限制，易于实现变速运行，应用范围广，但是其运行不太稳定，操作、管理不便，成本较高。一般固定泵站很少使用柴油机。下面仅就最常用的电动机的选型问题加以介绍。

一、电动机的类型与特点

驱动水泵的电动机均是三相交流电动机，一般中小型泵站采用异步电动机，大型泵站采用同步电动机。选择电动机类型时，应考虑以下使用条件：

(1)若单机容量 <100 kW，常采用 Y 系列和封闭式鼠笼式异步电动机，Y 系列鼠笼式异步电动机较 J、JD 系列具有效率高、启动转矩大、噪声小、防护性能好等优点。额定电压为 220 V/380 V。

(2)若单机容量在 100 ~300 kW 之间，采用 JS、JC 或 JR 系列异步电动机，“S”表示双鼠笼式，“C”表示深槽鼠笼式，“R”表示绕线式。JS 和 JC 都具有较好的性能，适用于启动负载较大和电压容量较小的场合，额定电压为 220 V/380 V，3 000 V 或 6 000 V。

(3)若单机容量 >300 kW，采用 JSQ、JRQ 系列异步电动机，或 Tz 型同步电动机，“Q”表示加强绝缘，“T”表示同步，“z”表示座式轴承。

同步电动机成本较高，但具有较高的功率因数和效率，适用于大型泵，额定电压为 3 000 V或 6 000 V。

二、电动机的配套

与水泵配套的电动机，一般由水泵厂成套供应，如需选配时，可按水泵最大轴功率来确定，电动机输出功率的计算公式为

$$P_{配} = k\frac{\rho gQH}{1\,000\eta\eta_p} \tag{11-3}$$

式中　$P_{配}$——配套功率，kW；

k——电动机功率备用系数，一般取 $k = 1.05 \sim 1.1$；

ρ——水的密度，kg/m^3；

Q、H、η——水泵运行范围内，可能出现的最大轴功率时的流量(m^3/s)、扬程(m)和效率(%)；

η_p——传动效率(%)。

功率备用系数 k 值是大于 1.0 的数值。因为在水泵运行中，电压的波动使水泵转数变化，引起轴功率变化，水泵和电动机性能试验中允许误差、机组长期运行后水泵与管路特性的变化、水源泥沙含量的变化、水泵填料过紧及其他条件的变化等，都可引起水泵轴

功率的增加，使电动机发生超负荷现象。但备用系数不宜过大，因电动机负荷不足，会造成电动机效率和功率因数降低，增加电能损失和排灌成本。

电动机的转速应根据水泵的转速和采用的传动方式确定。如为直接传动，则电动机与水泵的设计转速一致。如为间接传动，按传动比来确定电动机的转速。应当指出，相同容量的电动机，额定转速越高，体积越小，效率和功率因数越高，也越经济。

第三节　传动方式

动力机与水泵之间的能量传递是通过传动设备来完成的。水泵机组的传动方式基本上分为直接传动和间接传动两种。

一、直接传动

直接传动又称联轴器传动，是通过联轴器把水泵和动力机的轴连起来传递能量的，如图 11-1 所示。直接传动要求动力机和水泵同轴线、同转向、同转速。直接传动机构紧凑，简单方便，安全可靠，传动平稳。目前，机电排灌站中，电力水泵机组大多采用直接传动。联轴器分为刚性联轴器和弹性联轴器两种。

（一）刚性联轴器

如图 11-2 所示，它由两个分装在动力机和水泵轴端带凸缘的半联轴器与螺栓组成，轴与半联轴器之间用键连接或键连接并用拼紧螺母固定。此种联轴器结构简单，传递扭矩大，安装要求严格。

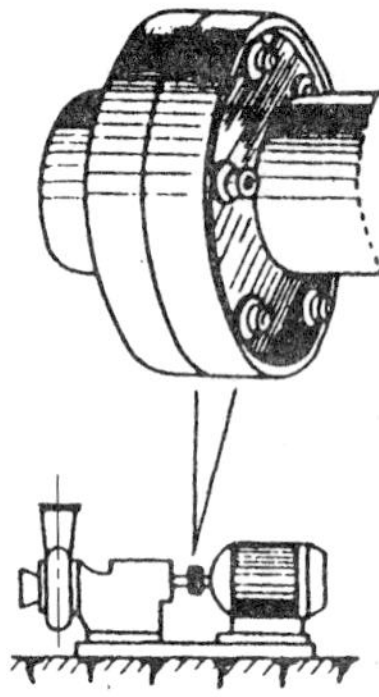

图 11-1　动力机和水泵直接传动

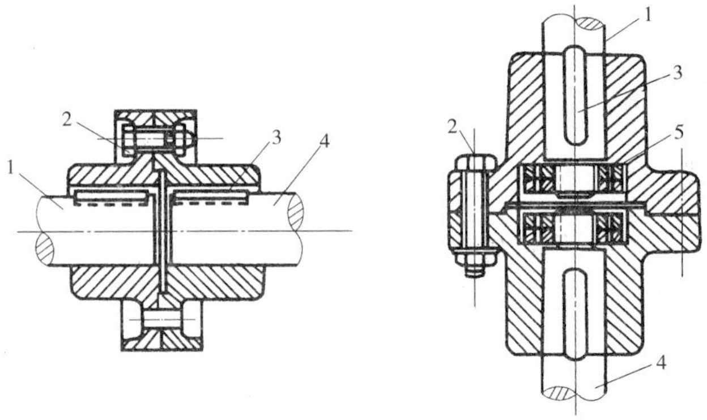

(a) 键连接　　(b) 键加拼紧螺母连接

1—动力机轴；2—连接螺栓；3—键；4—水泵轴；5—拼紧螺母

图 11-2　刚性联轴器

（二）弹性联轴器

弹性联轴器是在刚性联轴器的基础上发展起来的，又分为弹性圆柱销型和爪型两种。

（1）弹性圆柱销型联轴器。如图 11-3 所示，它能缓冲振动，安装时两轴不要求严格对中，但柱销、弹性圈容易损坏，需要及时更换。

（2）爪型弹性联轴器。如图 11-4 所示，其结构简单，安装方便，多用于小型卧式水泵机组。

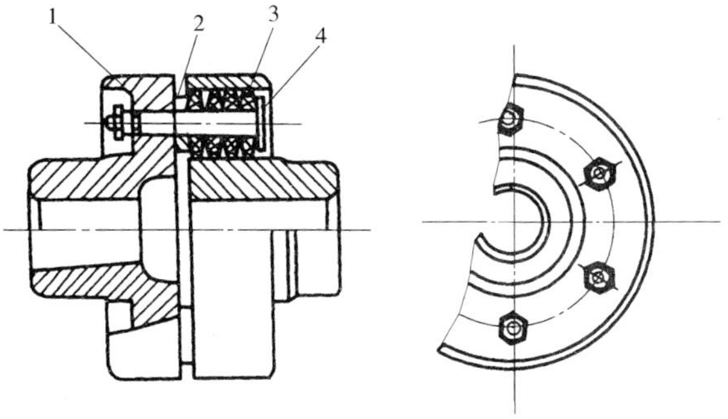

1—半联轴器;2—挡圈;3—弹性圈;4—柱销

图 11-3　弹性圆柱销型联轴器

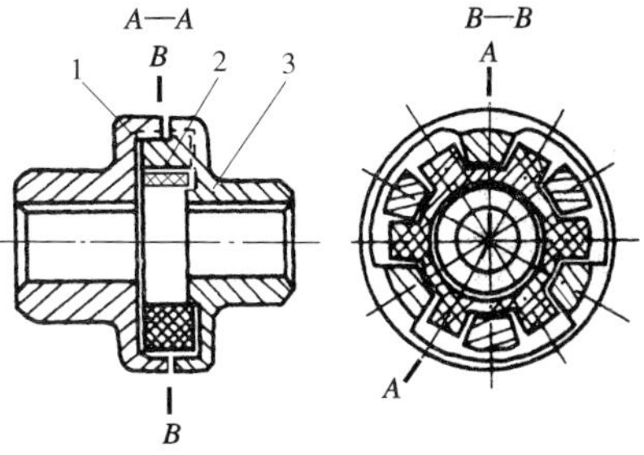

1—水泵半联轴器;2—弹性块;3—动力机半联轴器

图 11-4　爪型弹性联轴器

二、间接传动

当水泵和动力机不满足直接传动的条件时,需要采用间接传动。间接传动又分为齿轮传动和皮带传动。

(一)齿轮传动

水泵和动力机的转速不等或两者轴线不在同一条直线上时,可通过一对分装在动轮上的圆柱形齿轮传动,如图 11-5(a)所示;当两轴线相交时,采用伞形齿轮,如图 11-5(b)所示。

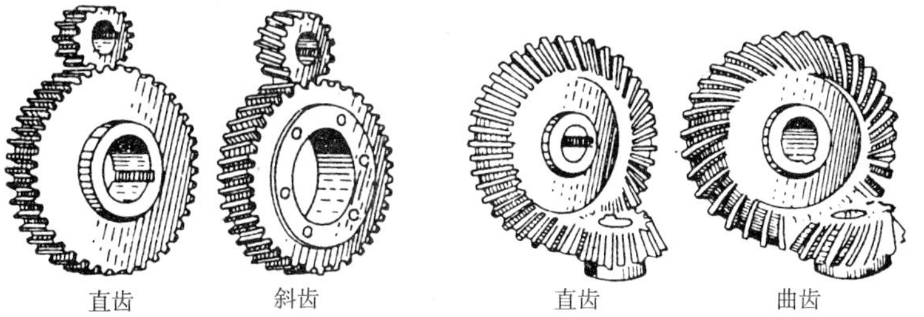

直齿　斜齿　直齿　曲齿

(a) 圆柱形齿轮传动　(b) 伞形齿轮传动

图 11-5　齿轮传动

(二)皮带传动

当水泵和动力机的转速不同,两者轴线间有一定距离或不在同一平面上时可以采用皮带传动。皮带传动按其形状不同分为平皮带传动和三角带传动。

1. 平皮带传动

平皮带传动应用范围广,传动方式有多种变换。平皮带传动可分为开口传动、交叉传动和半交叉传动,如图 11-6 所示。

开口传动适用于水泵轴和动力机轴互相平行且转向相同的场合;半交叉传动适用于水泵轴和动力机轴互相垂直的场合;交叉传动适用于水泵轴和动力机轴互相平行,转向相反的场合。

2. 三角带传动

三角带具有梯形断面,紧嵌在皮带轮上的梯形槽内。由于其两侧与轮槽紧密接触,摩擦力比平皮带大,传动比也较大,如图 11-7 所示。

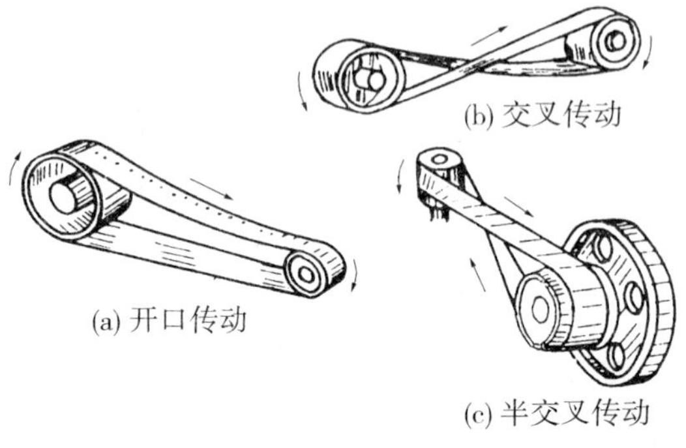

图 11-6　平皮带传动

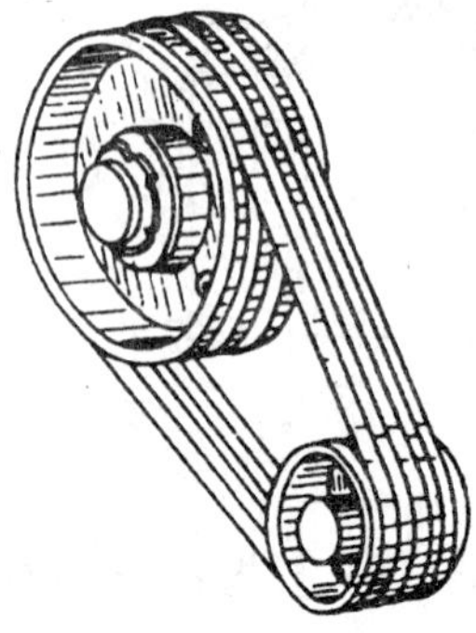

图 11-7　三角带传动

随着社会生产的发展,出现了一种综合齿轮和皮带传动优点的新型传动方式,既不易打滑,又具有弹性,能起到缓冲、吸振作用。这种传动方式称为同步齿形带传动,如图 11-8 所示。

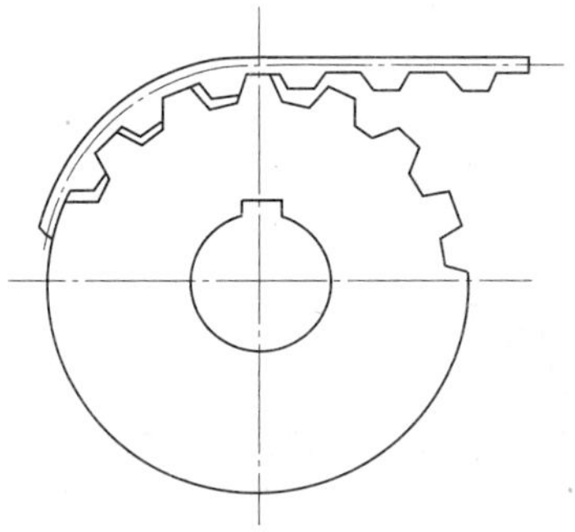

图 11-8　同步齿形带传动

第四节　管路及其附件的配套

管路及其附件是抽水装置中的主要组成部分,与泵站安全运行、节省投资等有着密切关系,应根据水泵型号、进出水池、泵房结构和建站处的地形地质条件进行合理设计。

一、管路配套

进水管路把水源或进水池的水向水泵输送,其应有较好的密封性及足够的强度和刚度,并要求水头损失小。

(一)管材

进水管路从管材来看,常用胶管、钢管、铸铁管。胶管寿命短、价格高,仅用于临时性抽水装置。钢管分无缝钢管、水煤气管和对焊钢管，一般进水管路采用水煤气管和对焊钢管。水煤气管用于直径为 150 mm 以下的水泵进水管，对焊钢管用于直径为 200 mm 以上的水泵进水管。

（二）管径确定

为提高水泵的安装高程，减少水头损失，进水管路直径不宜太小，但从节省投资的角度考虑，进水管直径也不宜定得太大，一般采用比水泵吸入口径大一级。进水管路直径按经济流速来控制，可用以下公式计算

$$D_{进} = \sqrt{\frac{4Q}{\pi v}} \tag{11-4}$$

式中 Q——单泵流量，m^3/s；

v——管中经济流速，从 $v = 1.5 \sim 2.0$ m/s 中选取。

实际进水管尺寸确定时应选用厂家生产水管系列化的标准管径。

出水管路的管材与管径确定详见本书第十二章。

二、管路附件配套

管路系统中除有管路外还有管路附件，管路附件与泵型、管长、管路铺设方式有关，应根据安全、可靠、经济的原则选配。

（一）管件

管件是从进水管口到出水管口将管子连接起来的连接件，有喇叭管、弯管、异径管等。

（1）喇叭管和平削管。为减小进水管路的水头损失，其经济流速控制在 1.0 ~ 1.5 m/s，垂直吸入进口为圆形或椭圆形喇叭管，倾斜吸入进口为平削管或特制喇叭管，如图 11-9 所示。

（2）弯管。常称弯头，常用的有 90°、60°、45°、30°、15°等几种，可预制亦可现场制作。预制弯头可从有关手册中选择。图 11-10 为一种现场焊接弯头。

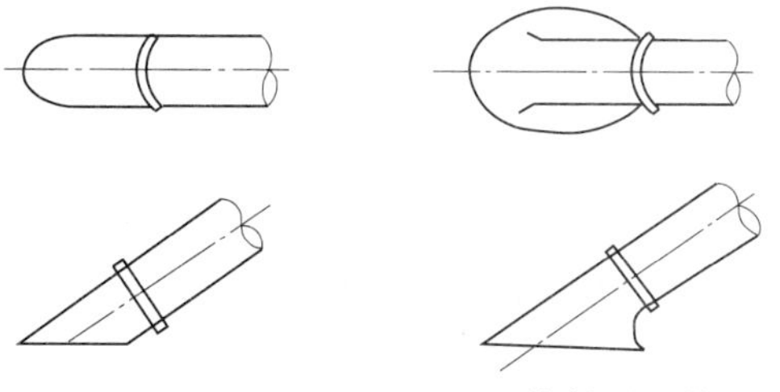

(a)平削管　(b)特制喇叭管

图 11-9　平削管与特制喇叭管

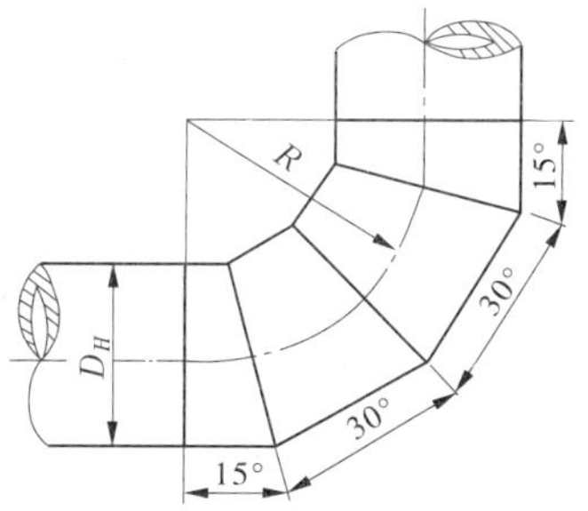

图 11-10　焊接弯头

（3）异径管。水泵的进出口直径常小于进出水管管径，则需设渐变接管。水泵进口与管道装设上面水平的偏心渐变管，如图 11-11 所示。水泵出口用同心渐放管，其长度 $L = (5 \sim 7)(D - d)$。

（二）阀件

通过改变管道过水横断面来控制管道内水体流动的装置称为阀件。

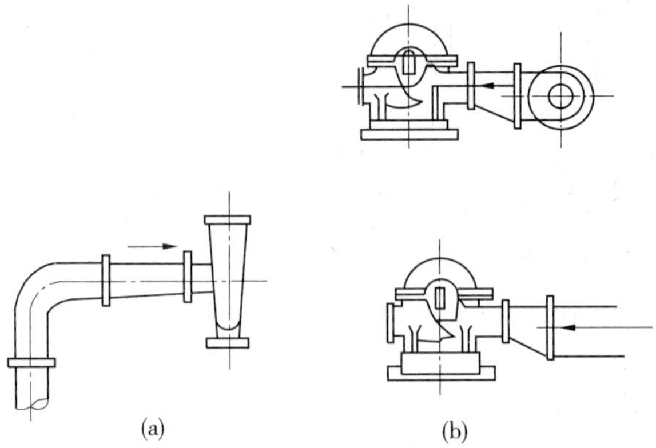

图 11-11　偏心渐变管的布置

(1)底阀。为单向阀,人工充水时为防止漏水而用。

(2)闸阀。装在出水管道上,用于关阀(低泵)启动,关阀停机,调节流量的附件。闸阀的选择应根据水管直径、阀件产品的类型、性能、规格、工作压力等正确选择。

(3)逆止阀。装在出水管道上,为防止事故停机时出水池和出水管中水倒流的一个单向突闭阀。

(4)拍门。装在出水管道出口,为防止出水池中水向出水管倒流的一个单向活门,一般由水泵厂成套供应。

三、真空泵充水装置

当水泵安装高程高于进水池水位时,机组启动前必须对泵体和出水管上闸阀以前的管道进行充水排气,常用的方法有人工充水和机械充水两种。人工充水用于小型泵站,大中型泵站多采用机械充水。真空泵抽气装置是一种常用的机械充水设备,由真空泵和其他设备组装而成。真空泵多用水环式真空泵,图 11-12 为水环式真空泵抽气装置及抽气原理图。

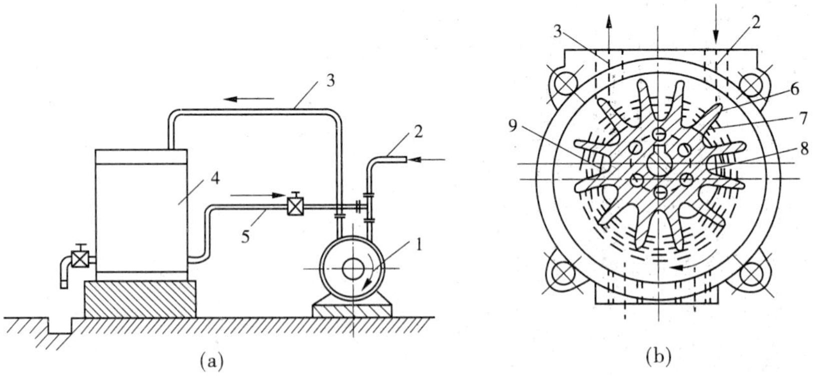

1—真空泵;2—抽气管;3—排气管;4—水气分离箱;5—循环水管;6—叶轮;7—水环;8—进气孔;9—排气孔

图 11-12　水环式真空泵抽气装置及抽气原理图

(一)水环式真空泵工作原理

水环式真空泵的星形叶轮偏心安装于圆柱形泵壳内,启动前向泵内灌注一定量的水。叶轮旋转时,由于离心力的作用将水甩向泵壳周围,形成和转轴同心的水环。水环上部的内表面与轮毂相切,水环下部的内表面则与叶轮毂之间形成了气室,气室的容积在右半部递增,在左半部递减。叶轮顺时针旋转,在右半部时,随着轮毂与水环间容积的增加而形成真空,空气通过抽气管及真空泵泵壳端盖上月牙形的进气孔被吸入真空泵内;在左半部时,随着轮毂与水环间容积的减小空气被压缩,空气经过泵壳端盖上另一个月牙形排气孔排出。叶轮不停地旋转,真空泵就不断地吸气和排气,将水泵和进水管路中的空气抽走。

(二)水环式真空泵选型

真空泵的抽气性能表明:抽气量随着真空度的增加而减小。真空泵是根据水泵及进水管所需要的抽气量选择的,而抽气量又与造成真空所要求的时间和进水管及水泵内空气的体积有关。为保证工作可靠,大型泵站要考虑备用机组,一般真空泵选两台,互为备用。

本章小结

(1)水泵既是水泵站的主要设备,又是水泵站其他设备及配套建筑物设计的依据,直接影响到水泵站的运行和投资。合理地选择水泵的型号,是泵站设计中的重要一环,具体方法包括确定设计流量和设计扬程、初选泵型、工作点校核、确定泵型。

(2)水泵型号确定后,还要合理地选配与之配套的动力机型号。常用驱动水泵的动力机为电动机和柴油机,电动机优点较多,但受电源的限制,选配时应根据建站条件综合考虑确定。

(3)动力机与水泵之间的能量传递是通过传动设备来完成的。传动设备在水泵机组中起着重要作用,不仅影响到传动效率,还影响到整个泵站的效率。传动方式基本上分为直接传动和间接传动两种,要合理选用水泵机组的传动设备。

(4)管路及其附件是抽水装置的主要组成部分,正确设计、合理布置和安装与泵站安全运行、节省投资、改善水流条件、减少能源消耗有着密切关系,应根据水泵型号、进出水池、泵房结构和建站地点的地形地质条件进行合理设计。

习　题

11-1　叶片泵选型的原则和依据是什么?

11-2　叶片泵选型的方法和步骤是什么?

11-3　水泵配套的动力机有哪些?如何选择?

11-4　传动方式有哪几种?各适用于什么情况?

11-5　水泵进出水管的类型有哪些?管路附件有哪些?

11-6　试述水环式真空泵抽气装置的组成及工作过程。

第十二章　排灌工程泵站介绍

第一节　泵站工程规划

泵站是由抽水装置、进出水建筑物、泵房及输配电系统等组成的多功能、多目标的综合水利枢纽。根据分类标准的不同泵站有多种分类方法，农业排灌泵站按照其工程用途可分为灌溉泵站、排水泵站、排灌结合泵站；按照泵站规模大小可分为大型、中型、小型泵站。

在进行泵站规划时，首先要确定建站的目的，根据本地区的地形、水源、电源、社会经济情况、现有工程状况、生态环境等，全面考虑各种有关因素，进行综合技术经济比较，选定最佳建站方案。

一、灌溉泵站工程规划

（一）灌区的划分

1. 灌区的划分方式

1）单站集中控制方式

一座泵站控制整个灌溉区，泵站将水全部抽送到灌区的最高控制点，通过灌溉干渠将水经各级渠道分配到全部灌区（见图 12-1（a））。这种方式适用于灌区面积小、地形高差不大的灌区。

2）多站分区控制方式

灌区内建立几个泵站，每一个泵站控制部分灌溉面积（见图 12-1（b））。这种方式适用于面积较大、地势平坦的灌区。

3）多级分区控制方式

灌区内的不同高程处分别建立泵站进行梯级提水，后一级站的水量靠前一级站供给（见图 12-1（c））。此种方式适用于灌区的面积较大，地面高差也大的情况。

4）单站分区控制方式

在灌区内建一个安装有不同水泵扬程的泵站，并在不同高程处相应地建立出水池和灌渠，分别控制灌溉不同高程面积（见图 12-1（d））。此种方式适用于灌区面积小、地形高差也大的情况。

2. 高扬程灌区的分级

高扬程灌区是指面积较大且地形高差也大的灌区，灌溉方式为多级分区式，各级泵站都有灌溉任务，提水流量自下而上逐级减少。高扬程灌区规划的重点是分级，灌区分级越多，泵站越多，单位灌溉面积的工程投资和管理费用相应增加。但是，多级泵站克服了高水低灌的现象，所以总装机容量要比采用一级提水小，且分级愈多，总容量愈小，节能效果

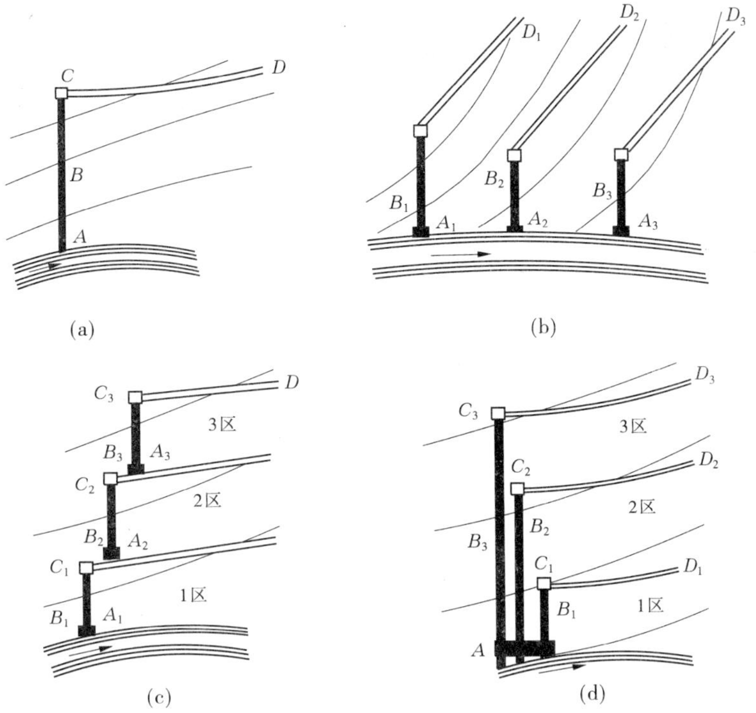

A—泵站;B—压水管道;C—出水池;D—渠道

图 12-1 提水灌区的控制方式

愈好。因此,高扬程灌区分级应该从技术、经济、灌溉面积、地形等方面进行综合分析,全面衡量,作出最佳方案。

(二)站址选择

灌溉泵站的站址选择应根据总体规划、泵站规模、运行特点,与灌区的划分一起考虑。站址选择的要求如下:

(1)泵站的站址应选在灌区的上游,且水量充沛、水位稳定、水质良好的地方。

(2)站址通常选择在灌区较高处,使其控制面积最大,渠系及其建筑物布置方便。

(3)泵站的主要建筑物应建在岩土坚实、抗渗性能良好的天然地基上。

(4)站址选择应尽量使交通方便,以便于设备及材料运输和工程的维修、管理等。

(5)电力灌溉泵站应尽可能靠近电源,减少输电线路的投资。

(三)灌溉泵站总体布置

灌溉泵站由建筑物和机电设备组成,建筑物包括进水建筑物(进水闸、引水渠、前池和进水池)、泵房、出水建筑物(出水池或压力水箱等)、变电站、修配厂、停车场、管理用房和生活用房等。其主要建筑物的布置形式取决于建站的目的、水源的种类和特性,以及建站地点的地形、地质和水文地质等条件。

从江河、湖泊取水的泵站一般有两种布置方式。河道岸边坡度较陡时,宜采用岸边式布置,如图 12-2 所示。河道岸边坡度较缓,水源与出水池之间距离较远时,宜采用图 12-3 所示的布置方式。

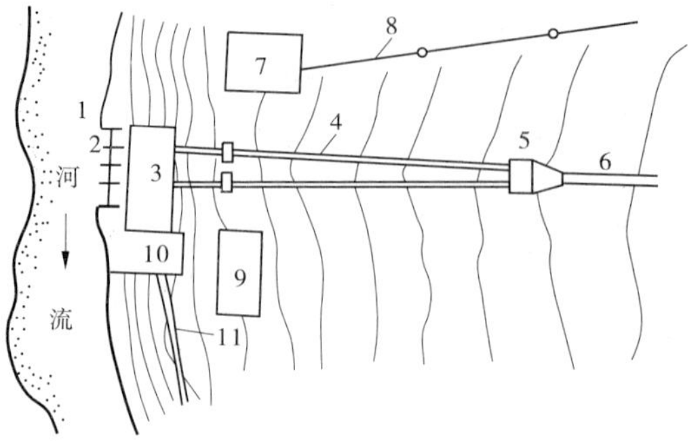

1—河道;2—拦污栅;3—泵房;4—出水管;5—出水池;6—渠道;
7—变电站;8—输电线;9—停车场;10—管理处;11—公路

图 12-2 无引渠的灌溉泵站布置

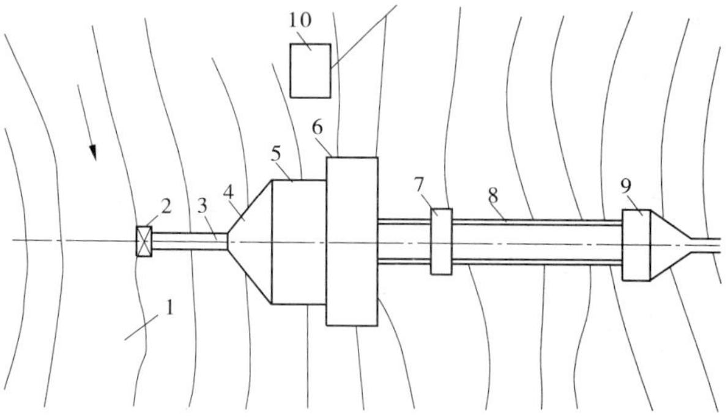

1—河道;2—进水闸;3—引渠;4—前池;5—进水池;6—泵房;7—镇墩;8—出水管;9—出水池;10—变电站

图 12-3 有引渠的灌溉泵站布置

(四)灌溉设计流量和设计扬程的确定

1. 灌溉设计标准

灌溉设计标准是确定灌溉泵站建设规模的主要依据。灌溉设计标准一般以灌溉设计保证率表示,有些小型灌区在规划设计中有时也采用抗旱天数作为灌溉的设计标准。

2. 灌溉设计流量

泵站的设计流量就是在某一设计保证率下,农作物所需的最大灌水流量。灌溉泵站设计流量应根据设计年限内作物需水量、渠系水利用系数及灌区内调蓄容积等综合分析计算确定(其计算方法见本书第十一章有关内容)。

3. 泵站特征水位和特征扬程

灌溉泵站的特征水位包括进水池水位和出水池水位。

灌溉泵站的进水池水位也称下水位,由水源水位减去引渠水面降落值和建筑物的水头损失值而得,随水源水位而变化。出水池水位也称上水位,即灌溉干渠的渠首水位,按灌溉渠系由灌区设计代表点高程逐级向上推算到渠首而得。

1)灌溉泵站进水池水位

灌溉泵站进水池水位有防洪水位、设计下水位、最高下水位、平均下水位和最低下水位。设计下水位用以确定泵站设计扬程,从江河、湖泊或水库取水时,取历年灌溉期水源保证率为 85% ~95% 的日平均或旬平均水位;从渠道取水的泵站,取渠道设计流量时的水位。

2)灌溉泵站出水池水位

灌溉泵站出水池水位有最高上水位、设计上水位、平均上水位和最低上水位。设计上水位一般为泵站设计流量相应的水位。

3)特征扬程

(1)设计扬程。当泵站出水管为淹没出流时,设计扬程等于设计上水位和设计下水位时的高差再加上管道水头损失。

(2)平均扬程。平均扬程是灌溉季节中泵站出现几率最多、运行历时最长的工作扬程。

(3)最高扬程。它等于最高上水位(或设计上水位)与最低下水位时的高差再加上管道水头损失。

(4)最低扬程。它等于最低上水位(或设计上水位)与最高下水位时的高差再加上管道水头损失。

二、排水泵站工程规划

平原圩垸、低洼地区,暴雨季节,由于降雨过多,农田水不能及时外排,容易造成涝灾,同时由于地下水位过高,又容易造成渍害。因此,排水站的主要任务是排涝与排渍。

(一)排水区的划分

应从排水区整体规划出发,统筹兼顾,按照高低水分开、内外水分开、主客水分开,就近排水,自排为主,抽排为辅的原则划分排水区域。排水区的划分常有以下两种。

1. 一级排水

所谓一级排水就是由排水站直接将涝水排入承泄区,见图 12-4(a),或由排水站将涝水先排入蓄涝容积,而蓄涝容积的涝水待外水位降低时再开闸自排,见图 12-4(b)。

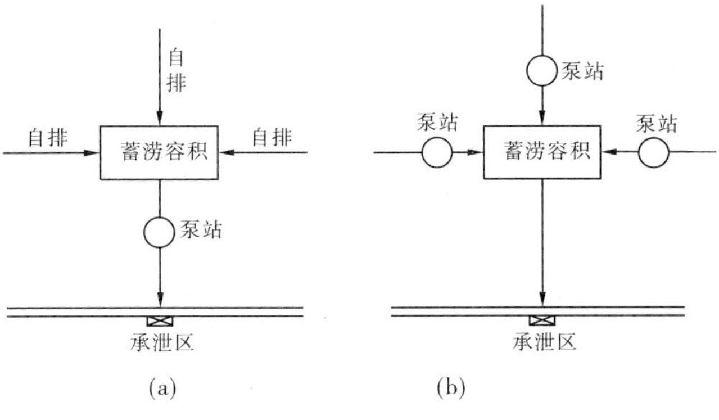

图 12-4　一级排水方式

2. 二级排水

在低洼地区建小站,将涝水排入蓄涝区内,这种站称为二级站或内排站,一般排水扬程较低。蓄涝容积内的涝水需要另外建站外排,这种站称为一级站或外排站,如图 12-5 所示。

(二)站址选择

排水泵站的站址应选在排水区内地势较低、流程较短的排水干河出口处,尽可能自流排水，控制较大的排水面积；应选择在靠近河岸且外河水位较低的地段，以降低排水扬程、增大泵的出水量；站址还应选在河床稳定、不冲不淤的河段，以保证排水泵站长期安全运行。其他要求与灌溉泵站的站址选择要求相同。

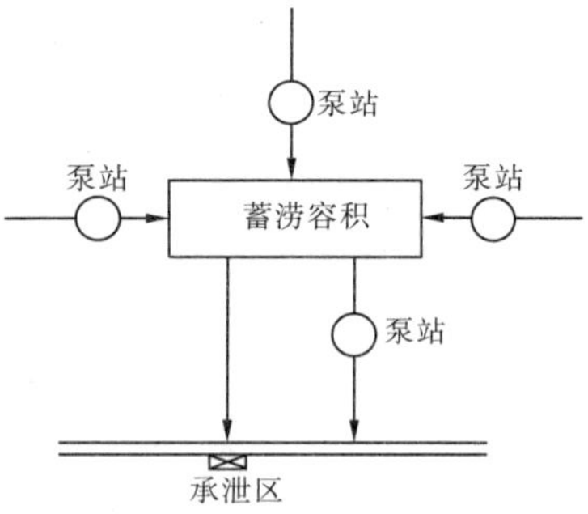

图 12-5　二级排水方式

（三）排水泵站总体布置

排水泵站常需要两套排水系统，一套是自流排水系统，一套是泵站排水系统。按照自流排水建筑物与泵房的关系，可分为分建式与合建式两种。

1. 分建式

图 12-6 是闸站分建式排灌泵站建筑物总体布置的一种形式。其中，图 12-6(a)为正向进水、正向出水的布置形式，如图 12-6(b)为侧向进水、侧向出水的布置形式。

2. 合建式

排水闸和泵房合建在一起，当内河水位高于外河时，开闸排水；当外河水位高于内河时，关闸开机排水，如图 12-7 所示。按照泵房与围堤的相对位置可将泵站分为堤后式与堤身式两类。

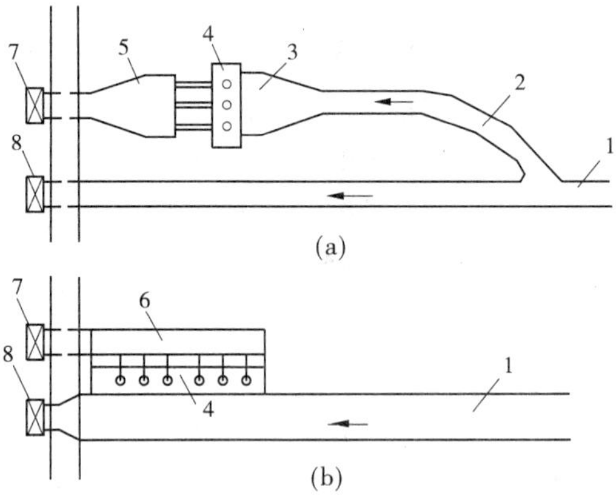

1—自流排水渠；2—引水渠；3—前池；4—泵房；
5—出水池；6—压力水箱；7—防洪闸；
8—自排闸

图 12-6　分建式

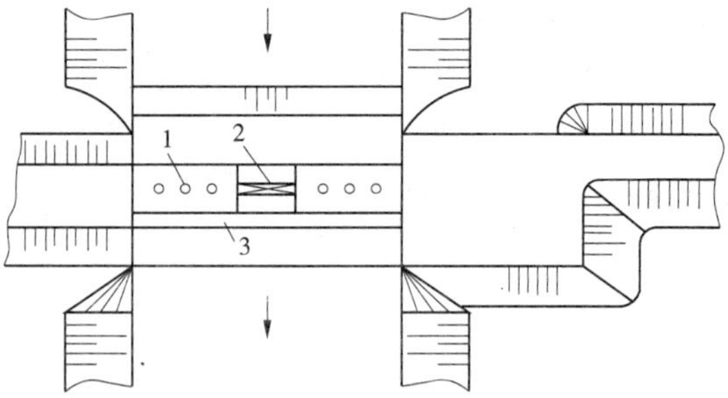
1—泵房；2—自排闸；3—交通桥

图 12-7　合建式

（四）排灌结合站的总体布置

有时排水区外河水位高于区内田面，区内涝水需由排水泵站抽排；有时外河水位低于区内田面，作物需要灌溉时，又将排水泵站作灌溉泵站用，进行提水灌溉。这种兼有灌溉和排水双重功能的泵站，称为排灌结合站。排灌结合站常用的总体布置形式有闸站分建式与闸站合建式。

1. 闸站分建式

图 12-8 所示为闸站分建式排灌泵站的布置形式。为保证排水通畅，将排水干河、前池、进水池、出水池和排水涵闸布置在一直线上，而将引水渠转弯与前池相连。

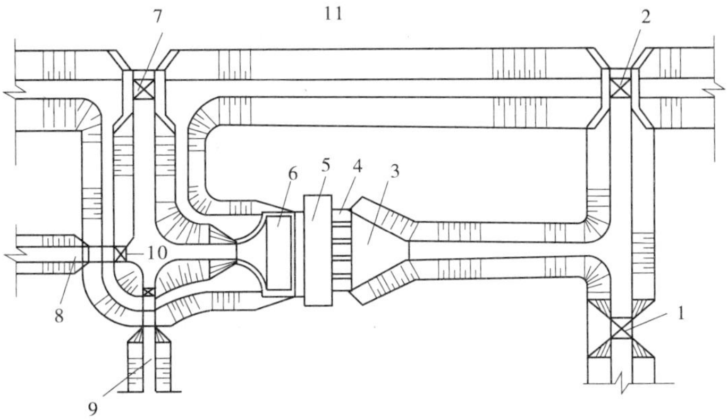

1—节制闸;2—引水闸;3—前池;4—进水池;5—泵房;6—出水池;
7—排水闸;8、9—灌溉渠道;10—灌溉闸;11—外河

图 12-8　闸站分建式排灌泵站布置图

2. 闸站合建式

如图 12-9 所示,该站采用双向流道,泵房最下层既是进水流道,又是引水或排水的涵洞,进水流道顶板面上是出水流道。

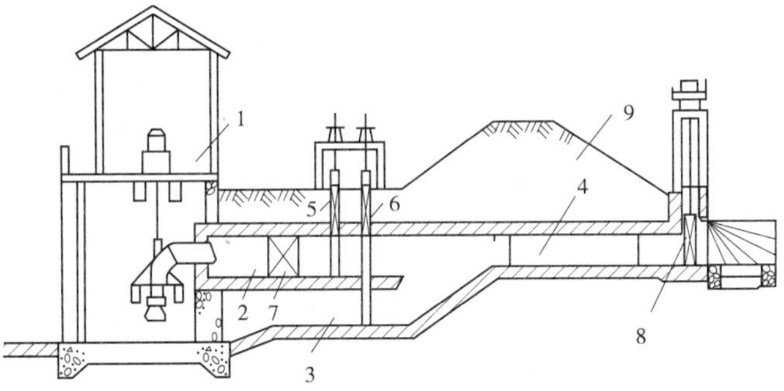

1—泵房;2—压力水箱;3—底洞;4—压力涵洞;5—上层闸门;
6—下层闸门;7—灌溉闸门;8—防洪闸门;9—防洪堤

图 12-9　闸站合建式排灌泵站布置图

(五)设计流量和设计扬程的确定

1. 设计流量

1)排水模数法

排水模数法适用于产流历时小于排水历时的小面积排水区。其计算公式为

$$Q = qA \tag{12-1}$$

式中　Q——设计排水流量,m^3/s;

q——设计排水模数,$m^3/(s \cdot hm^2)$;

A——控制的除涝排水面积,hm^2。

2)平均排除法

当排水区面积较小,且区内只有分散的湖泊、沟港和河网时,一遇到暴雨,全部面积上的总产水量除田间滞蓄和湖泊、河网、沟港滞蓄一部分外,均需由泵站在规定排水历时排出,设计流量可按平均排除法确定。

2. 特征水位与特征扬程

1)特征水位

由于排水站的任务是将圩垸和低洼地区的涝、渍水排至外河,因此其水位也分为内水位(进水池)、外水位(出水池)。内水位包括最高内水位、设计内水位和最低内水位,外水位包括最高外水位、设计外水位和最低外水位。

2)特征扬程

排水站的特征扬程有设计扬程、最大扬程、平均扬程和最小扬程,其计算同灌溉泵站。

第二节 进水建筑物

泵站进、出水建筑物包括:进水涵闸、引(排)水渠(暗管、涵洞)、前池、进水池、进出水管、出水池(压力水箱及泄水涵洞)、分水闸(防洪闸)等,本节主要介绍前池和进水池两种进水建筑物。

一、前池

(一)前池的作用

在有引渠的泵站中,前池是引水渠和进水池之间的连接建筑物。前池的作用是平顺地扩散水流,将引水渠的水流均匀地输送给进水池,为水泵提供良好的吸水条件;当水泵流量改变时,前池的容积起一定的调节作用,从而减小了前池和引水渠的水位波动。

(二)前池的类型

(1)前池按水流方向分,可分为正向进水和侧向进水两种形式。正向进水是指前池的来水方向和进水池的进水方向一致,如图 12-10 所示,其形式简单,施工方便,池中水流比较平稳,流速也比较均匀。侧向进水是两者的水流方向成正交或斜交,如图 12-11 所示,其流态比较紊乱,水流条件较差,容易形成回流和旋涡,影响水泵吸水。

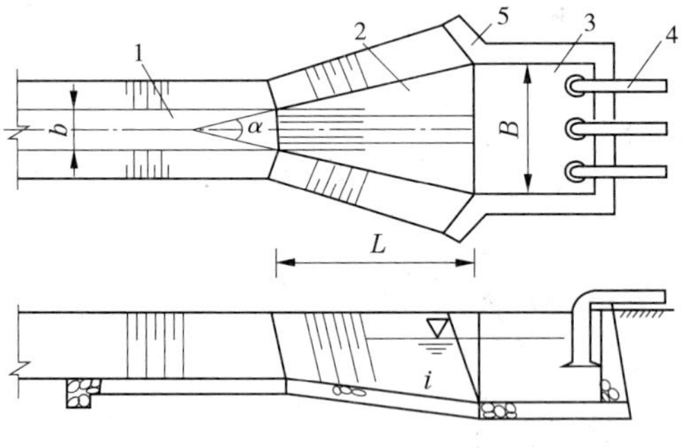

1—引水渠;2—前池;3—进水池;4—吸水管;5—翼墙

图 12-10 正向进水前池

(2)按前池中有无隔墩,可分为有隔墩和无隔墩两种形式。在多泥沙河流上泵站的前池应设隔墩,将前池分为多条进水道,每条进水道通向单独的进水池。

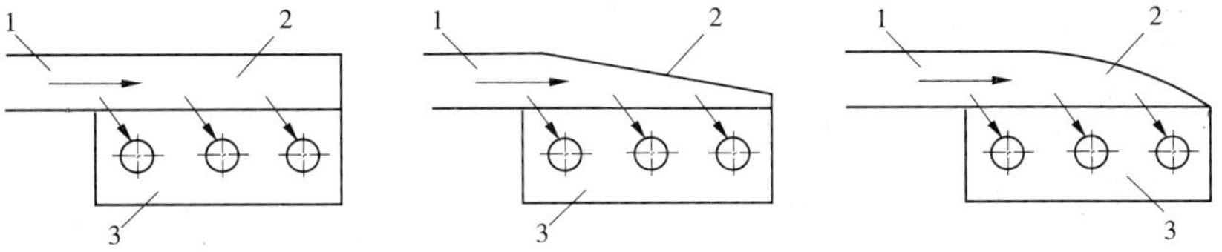

(a)矩形前池　　(b)梯形前池　　(c)曲线形前池

1—引渠;2—前池;3—进水池

图 12-11　侧向进水前池

(三)正向进水前池的尺寸

本章只介绍正向进水前池尺寸的确定方法。如图 12-10 所示,正向进水前池的主要尺寸有扩散角、长度和底坡。

1. 前池的扩散角

如图 12-10 所示,前池的扩散角 α 是影响前池尺寸及池中水流流态的主要因素。根据有关试验和工程实践,前池扩散角 α 一般采用 20° ~40°。

2. 前池的长度

在引水渠末端底宽 b 与进水池宽度 B 已知的条件下,根据已选定的扩散角 α,可以计算前池长度 L,则

$$L = (B - b)/\left(2\tan\frac{\alpha}{2}\right) \tag{12-2}$$

3. 前池的底坡

坡度太陡时,水流会产生纵向回流,水泵吸水管阻力增大;坡度太缓,则会增加工程量。综合水力和工程经济条件,池底坡度应采用 $i = \frac{1}{3} \sim \frac{1}{5}$。

当 $i < \frac{1}{3} \sim \frac{1}{5}$ 时,为节省土建工程量,可将前池段底部做成水平,靠近进水池的后段做成斜坡,并使此斜坡 $i = \frac{1}{3} \sim \frac{1}{5}$。

4. 前池的构造

对于地基较好的前池,一般采用砂浆砌石或干砌石护底、护坡。当地基条件较差时,对堤后式泵房或地下水位较高的地区,为防止渗透变形,必要时可在前池底部加做反滤层等防渗措施,以确保泵站的安全。对寒冷地区开敞式前池的边墙,宜采用直立式挡土墙。

二、进水池

进水池是为水泵或进水管直接吸水而建的建筑物,其主要作用有:①为水泵提供良好的吸水条件;②在水泵机组检修时截断水流;③水泵运行时拦截水中污物。

(一)进水池的平面形状

目前使用较多的进水池有矩形、多边形、半圆形和平面对称蜗形,如图 12-12 所示。中小型泵站多用矩形和多边形进水池。

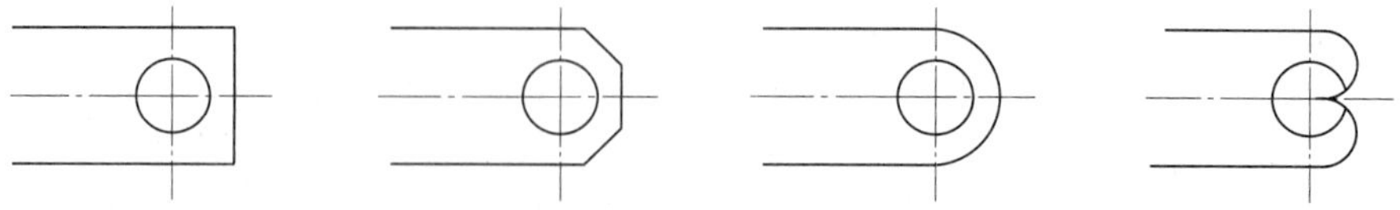

(a)矩形　　(b)多边形　　(c)半圆形　　(d)平面对称蜗形

图 12-12　进水池的平面形状

(二)进水池尺寸的确定

1. 进水池的悬空高度、淹没深度、最小水深及安全超高

1)悬空高度 $h_{悬}$

悬空高度是指进水管口至池底的垂直距离，该高度在满足水力条件良好和防止泥沙淤积管口的情况下，应尽量减少为宜，以减少池深、降低工程造价。

悬空高度 $h_{悬}$ 可根据进水管进口布置形式确定。

进水管垂直布置时　$h_{悬}=(0.6\sim0.8)D_{进}$

进水管倾斜布置时　$h_{悬}=(0.8\sim1.0)D_{进}$

进水管水平布置时　$h_{悬}=(1.0\sim1.25)D_{进}$

2)淹没深度 $h_{淹}$

淹没深度是指进水管口在进水池水面以下的深度。它对水泵进水性能具有决定性的影响，如此值确定不当，池中将形成旋涡，甚至产生进气现象，使水泵效率降低。例如，当进气量为 1% 时，水泵效率下降 5% ~15%，当进气量为 10% 时，水泵就不能工作了。除此之外，旋涡的出现，还可能引起机组超载、汽蚀、振动和噪声等不良后果。进水池水面上形成的吸气旋涡开始断断续续地将空气带进水泵时的管口淹没深度，称为临界淹没深度。为了保证水泵不吸入空气，进水池中的最小淹没深度应大于临界淹没深度。

临界淹没深度受多种因素的影响，它与喇叭口直径 $D_{进}$、进口流速 $v_{进}$、悬空高度 $h_{悬}$、后壁距 T、池宽及池中流速 v 密切相关，淹没深度可按有关规范求取。

国外对淹没深度曾进行多次试验研究，提出了不同的确定临界淹没深度的方法。从分析对比中发现，各种方法求出的临界淹没深度值出入较大，因此在选用时必须注意其试验条件，否则会产生较大的误差。

淹没深度可根据进水管进口布置形式确定。

进水管垂直布置时　$h_{淹}=(1.0\sim1.25)D_{进}$

进水管倾斜布置时　$h_{淹}=(1.5\sim1.8)D_{进}$

进水管水平布置时　$h_{淹}=(1.8\sim2.0)D_{进}$

3)进水池的最小水深和安全超高

进水池最低水位时的水深称为最小水深，它是悬空高度和最小淹没深度之和。

进水池的深度除满足进水要求外，还要有一定的安全超高。进水池的深度为最大淹没时的水深与安全超高之和。安全超高的大小主要考虑风浪和涌浪影响，一般取 0.3 ~0.4 m。

2. 进水池的宽度 B 和长度 L

1) 进水池的宽度

进水池宽度对池中旋涡、回流和水头损失都有影响，池宽过小会使池中流速过大，管口阻力损失增大；池宽过大又会有利于旋涡的形成，并且增加工程造价。

如果泵站只有一台机组或机组间有隔墩，则 $B=\pi D_{进}$，或取其整数 $B=3D_{进}$。

如果泵站有多台卧式机组，进水池的宽度一般取决于机组间距，而机组间距通常由泵房内部布置确定。

2) 进水池的长度

进水池必须要有足够的容积，否则在启动过程中，可能由于来水较慢，进水池中水位急速下降，致使淹没深度不足而造成启动困难，甚至使水泵无法抽水。

在确定进水池长度 L 时，一般按进水池的有效容积为总流量的倍数计算。即

$$hBL = KQ \tag{12-3}$$

$$L = \frac{KQ}{hB} \tag{12-4}$$

式中 h——进水池的水深，m；

L——进水池最小长度，m；

Q——泵站总流量，m^3/s；

K——秒换系数，当 $Q<0.5\ m^3/s$ 时，$K=25\sim30$，当 $Q>0.5\ m^3/s$ 时，$K=15\sim20$。

一般规定，在任何情况下，应保证从进水管中心至进水池进口至少有 $4D_{进}$ 的距离。

3) 后壁距 T

后壁距不仅关系到泵站装置效率，还关系到进水池内有害旋涡和回流的形成。按照消除水面旋涡的要求，$T=0$ 时效果最好。但考虑到安装检修的方便，可采用

$$T = (0.8\sim1.0)D_{进} \tag{12-5}$$

(三)进水池构造

建在泵房前的进水池，池边墙可为直立式或斜坡式。直立边墙可采用砂浆块石砌筑。斜坡式用砂浆块石护坡。护坡厚 300 mm，护底厚 300 ~ 500 mm。喇叭口附近护底厚应不小于 500 ~ 700 mm。其顶部浇筑厚度不小于 100 mm 的混凝土，以保护下层浆砌块石。进水池翼墙平面布置采用曲线或直线，收缩角可采用 15° ~ 30°。对于建在泵房下的进水池，结构与泵房统一考虑。

第三节 泵 房

泵房也称为机房、厂房或站身，是安装水泵、动力机、电气设备及其他辅助设备的建筑物，是泵站工程的主体。其主要作用是为水泵机组、辅助设备及运行管理人员提供良好的工作条件。

一、泵房的类型

泵房的结构型式很多，按泵房能否移动分为固定式泵房和移动式泵房两大类。固定

式泵房按基础结构又分为分基型、干室型、湿室型和块基型四种结构型式。移动式泵房根据移动方式的不同分为浮船式和缆车式两种类型。

(一)固定式泵房

1. 分基型泵房

分基型泵房的基础与机组基础分开建筑,属单层结构,是中小型泵站最常采用的结构型式。进水池边坡可以建成斜坡式或直立挡土墙式,图 12-13 为斜坡式分基型泵房。

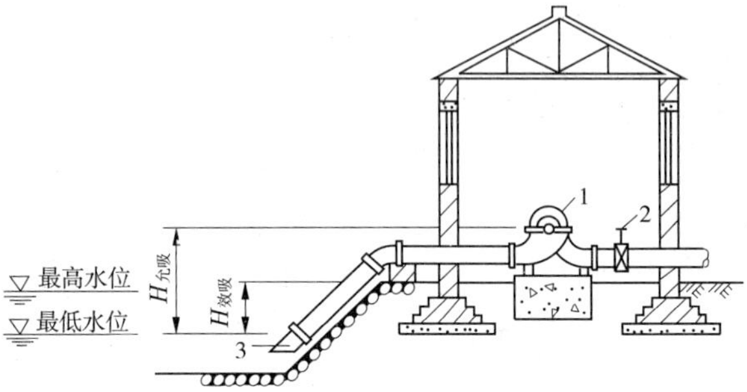

1—水泵;2—闸阀;3—平削管

图 12-13　斜坡式分基型泵房

2. 干室型泵房

当水源水位变幅较大时,为了防止高水位时水从泵房四周和底部渗入,将泵房四周墙壁和泵房底板以及机组基础用钢筋混凝土浇筑成不透水的整体,形成干燥的地下室,这种泵房称为干室型泵房,如图 12-14 所示。

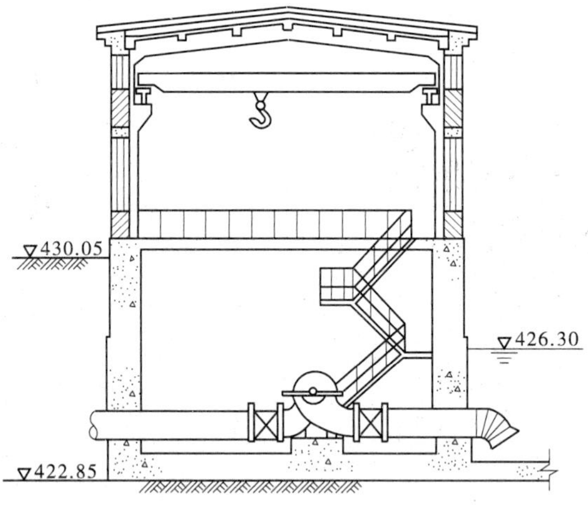

图 12-14　矩形干室型泵房　(单位:m)

3. 湿室型泵房

湿室型泵房的下部有与前池相通的湿室(即进水室),故称湿室型泵房。湿室型泵房按其下部结构型式的不同,又可分为墩墙式、排架式、箱式等。图 12-15 为一墩墙式湿室型泵房,其下部除进水侧外,其余三面建有挡土墙,每台水泵之间用隔墩分开,形成单独的进水室，支承水泵和电机的人梁直接搁置在隔墩和边墙上。

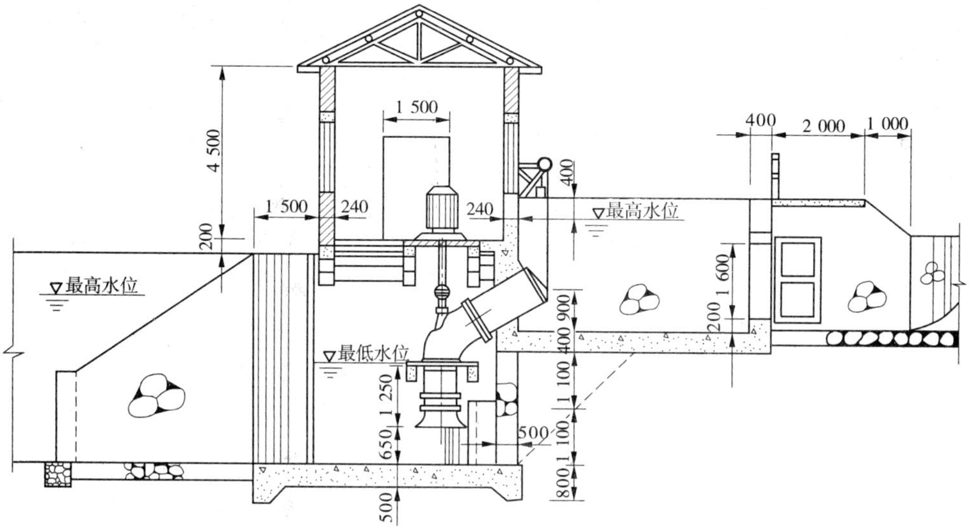

图 12-15 墩墙式湿室型泵房 （高程单位：m，尺寸单位：mm）

4. 块基型泵房

对于安装大型轴流泵或混流泵的泵站，由于流量大，对进水流态要求较高，为了给水泵提供良好的进水条件，需采用进水流道。同时，为了增强泵房的稳定性，将机组基础、泵房底板和进水流道三者整体浇筑在一起，在泵房下部形成一个大体积的钢筋混凝土块状结构，故称块基型泵房。

（二）移动式泵房

移动式泵房一般分为浮船式和缆车式两种，它们是用移动的船或车作为泵房，随着水源水位的变化而升降，不需要复杂的水下工程，投资较省，施工简便，适用于从水源水位变化幅度较大的河流或水库岸边提水的情况。

二、泵房内部布置

泵房内部的设备分为主机组和辅助设备两类，主机组包括主水泵、动力机及传动设备，辅助设备包括电气、起重、充水、排水、通风等设备。

泵房布置的要求是：①主机组的布置，在满足安装、运行、检修的前提下，应尽量减小泵房尺寸，简化泵房结构；②辅助设备尽量布置在泵房的空地上，充分利用泵房空间，不增加泵房尺寸；③满足泵房通风、采光和采暖的要求，并符合防潮、防火等技术规定。

（一）主机组布置

1. 直线布置

直线布置是指各机组的轴线位于同一条直线上，如图 12-16 所示。这种布置形式适合于水泵台数较少的双吸离心泵或中开式多级离心泵。

2. 双列交错布置

当机组台数较多，或泵房长度受到限制时可采用这种布置形式，如图 12-17 所示。这种布置要求部分水泵轴转向，故在水泵订货时必须加以说明。

3. 平行布置

平行布置是指各机组轴线相互平行，并垂直于泵房长度方向，如图 12-18 所示。这种布置形式适合于单级单吸式离心泵和蜗壳式混流泵。

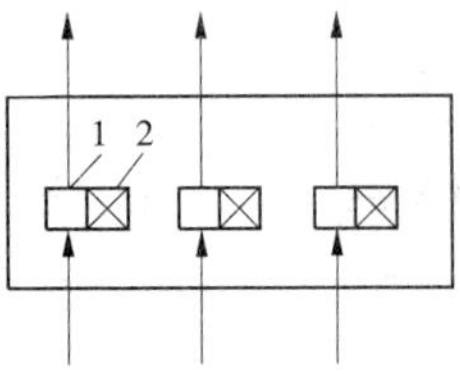

1—水泵；2—电动机

图 12-16　直线布置

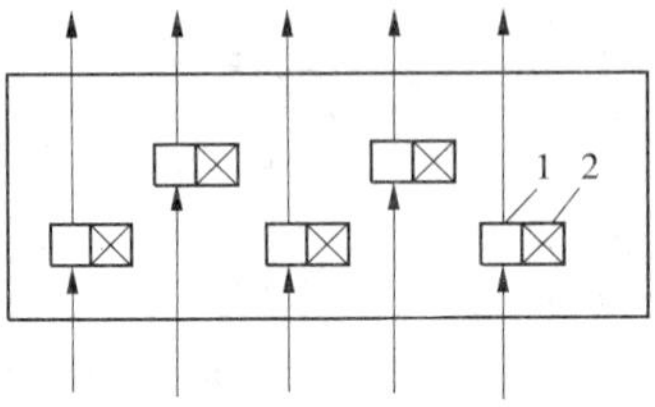

1—水泵；2—电动机

图 12-17　双列交错布置

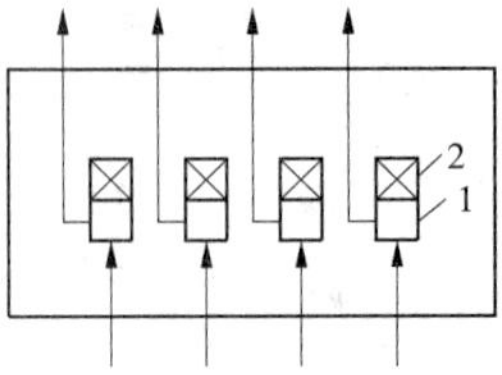

1—水泵；2—电动机

图 12-18　平行布置

（二）配电设备及配电间布置

1. 一端式布置

一端式布置即在泵房进线一端建配电间，是常采用的一种布置形式，如图 12-19 所示。

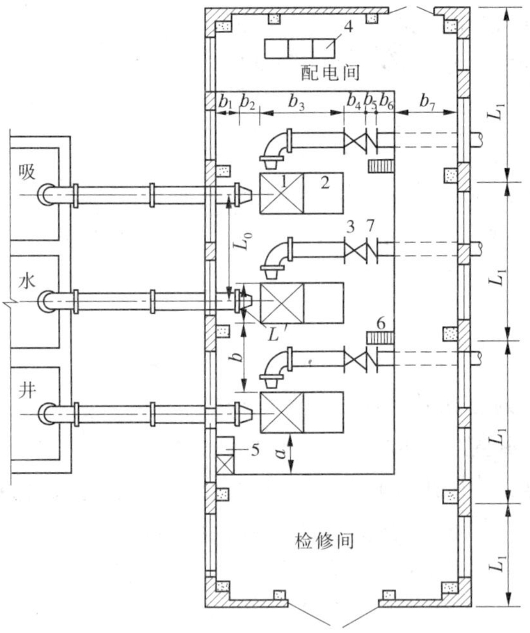

1—水泵；2—电动机；3—闸阀；4—配电柜；5—真空泵；6—踏步；7—逆止阀

图 12-19　泵房平面尺寸示意图

2. 一侧式布置

在泵房的一侧（进水侧或出水侧）建配电间，一般以出水侧居多，这样可不增加进水管长度。其优点是当机组台数较多时,有利于监视机组的运行。

配电间的尺寸取决于配电柜的数量、规格尺寸及必要的操作维修空间。

(三)检修间布置

检修间有三种布置方式:一端式、一侧式、平台式。一端式布置即在主泵房对外交通运输方便的一端,沿电动机层长度方向加长一段,作为检修间。目前绝大多数泵站采用这种布置方式,如图 12-19 所示。

检修间的尺寸主要根据机组的安装、检修要求确定,其面积大小应满足一台机组安装或解体大修的要求。

(四)交通道布置

为便于工作人员巡视及设备搬运,主泵房内应设主交通道和工作通道,一般沿泵房长度方向布置。主交通道宽度不宜小于 1.5 m,工作通道宽度一般不宜小于 1.0 m。

(五)充水系统布置

当水泵的安装高程高于进水池水位时,在启动水泵前吸水管路和水泵内必须充满水。水泵充水的方法较多,根据吸水管路进口是否有底阀,可分为人工充水和真空泵充水。

(六)排水系统布置

排水系统用来排除水泵水封用的废水、轴承冷却水及管阀漏水等。对于分基型和干室型泵房,泵房内应设排水沟和集水井。

(七)电缆的布置

从配电间引至电动机的电缆一般布置在电动机进线盒一侧的电缆沟内。电缆沟尺寸由电气设计确定,其结构设计须防水防潮,沟内电缆用穿线管引至电动机进线盒。

(八)起重设备

为便于水泵或电动机的安装和检修,泵房内应设有起重设备。常用的起重设备有三脚架与手动葫芦结合、单轨吊车、桥式吊车等,应根据最重吊运部件和吊具的总重量选用。

三、泵房尺寸的确定

泵房尺寸要根据泵房内部设备布置、结构型式等因素确定,并应符合国家有关规范要求。下面以卧式机组的泵房为例,简要介绍泵房的主要尺寸确定。

(一)泵房的长度

泵房长度主要根据机组或机组基础的长度、机组间距和检修间长度确定。图 12-19 为卧式机组平面尺寸示意图,机组基础与墙的间距为 a,机组基础加间距 b 即为机组中心距 L_0。L_0 还应与每台水泵要求的进水池宽度和隔墩宽度之和一致。如两者不一致,可调整机组间距。

机组中心距也就是泵房的柱距,应符合建筑模数。

泵房的长度等于主泵房长度、配电间长度和检修间的长度之和。

(二)泵房的跨度

泵房跨度根据泵体在泵房宽度方向上的尺寸、进出水管路和管路附件的长度,以及安装、检修和操作所需的空间,并考虑交通道宽度及吊车跨度确定。如图 12-19 所示,计算式为

$$B = b_1 + b_2 + b_3 + b_4 + b_5 + b_6 + b_7 \tag{12-6}$$

式中　B——泵房跨度,m;

b_1、b_6——拆装管路所要求的空间,一般不小于0.3 m;

b_2——偏心渐缩管长度,m;

b_3——机组在宽度方向的尺寸,m;

b_4——闸阀长度,m;

b_5——逆止阀长度,m,上述尺寸可从有关样本中查得;

b_7——交通道宽度,一般不小于1.5 m。

(三)泵房的高度及各部高程

1. 泵房的高度

泵房的高度是指从检修间地坪到屋面大梁下缘的垂直距离。对设有吊车的泵房,应考虑载重汽车驶入检修间的要求,泵房高度H应同时满足起吊机组最大部件和泵房墙壁开窗通风要求。如图12-20所示,计算式为

$$H = h_1 + h_2 + h_3 + h_4 + h_5 + h_6 \tag{12-7}$$

式中　h_1——车厢底板距检修间地面高度,m;

h_2——垫块高度,m;

h_3——最大设备(或部件)的高度,可从有关样本中查得,m;

h_4——捆扎长度,m;

h_5——吊车钩至吊车轨道面的距离,m;

h_6——吊车轨道面至大梁下缘的距离,m。

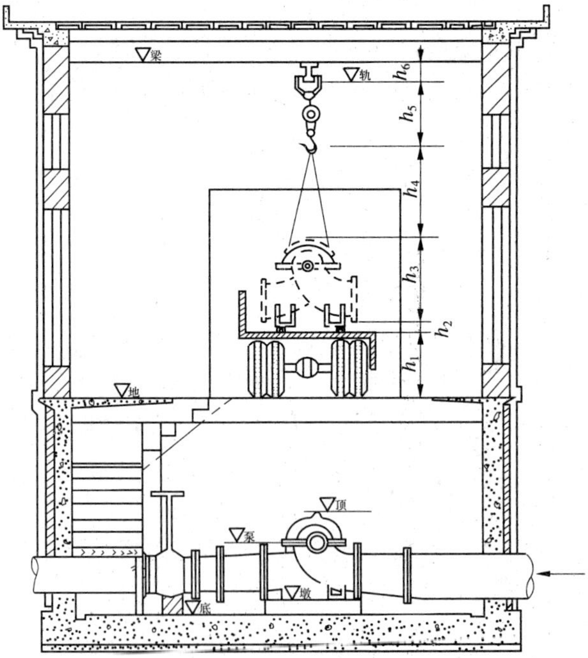

图12-20　泵房高度示意图

小型泵房一般不专设吊车,但应考虑临时起吊设施及通风采光的要求,一般泵房的高度不小于4 m。

2. 泵房的各部高程

应首先确定水泵安装高程$\nabla_{泵}$,然后由安装高程$\nabla_{泵}$减去泵轴线至水泵底座的距离,得到水泵基础顶面高程$\nabla_{基础}$。再由水泵基础顶面高程$\nabla_{基础}$减去0.1~0.3 m,得泵房底板高程$\nabla_{底}$,如图12-20所示。

检修间地面高程$\nabla_{地}$和配电间地面高程一致,为防洪安全及便于汽车运输设备进入检修间,检修间地面高程应高出最高洪水位及泵房外地面0.3~0.5 m。检修间地面高程加上式(12-7)中h_1至h_5的距离,便得到吊车轨道面的高程$\nabla_{轨}$,由$\nabla_{轨}$加上h_6便得到屋面大梁下缘的高程$\nabla_{梁}$。

四、泵房的稳定分析

在完成泵房内部布置及尺寸初步拟定后,必须进行泵房整体稳定分析,它包括抗滑稳定、抗渗、抗浮及地基稳定分析等内容。泵房结构不同,适用条件不同,稳定分析内容也不同。分基型泵房只需进行基础的基底压力验算;干室型泵房除进行上述稳定计算外,还需进行抗浮、抗滑稳定验算;湿室型泵房四个分析都要进行。如果不能满足要求,必须对泵房内的设备布置或其尺寸进行修改,对地基进行处理,直到满足稳定要求后才能进行泵房有关构件的结构计算。

第四节　出水建筑物

出水池和压力水箱都是泵站的出水建筑物,两者结构型式不同,前者是开敞式,后者为封闭式。其作用是汇集水泵出水管的出流,并消除出水管道水流的余能,使水流平顺而均匀地引入干渠或承泄区。

一、出水池

(一)出水池的类型

1. 根据水流方向分类

按出水和输水方向不同分为正向、侧向和多向出水池。如图12-21所示。其中以正向出水的水流条件为最好,工程中经常采用。

2. 根据出水管出流方式分类

按出水管口是否淹没可分为自由出流和淹没出流,如图12-22所示。

(二)出水池尺寸的确定

出水池尺寸应根据地形、地质、出水管数、出流方式等因素确定。

下面介绍正向出水池(淹没水平出流)各部分尺寸的确定。

1. 出水池的长度

如图12-23所示,出水池的长度L_k计算如下:

$$L_k = Kh_{淹大}^{0.5} \tag{12-8}$$

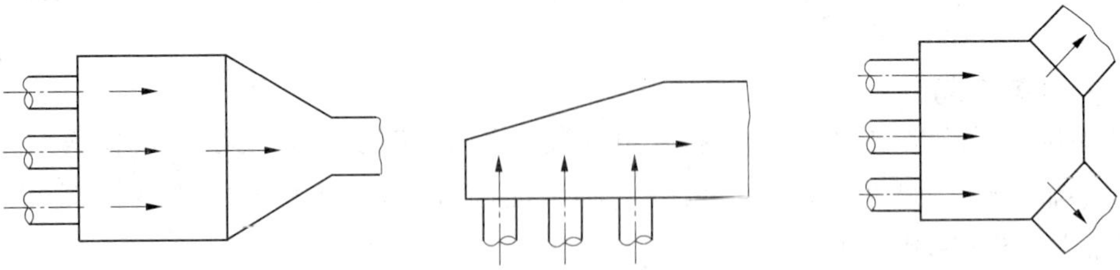

(a)正向出水　　(b)侧向出水　　(c)多向出水

图 12-21　出水池平面形状

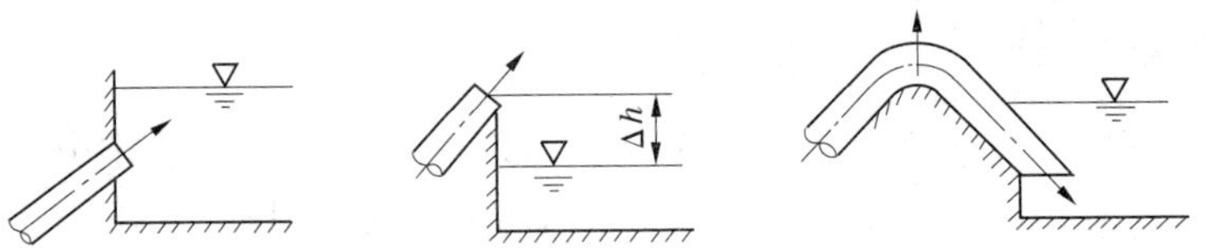

(a)倾斜淹没出流　　(b)自由出流　　(c)虹吸出流

图 12-22　出水管不同的出流方式

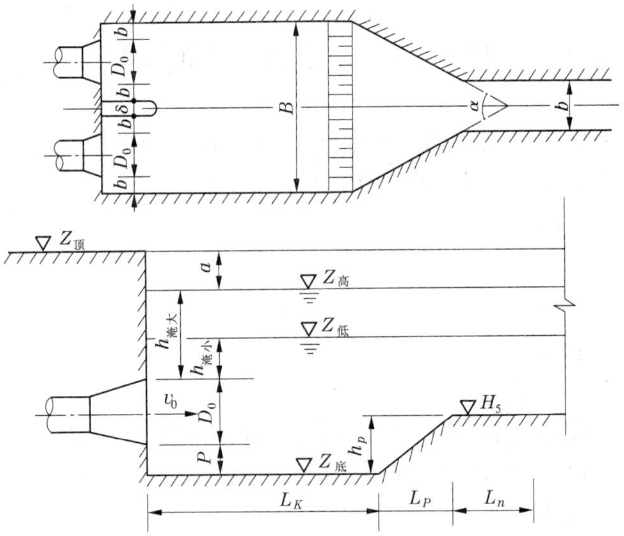

图 12-23　出水池的尺寸计算简图

式中　$h_{淹大}$——管口上缘的最大淹没水深,m;

K——试验系数。

2. 出水池的宽度

如图 12-23 所示,出水池的宽度 B 计算如下:

$$B = (n-1)\delta + n(D_0 + 2b) \qquad (12\text{-}9)$$

式中 n——出水管数目；

δ——隔墩厚度，m；

D_0——出水管口直径，m；

b——出水管至隔墩或距池壁的距离，$b = 0.5D_0$，m。

3. 管口上缘最小淹没深度

$$h_{淹小} = 2\frac{v_0^2}{2g} \qquad (12\text{-}10)$$

式中 v_0——出水管口流速，m/s。

管道出口上缘还应淹没在出水池最低运行水位以下 0.1 ~ 0.2 m。

4. 出水池底板高程

$$Z_{底} = Z_{低} - (h_{淹小} + D_0 + P) \qquad (12\text{-}11)$$

式中 $Z_{低}$——出水池最低运行水位，m；

P——出水管口下缘距池底的垂直距离，m，为防止管口淤塞和便于安装维修，一般采用 $P = 0.1 \sim 0.3$ m。

5. 出水池墙顶高程

$$Z_{顶} = Z_{高} + a \qquad (12\text{-}12)$$

式中 $Z_{高}$——出水池最高水位，m；

a——安全超高，一般取 0.3 ~ 0.6 m。

（三）出水池与渠道的衔接

出水池宽度一般大于渠道底宽，为使水流平顺地进入渠道，出水池与渠道之间应设渐变段，如图 12-23 所示。渐变段的收缩角采用 30° ~ 45°为宜，渐变段长度可按下式计算

$$L_n = (B - b)/(2\tan\frac{\alpha}{2}) \qquad (12\text{-}13)$$

式中 b——渠道底宽，m；

其他符号含义同前。

为防止水流冲刷渠道，靠近渐变段的渠道应该护砌，护砌长度可取渠中最大水深的 4 ~ 5 倍。

（四）出水池构造

出水池应尽可能修建在挖方上，如因地形条件限制，必须修建在填方上时，填土应碾压密实。对于地基条件较好的出水池，可采用浆砌石结构；地基条件差或北方地区可采用钢筋混凝土结构。建在填方上时，将出水池做成整体式结构，加大基础砌置深度，或用块石垫层，还要注意做好防渗与排水设施。

二、压力水箱

（一）压力水箱的类型

（1）按出流方向分，有正向出水与侧向出水两种，如图 12-24 所示。

（2）按平面形状分，有梯形和长方形。

(3)按水箱结构分,有有隔墩和无隔墩两种。

试验表明,正向出水、平面形状为梯形、有隔墩的压力水箱水流条件较好。

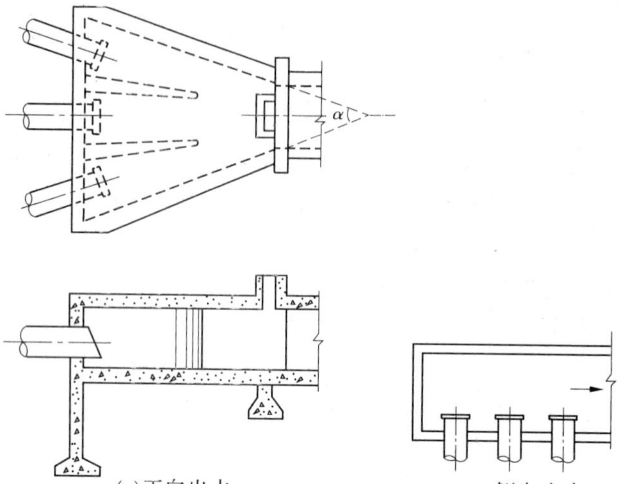

图 12-24　压力水箱的出水方式

(二)压力水箱的尺寸及构造

1. 压力水箱的尺寸

压力水箱一般为钢筋混凝土结构,容积不宜过大,通常采用 3 ~ 4 台水泵合用一个水箱。水箱断面尺寸取决于箱内的设计流速,一般取 1.5 ~ 2.5 m/s,同时考虑工作人员进入水箱内检修所需要的尺寸。

2. 压力水箱的构造

压力水箱内为有压水流,既有内水压力,又有外部荷载。因此,压力水箱的构造为整体钢筋混凝土结构。

第五节　出水管道

一、出水管的设计

从水泵至出水池之间的一段有压管道称为出水管道。出水管道的数量、长度和管径大小及其铺设对泵站的总投资影响较大。因此,正确合理地设计出水管道十分重要。

(一)设计要求

出水管道的设计要求是:

(1)管道引起的水力损失小,投资省;

(2)管道有足够的强度、刚度和稳定性;

(3)施工及运行管理应方便,密封性能好;

(4)运行安全可靠,有必要的安全装置。

(二)出水管道布置

1. 管线选择

管线应垂直于等高线,管线短而直,尽量减少转弯。管线铺设坡度应小于土的内摩擦角,管坡一般采用1:2.5~1:3.0。管线应减少地基开挖量和避开填方区,地基要有足够的承载力,以保证管道的稳定。

2. 布置形式

出水管路的布置通常有单泵单管平行布置、单泵单管收缩布置和管道并联布置。单泵单管平行布置管线短而直,管路附件少,安装方便;单泵单管收缩布置镇墩可以合建,出水池宽度可减小。当泵站机组台数较多时,为减小占地面积及出水池尺寸,可将两管或数管并联布置。选用何种管路的布置方式应进行技术经济比较,确定最佳方案。

(三)出水管道的铺设

1. 明式铺设

出水管道露天铺设于管线地基上,需要镇墩和支墩来支承,为了适应环境温度、应力对钢管的影响,管道上要设伸缩节。明式铺设施工、安装、检修方便,但需要经常性维护。

2. 暗式铺设

出水管道埋设在管线地面以下即为暗式铺设。暗式铺设节省土地,受气温影响小,但施工、安装、检修不便。

(四)出水管道的管材

出水管道一般有钢管、预应力钢筋混凝土管、预制钢筋混凝土管、现浇钢筋混凝土管等。目前,泵站的出水管道大多采用钢管和预应力钢筋混凝土管(国家有标准产品)。

钢管具有强度高、管壁薄、管段长、接头简单和运输方便等优点,水泵站用的最多。

(五)出水管的管径及管壁厚度

1. 管径

(1)根据扬程、流量确定经济管径

$$D = \sqrt[7]{\frac{5.2Q_{max}^3}{H_{净}}} \tag{12-14}$$

式中 Q_{max}——管内最大流量,m^3/s;

$H_{净}$——泵站净扬程,m。

(2)根据经济流速确定经济管径

$$D = 1.13\sqrt{\frac{Q}{v_{经}}} \tag{12-15}$$

式中 Q——管路的多年平均流量,m^3/s;

$v_{经}$——出水管道经济流速,根据经验取值。

(3)简便计算公式

$$\left.\begin{aligned} &当 Q < 120\ m^3/h 时 \quad D = 13\sqrt{Q} \\ &当 Q > 120\ m^3/h 时 \quad D = 11.5\sqrt{Q} \end{aligned}\right\} \tag{12-16}$$

2. 管壁厚度

钢管管壁厚度的确定主要是考虑内水压力,可由材料的强度和刚度条件确定。而钢筋混凝土压力水管，一般都已定型化生产，可根据制造厂的产品规格选用。

二、压力水管水锤

（一）水锤及研究目的

由于压力管道中流速的突然变化，引起管道中水流压力急剧升高或降低的现象称为水锤或水击。通常把水泵启动产生的水锤叫启动水锤，关闭阀门产生的水锤叫关阀水锤，停泵产生的水锤叫停泵水锤。前两种水锤只要按正常程序进行操作，不会危及水泵装置的安全。最危险的是由于突然停电或误操作造成的停泵水锤，往往压力很大，一般可达到正常压力的1.5～4倍，甚至更大，常造成机组损坏，水管开裂等事故。因此，对停泵水锤必须进行分析，并做出较精确的计算，以便采取必要的防护措施。

（二）停泵水锤分析

现分析管路不设逆止阀，管路出口不设拍门，当事故停泵，泵失去驱动力，泵出水侧闸阀无法及时关闭，管路内水倒流时的水锤过程。如图12-25所示，停泵水锤过程分为下述三个阶段。

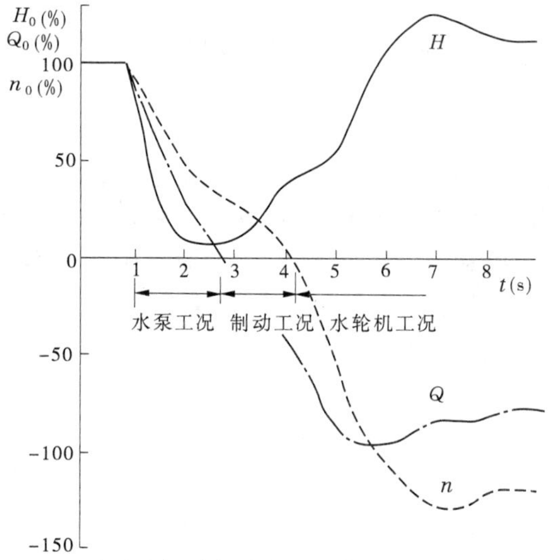

(a)无逆止阀时水泵出口处水力过渡过程线

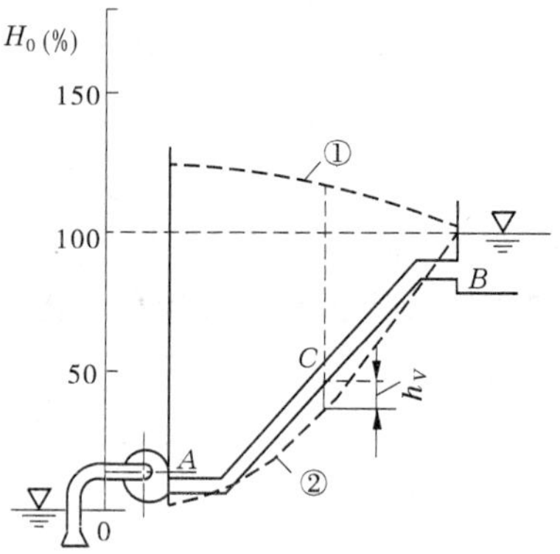

(b)管道沿程最高、最低压力分布曲线

①—最高压力线；②—最低压力线

图12-25 无逆止阀时水泵出口水力过渡现象

1. 水泵工况（水泵正转、水正流）

当动力突然中断后，水泵和管中水流速度逐步减少，泵出口 A 点压力降低，产生降压水锤，直至水流速度由 v_0 变为零为止。这一段称为“水泵工况”。

2. 制动工况（水泵正转、水倒流）

泵中正转叶轮对倒冲水流有阻力，则泵出口 A 点的压力上升，产生增压水锤。

3. 水轮机工况（机组反转，水倒流）

在倒泄水流的作用下，水泵开始反转并逐渐加快。泵内水压先升高，随后下降并稳定。

图 12-25(b)示出了不装逆止阀时压力水管中的最高压力和最低压力的分布线。

(三)水锤的防护措施

1. 防止降压过大的措施

(1)合理选择出水管路的直径,控制管口流速,使管路常数值较小,从而使水锤压力值较小。

(2)管线布置在最低压力线以下,避免局部突起、急转弯等,以防止出现过低负压。

(3)在逆止阀的出水侧或在压力管道可能产生水柱中断的转折处设置充水箱(或调压箱),停泵时主管道压力降低,水箱中的水进入主管道,避免管中降压过大或水柱中断。

2. 防止增压过大的措施

1)安装水锤消除器

水锤消除器具有一定的泄水能力,主要用于防止压力的升高。水锤消除器的种类很多,常用的有下开式和上开式两种,图 12-26 为一种结构简单的下开式水锤消除器。

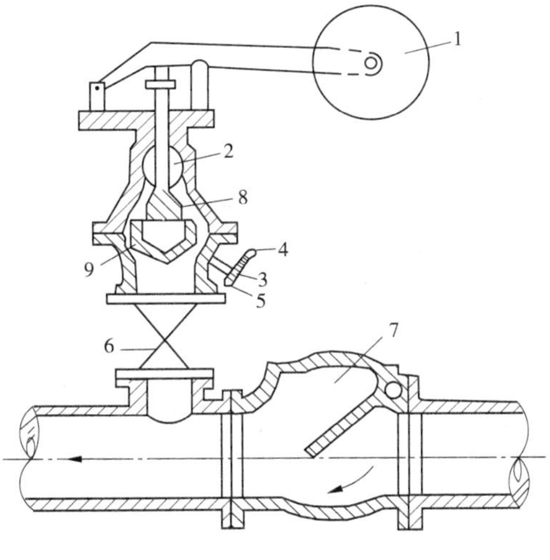

1—重锤;2—排水口;3—三通管;4—压力差;5—放气门;6—截流闸阀;7—逆止阀;8—阀瓣;9—分水锥

图 12-26 下开式水锤消除器

2)安装缓闭阀

普通逆止阀因阀板关闭的时间短,有很大的水击升压值。缓闭式逆止阀是一种靠缓冲机构使逆止阀的阀板缓慢关闭的泄水式水击防护设备,主要用于防止管路系统的压力上升。

3)高压空气罐

空气罐为圆形筒状,安装在水泵出口逆止阀之后的压力管路上。管路中压力升高,一部分水体进入空气罐,抬高罐中水位,压缩罐中空气,从而减小压力管路中的压力升高值。

4)安装安全薄膜

在逆止阀出水侧的主管道上安装一根支管,支管顶部用金属薄膜密封。当管中压力升高时,冲破薄膜,放出高压水,从而降低管中压力。

本章小结

(1)水泵站是由抽水装置、进出水建筑物、泵房及输配电系统等组成的多功能、多目标的综合水利枢纽。

(2)灌溉泵站工程规划包括灌区的划分和高扬程灌区的分级,站址、枢纽总体布置,泵站设计流量和设计扬程的确定;排水泵站工程规划包括排水区的划分,站址、枢纽总体布置方式,泵站设计流量和设计扬程的确定。

(3)泵站枢纽布置有两种基本型式,其主要建筑物的布置形式取决于建站的目的、水源的种类和特性,及建站地点的地形、地质和水文地质等条件。

(4)泵站进水建筑物主要包括引渠、进水池、前池等,出水建筑物包括出水池和压力水箱,其布置形式和尺寸拟定应综合考虑技术、安全和经济等因素。

(5)泵房有多种型式,泵房的结构应与水泵机组的类型及其工作条件相适应,泵房的尺寸与泵房内设备类型、数量及布置方式有关。

(6)泵站中水锤现象经常发生,有启动水锤、关阀水锤和停泵水锤等。为减轻水锤对泵站的危害,应采取有效防护措施,保障泵站的安全运行。

习　题

12-1　泵站根据工程用途分哪几种类型?一般由哪些建筑物组成?各有何作用?

12-2　灌区划分有哪几种形式?各适用于何种场合?

12-3　固定式泵房有哪几种基本类型?各适用于什么条件?

12-4　泵房内主机组布置有哪几种型式?常见的辅助设备有哪些?

12-5　卧式机组泵房的平面尺寸如何确定?

12-6　出水管线路有几种布置形式?铺设方式有哪两种?

12-7　泵站管路水锤有哪几种类型?水锤有什么危害?水锤的防护措施有哪些?

第十三章　城镇给排水工程泵站介绍

第一节　给水泵站

一、泵站分类与特点

在泵站的分类中，按照水泵机组设置的位置与地面的相对标高关系，可分为地面式泵站、地下式泵站与半地下式泵站；按照操作条件及方式，泵站可分为人工手动控制、半自动化、全自动化和遥控泵站四种。在给水工程中，常见的分类是按泵站在给水系统中的作用分为取水泵站、送水泵站、加压泵站及循环泵站四种。

（一）取水泵站（一级泵站）

取水泵站在水厂中也称一级泵站。在地面水源中，取水泵站一般由吸水井、泵房及闸阀井（又称闸阀切换井）三部分组成，其工艺流程如图13-1所示。地表水体中的水经取水头部（取水构筑物）自流进入吸水井中，设在取水泵房内的水泵从吸水井内吸水，经取水泵加压后送入净水厂内的净水构筑物。

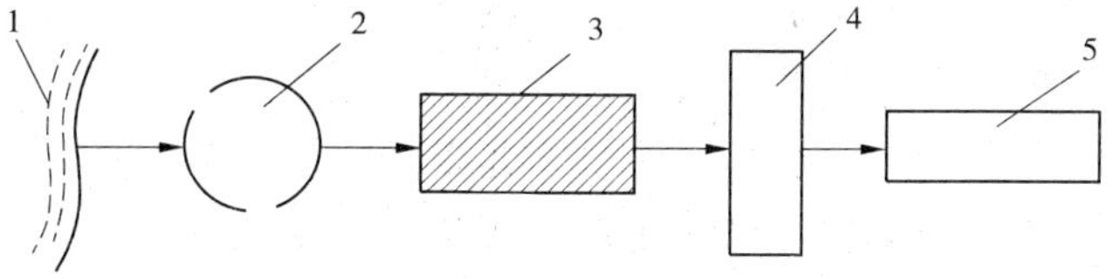

1—水源；2—吸水井；3—取水泵房；4—闸阀井（即切换井）；5—净化场

图13-1　地面水取水泵站工艺流程

由于具有靠江临水的特点，所以河道的水文、水运、地质以及航道的变化等都会直接影响到取水泵站本身的埋深、结构型式以及工程造价等。这类泵站泵房的高度较大，埋深较大，常建成地下式；泵房通常与取水建筑物合建；泵房一般采用圆形钢筋混凝土结构，深井法施工。

对于采用地下水作为生活饮用水水源而水质又符合饮用水卫生标准时，取井水的泵站可直接将水送到用户。

（二）送水泵站

送水泵站在水厂中也称为二级泵站，其工艺流程如图13-2所示。通常建在水厂内，它抽送的是清净水，所以又称为清水泵站。由水厂净化后的水进入清水池贮存，清水池中的水经管道自流入吸水井，经加压后送入城市输配水管网。

送水泵站吸水水位变化范围小，通常不超过3～4 m，因此泵站埋深较浅，一般可建成地面式或半地下式。送水泵站为了适应管网中用户水量和水压的变化，必须设置各种不同型号和台数的水泵机组,从而导致泵站建筑面积增大,运行管理复杂。因此,水泵的调速运行在送水泵站中显得尤其重要。

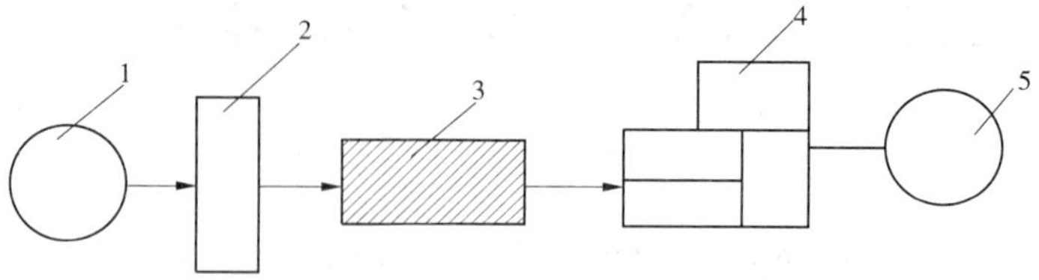

1—清水池;2—吸水井;3—送水泵站;4—管网;5—高地水池(水塔)

图 13-2 送水泵站工艺流程

(三)加压泵站

城市给水管网面积较大,输配水管线很长,或给水对象所在地的地势很高,可以在城市管网中增设加压泵站。加压泵站的工况取决于加压所用的手段,一般有两种方式:

(1)采用在输水管线上直接串联加压的方式,如图 13-3(a)所示。这种方式下,水厂内送水泵站和加压泵站将同步工作,一般用于水厂位置远离城市管网的长距离输水的场合。

(2)采用清水池及泵站加压供水方式(又称水库泵站加压供水方式)。即水厂内送水泵站将水输入远离水厂、接近管网起点处的清水池内,由加压泵站将水输入管网,如图 13-3(b)所示。这种方式下,城市中用水负荷可借助于加压泵站的清水池调节,从而使水厂的送水泵站工作制度比较均匀,有利于调度管理。

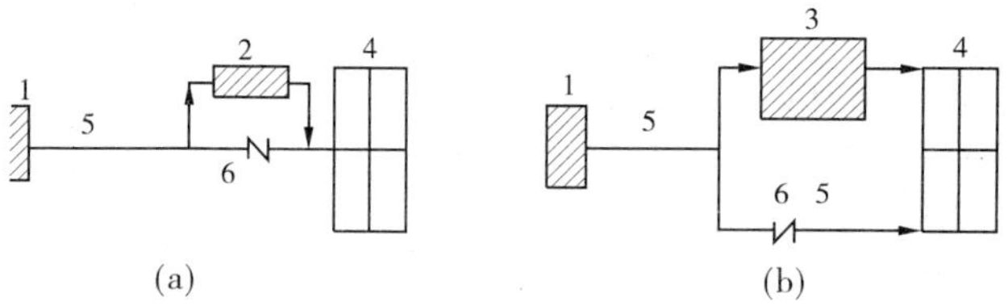

1—二级泵房;2—增压泵房;3—水库泵站;4—配水管网;5—输水管;6—逆止阀

图 13-3 加压泵站供水方式

(四)循环泵站

在某些工业企业中,生产用水可以循环使用或经过简单处理后回用,这时可采用循环泵站。在循环泵站中,一般设置输送冷、热水的两组泵,热水泵将生产车间排出的废热水,压送到冷却构筑物进行降温,冷却后的水再由冷水泵抽送到生产车间使用。如果冷却构筑物的位置较高,冷却后的水可以自流进入生产车间供生产设备使用,则可免去冷水泵。有时生产车间排出的废水温度并不高,但含有机械杂质,需要把废水先送到净水构筑物进行处理,然后再用泵压回车间使用,这种情况就不设热水泵。有时生产车间排出的废水,温度高又含有一定量的机械杂质,其处理工艺流程如图 13-4 所示。

循环泵站的工艺特点是其供水对象所要求的水压比较稳定,水量仅随季节的气温改变而有所变化,供水安全性要求一般都较高,因此泵备用率较大,泵台数较多。为了便于

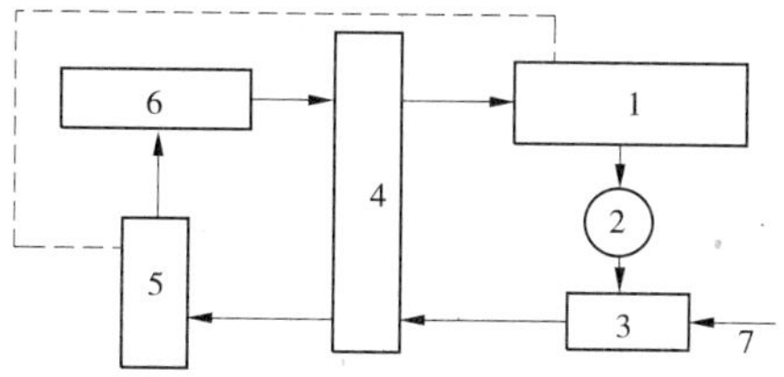

1—生产车间;2—净水构筑物;3—热水井;4—循环泵站;
5—冷却构筑物;6—集水池;7—补充新鲜水

图 13-4　循环给水系统工艺流程

管理,多采用自灌式,因此循环泵站大多是半地下式的。

二、泵的选择

泵站的设计流量和扬程是选泵的主要依据。泵站的供水能力应根据用户所需要的流量和扬程及其变化来确定。

(一)泵站的设计流量

1. 一级泵站设计流量的确定

1)以地表水为水源的一级泵站设计流量

为了减小取水构筑物、输水管道和净水构筑物的尺寸,节约基建投资,在这种情况下,通常要求一级泵站中的泵昼夜均匀工作,因此泵站的设计流量应为

$$Q_r = \frac{\alpha Q_d}{T} \tag{13-1}$$

式中　Q_r——一级泵站的设计流量,m^3/h;

Q_d——供水对象最高日流量,m^3/d;

α——计及管漏损失和净水构筑物自身用水而加的系数,一般取 $\alpha = 1.05 \sim 1.1$;

T——一级泵站在一昼夜内工作小时数。

2)以地下水为水源的一级泵站设计流量

当采用地下水作为生活饮用水水源,而水质又符合卫生标准时,就可将水直接供给用户。在这种情况下,实际上是起二级泵站的作用。

如送水到集水池,再从那里用二级泵站将水供给用户,则由于给水系统中没有净水构筑物,此时泵站的流量为

$$Q_r = \frac{\beta Q_d}{T} \tag{13-2}$$

式中　β——给水系统中自身用水系数,一般取 $\beta = 1.01 \sim 1.02$。

对于供应工厂生产用水的一级泵站,其中泵的流量应视工厂生产给水系统的性能而定,若为直流给水系统,则泵站的流量变化时,可采取开动不同台数泵的方法予以调节。对于循环给水系统,泵站的设计流量(即补充新鲜水量)可按平均日用水量计算。

2. 二级泵站设计流量的确定

二级泵站一般按最大日逐时用水变化曲线来确定各时段中泵的分级供水线。分级供

水的优点在于管网中水塔的调节容积远较均匀供水时为小。但是，分级不宜太多，因为分级供水需设置较多的泵，将增大泵站面积，清水池的调节容积也要加大。此外，二级泵站的输水管直径也要相应加大，因为必须按最大一级供水流量来设计输水管道的直径。

通常对于小城市的给水系统，由于用水量不大，大多数采用泵站均匀供水方式，即泵站的设计流量按最高日平均时用水量计算。这样，虽然水塔的调节容积占全日用水量的百分比值较大，但其绝对值不大，在经济上还是合适的。对于大城市的给水系统，有的采取无水塔、多水源、分散供水系统，因此宜采取泵站分级供水方式，即泵站的设计流量按最高日最高时用水量计算，而运用多台同型号或不同型号的泵的组合来适应用水量的变化。对于中等城市的给水系统，应视给水管网中有无水塔以及水塔在管网中的位置而定，可分多种情况通过管网平差后确定。

(二)泵站的设计扬程

1.一级泵站的设计扬程

一级泵站中泵的扬程是根据所采用的给水系统的工作条件来决定的。当泵站送水至净化构筑物，或往循环生产给水系统中补充新鲜水时，泵站所需的扬程按下式计算：

$$H = H_{st} + \sum h_s + \sum h_d + H_c \tag{13-3}$$

式中 H——泵站的设计扬程，m；

H_{st}——净扬程，采用吸水井的最低水位与净水厂混合井水面高差，m；

$\sum h_s$——吸压水管路的水头损失，m；

$\sum h_d$——输水管路的水头损失，m；

H_c——安全水头，一般取2～3 m。

2.二级泵站的设计扬程

二级泵站的设计扬程应视其在管网中的位置等具体情况经计算确定，详见《给水管道工程》。其计算公式为

$$H = H_{st} + \sum h + H_{sev} + H_c \tag{13-4}$$

式中 H——泵站的设计扬程，m；

H_{st}——水泵净扬程，即吸水井最低水位与给水管网中控制点的地面标高之差，m；

$\sum h$——管路中的总水头损失，$\sum h$ 按水泵最高时供水量计算，m；

H_{sev}——给水管网中控制点所要求的最小自由水压(服务水头)，m。

水泵采用分级供水时，应按泵站分级供水时的流量确定泵站分级供水扬程。

(三)选泵要点

选泵就是要确定泵的型号和台数。对于各种不同功能的泵站，选泵时考虑问题的侧重点也有所不同，一般可归纳成如下几点。

(1)大小兼顾，调配灵活。众所周知，给水系统中的用水量通常是逐年、逐日、逐时地变化的，给水管道中水头损失又与用水量大小有关，因而所需的水压也是相应地变化的。选泵时不能仅仅只满足最大流量和最高水压时的要求，应根据管网用水量与相应的水压变化情况，合理地选择不同性能的泵，做到大小泵兼顾，在运行中可灵活调度，以求得最经

济的效果。

(2)型号整齐,互为备用。从泵站运行管理与维护检修的角度来看,如果泵的型号太多,则不便于管理。一般希望能选择同型号的泵并联工作,对于水源水位变化不大的取水泵站,管网中设有足够调节容量的网前水塔(或高地水池)的送水泵站以及流量与扬程比较稳定的循环泵站,均可在选泵中采用本要点给予侧重考虑。当全日均匀供水时,泵站可以选 2 ~3 台同型号的泵并联运行。

(3)合理地用尽各泵的高效段。单级双吸式离心泵是给水工程中常用的一种离心泵(如 Sh 型、SA 型)。它们的经济工作范围(即高效段)一般在(0.85 ~1.15)Q_P 之间(Q_P 为泵铭牌上的额定流量值)。选泵时应充分利用各泵的高效段。

(4)近、远期相结合的观点在选泵过程中应给予相当的重视。特别是在经济发展活跃的地区和年代,以及扩建比较困难的取水泵站中,可考虑近期用小泵大基础的办法,近期发展采用换大泵以增大水量,远期发展采用换大泵的措施。

(5)大中型泵站需作选泵方案比较。

(四)选泵后的校核

在泵站中泵选好之后,还必须按照发生火灾时的供水情况,校核泵站的流量和扬程是否满足消防的要求。

就消防用水来说,一级泵站的任务只是在规定的时间内向清水池中补充必要的消防贮备用水。由于供水强度小,一般可以不另设专用的消防泵,而是在补充消防贮备用水时间内,开动备用泵以加强泵站的工作。

因此,备用泵的流量可用下式进行校核:

$$Q = \frac{2\alpha(Q_f + Q') - 2Q_r}{t_f} \tag{13-5}$$

式中 Q_f——设计的消防用水量,m^3/h;

Q'——最高用水日连续最大 2 h 平均用水量,m^3/h;

Q_r——一级泵站正常运行时的流量,m^3/h;

t_f——补充消防用水的时间,取 24 ~48 h,由用户的性质和消防用水量的大小决定,见建筑设计防火规范;

α——计及净水构筑物本身用水的系数。

就二级泵站来说,消防属于紧急情况。消防用水总量占整个城市或工厂的供水量的比例虽然不大,但因消防期间供水强度大,使整个给水系统负担突然加重。因此,应作为一种特殊情况在泵站中加以考虑。

例如,10 万人口的城镇,一二层混合建筑,其生活用水按 100 L/(人·d)计,平均秒流量 $q = 116$ L/s,设工业生产用水按生活用水量的 30% 计算,为 $Q' = 0.3 \times 116 = 35$ (L/s),合计 $\sum Q = 151$ L/s。消防时,按两处同时着火计,$q_t = 60$ L/s。可见,几乎使泵站负荷增加 40%。

因此,虽然城市给水系统常采用低压消防制,消防给水扬程要求不高,但由于消防用水的供水强度大,即使开动备用泵有时也满足不了消防时所需的流量。在这种情况下,可增加一台泵。如果因为扬程不足，泵站中正常运行的泵，在消防时都不能使用，这时将另选适合消防时扬程的泵，而流量将为消防流量与最高用水量之和。这样势必使泵站容量大大增加。在低压制条件下，这是不合理的。对于这种情况，最好适当调整管网中个别管段的直径，而不使消防时泵站扬程过高。

三、水泵机组与基础的布置

（一）水泵机组的布置

水泵机组的排列是泵站布置的重要内容，它决定泵房建筑面积的大小。机组间距以不妨碍操作和维修的需要为原则。机组布置应保证运行安全，装卸、维修和管理方便，管道总长度最短，接头配件最小，水头损失最小，并应考虑泵站有扩建的余地。机组排列有以下几种形式。

1. 纵向排列

纵向排列（即各机组轴线平行单排并列）如图 13-5 所示。适用于如 IS 型单级单吸悬臂式离心泵。因为悬臂式泵系顶端进水，采用纵向排列能使吸水管保持顺直状态，机组布置较为紧凑整齐；检修方便，泵房长度较小，但宽度较大。当泵房既有单吸泵又有双吸泵时，也可采用本形式。如果双吸泵台数较多，不宜采取这种布置形式。

2. 横向排列

如图 13-6 所示，侧向进出水的泵，如单级双吸卧式离心泵 Sh 型、SA 型采用横向排列方式较好。横向排列虽然稍增长泵房的长度，但跨度可减小，进出水管顺直，水力条件好，节省电耗，故被广泛采用。

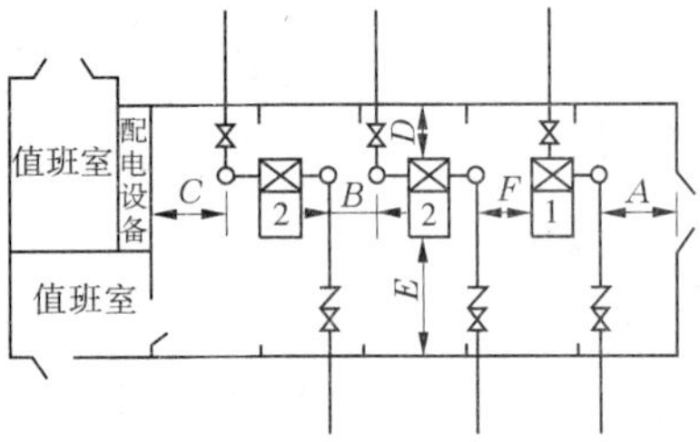

图 13-5　水泵机组纵向排列

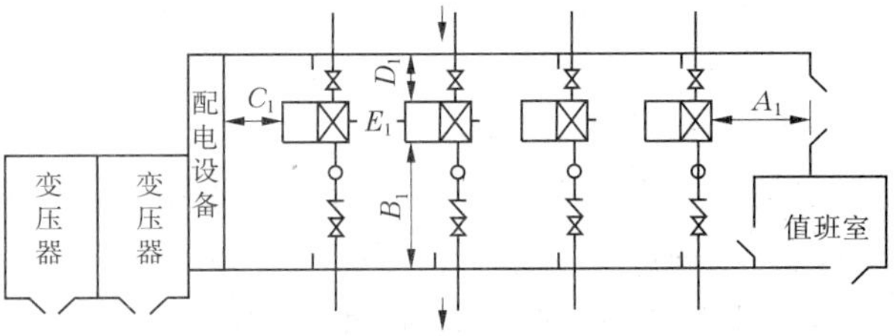

图 13-6　泵机组横向排列

3. 横向双行排列

如图 13-7 所示，这种排列更为紧凑，节省建筑面积。泵房跨度大，起重设备需考虑采用桥式行车。在泵房中机组较多的圆形取水泵站，采用这种布置可节省较多的基建造价。应该指出，这种布置形式的两行泵的转向从电动机方向看去是彼此相反的，因此在定货时应向水泵厂特别说明，以便水泵厂配置不同转向的轴套止锁装置。

（二）水泵机组的基础

机组（泵和电动机）安装在共同的基础上。基础的作用是支承并固定机组，使它运行平稳，不致发生剧烈振动，更不允许产生基础沉陷。因此，对基础的要求是：①坚实牢固，

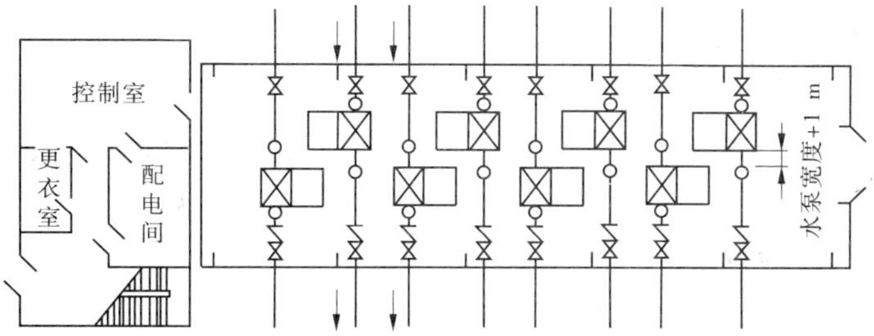

图 13-7　横向双行排列(倒、顺转)

除能承受机组的静荷载外,还能承受机械振动荷载;②要浇制在较坚实的地基上,不宜浇制在松软地基或新填土上,以免发生基础下沉或不均匀沉陷。

卧式泵均为块式基础,其尺寸大小一般均按所选泵的安装尺寸所提供的数据确定。如无上述资料,对带底座的小型泵可选取:

$$基础长度\ L = 底座长度\ L_1 + (0.15 \sim 0.20)(m)$$

$$基础宽度\ B = 底座螺孔间距(在宽度方向上)b_1 + (0.15 \sim 0.20)(m)$$

$$基础高度\ H = 底座地脚螺钉的长度\ l_1 + (0.15 \sim 0.20)(m)$$

对于不带底座的大中型泵的基础尺寸,可根据泵或电动机(取其宽者)地脚螺孔的间距加上 0.4 ~ 0.5 m,以确定其长度和宽度。基础高度确定方法同上。

基础高度还可用下述方法进行校核。基础重量应大于机组总重量的 2.5 ~ 4.0 倍。在已知基础平面尺寸的条件下,根据基础的总重量可以算出其高度。基础高度一般应不小于 50 ~ 70 cm。基础一般用混凝土浇筑,混凝土基础应高出室内地坪 10 ~ 20 cm。

基础在室内地坪以下的深度还取决于临近的管沟深度,不得小于管沟的深度。由于水能促进振动的传播,所以应尽量使基础的底放在地下水位以上,否则应将泵房地板做成整体的连续钢筋混凝土板,而将机组安装在地板上凸起的基础座上。

为了保证泵站的工作可靠、运行安全和管理方便,在布置机组时,应遵照以下规定:

(1)相邻机组的基础之间应有一定宽度的过道,以便工作人员通行。电动机容量不大于 55 kW 时,净距应不小于 0.8 m;电动机容量大于 55 kW 时,净距不小于 1.2 m。电动机容量小于 20 kW 时,过道宽度可适当减小。但在任何情况下,设备的突出部件之间或突出部件与墙之间应不小于 0.7 m,如电动机容量大于 55 kW,则不得小于 1.0 m。

(2)对于非水平接缝的泵,在检修时往往要将泵轴和叶轮沿轴线方向取出,因此在设计泵房时,要考虑这个方向有一定的余地,即泵离开墙壁或其他机组的距离应大于泵轴长度加上 0.25 m。为了从电动机中取出转子,应同样地留出适当的距离。

(3)装有大型机组的泵站内,应留出适当的面积作为检修机组之用。其尺寸应保持在被检修机组的周围有 0.7 ~ 1.0 m 的过道。

(4)泵站内主要通道宽度应不小于 1.2 m。

(5)辅助泵(排水泵、真空泵)通常安置于泵房内的适当地方,尽可能不增大泵房尺寸。辅助泵可靠墙安装，只需一边留出过道。必要时，真空泵可安置于托架上。

四、吸水管路与压水管路

吸水管路和压水管路是泵站的重要组成部分，正确设计、合理布置与安装吸、压水管路，对于保证泵站的安全运行、节省投资、减少电耗有很大的关系。

（一）对吸水管路的要求

吸水管路通常处于负压状态工作，所以对于吸水管路的基本要求是不漏气、不积气、不吸气，否则会使水泵产生故障。为此常采用以下措施：

（1）管材必须严格密封。因此，吸水管路一般采用钢管，接口可焊接，或用法兰连接。

（2）吸水管内水中含有溶解性气体时，会因管道中压力减小而逸出，如果在吸水管路某段上出现积气，形成气囊，会影响过水能力，严重时会破坏真空吸水。为了使泵能及时排走吸水管路内的空气，吸水管应有沿水流方向连续上升的坡度 i ，一般大于 0.005，以免形成气囊。图 13-8 所示为吸水管中正确与不正确的安装方法。

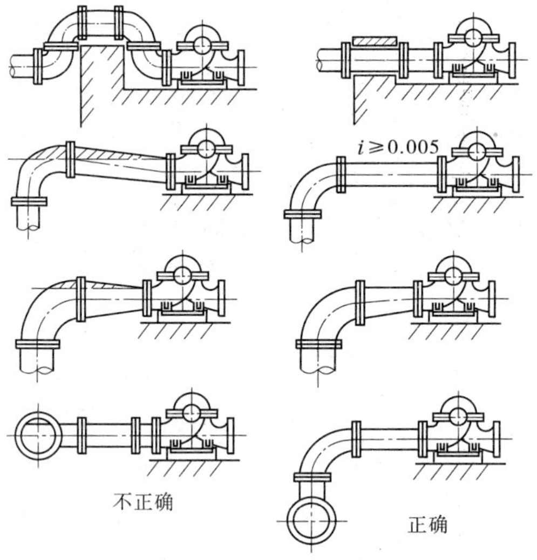

图 13-8　正确和不正确的吸水管安装

（3）吸水管安装在吸水井内，吸水井有效容积应不小于最大一台泵 5 min 的抽水量。为了避免吸水井（池）水面产生旋涡，使泵吸入空气，吸水管进口在最低水位下的淹没深度 h 不应小于 0.5 ~ 1.0 m，如图 13-9 所示。若淹没深度不能满足要求，则应在管子末端装置水平隔板，如图 13-10 所示。

为了防止泵吸入井底的沉渣，并使泵工作时有良好的水力条件，应遵守以下规定：

（1）吸水管的进口高于井底不小于 0.8D，如图 13-9 所示。D 为吸水管喇叭口（或底阀）扩大部分的直径，通常取 D 为吸水管直径的 1.3 ~ 1.5 倍。

（2）吸水管喇叭口边缘距离井壁不小于（0.75 ~ 1.0）D。

（3）在同一井中安装有几根吸水管时，吸水管喇叭口之间的距离不小于（1.5 ~ 2.0）D。

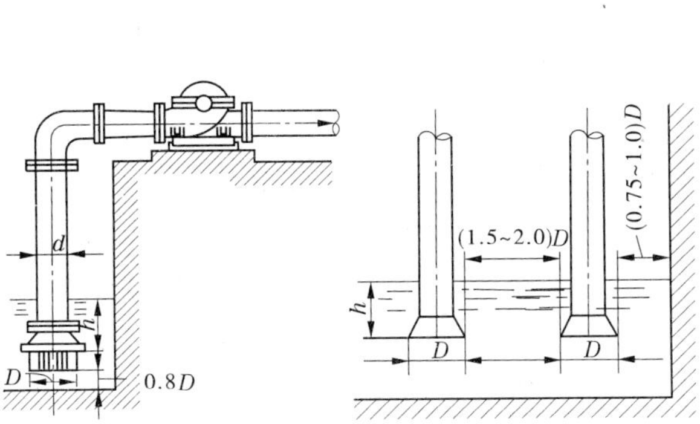

图 13-9　吸水管在吸水井中的位置

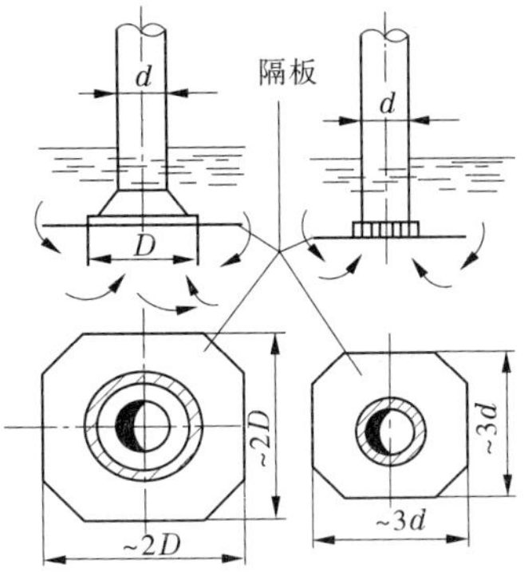

图 13-10　吸水管末端的隔板装置

当泵采用抽气设备充水或自灌充水时，为了减少吸水管进口处的水头损失，吸水管进口通常采用喇叭口形式。如水中有较大的悬游杂质，喇叭口外面还需加设滤网，以防水中杂物进入泵。当泵从压水管引水启动时，吸水管上应装有底阀。

（二）对压水管路的要求

泵站内的压水管路经常承受高压（尤其是发生水锤时），所以要求坚固而不漏水，通常采用钢管，并尽量采用焊接接口，但为便于拆装与检修，在适当地点可设法兰接口。为了方便安装和避免管路上的应力传至泵，一般应在吸水管路和压水管路上设置伸缩节或可曲挠的橡胶接头。为了承受管路中内压力所造成的推力，在一定的部位上（各弯头处）应设置专门的支墩或拉杆。

在不允许水倒流的给水系统中，应在泵压水管上设置止回阀。

压水管路上的闸阀，因为承受高压，所以启闭都比较困难。当直径 $D \geqslant 400$ mm 时，大都采用电动或水力闸阀。泵站内压水管路采用的设计流速可比吸水管路大些，管径小于 250 mm 时，为 1.5 ~ 2.0 m/s；管径等于或大于 250 mm 时，为 2.0 ~ 2.5 m/s。

（三）吸水管路和压水管路的布置

泵站内吸水管一般没有联络管，如果因为某种原因，必须减少泵吸水管的条数而设置联络管，则在其上应设置必要数量的闸阀，以保证泵站的正常工作。但是这种情况应尽量避免，因为在泵为吸入式工作时，管路上设置的闸阀越多，出事的可能性也越大。

图 13-11(a) 所示为三台泵（其中一台备用）各设一条吸水管路的情况。泵轴线高于吸水井中最高水位，所以吸水管路上不设闸阀。

图 13-11(b) 所示为三台泵（其中一台备用）采用两条吸水管路的布置。在每条吸水管路上装设一个闸阀 1，在公共吸水管上装设两个闸阀 2，在每台泵附近装设一个闸阀 3。当两个闸阀 2 都关闭的时候，水分别由两条吸水管路引向泵 H_1 和 H_3。其他情况运转时（H_1 和 H_2 或 H_2 和 H_3），要开启两个闸阀 2 中的一个。如果闸阀 1 中有一个要修理，则一条吸水管将供应两台泵吸水。

一般情况下，为了保证安全供水，输水干管通常设置两条，而泵站内泵台数常在 2 ~ 3

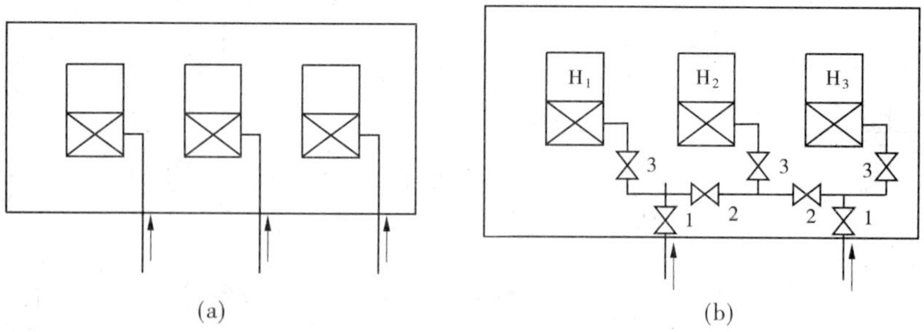

图 13-11 吸水管路的布置

台以上。为此,就必须考虑到当一条输水干管发生故障需要修复或工作泵发生故障改用备用泵送水时,均能将水送往用户。供水安全要求较高的泵站,在布置压水管路时,必须满足:

(1)能使任何一台泵及闸阀停用检修而不影响其他泵的工作。

(2)每台泵能输水至任何一条输水管。

送水泵站通常在站外输水管路上设一检修闸阀,或每台泵均加设一检修闸阀,这种闸阀经常是开启状态的,只有当修理泵或水管上的闸阀时才关闭。检修闸阀和联络管路上的闸阀,因使用机会很少,不易损坏,一般不再考虑修理时的备用问题。但是,对于所有常开闸阀,应定期进行开闭的操作和加油保护,以保持其工作的可靠性。

压水管路及管路上闸阀布置方式的不同,对泵站的节能效果与供水安全性均有紧密联系。从图 13-12 所示的三台泵(两用一备)、两条输水管的两种不同布置方式可看出,这两种布置共同的特点是,当压水管上任一闸阀 1 需要检修时,允许有一台泵及一条输水管停用,两台泵的流量由一条输水管送出。当修理任一闸阀 2 时,将停用两台泵及一条输水管。这两种方式布置的不同点在于,图 13-12(a)中布置可节省两个 90°弯头的配件,并且泵Ⅰ、泵Ⅱ作为经常工作泵,水头损失甚小(水流通过三通时其阻力系数 $\zeta=0.1$),它与图 13-12(b)中布置相比较具有明显的节能效果。

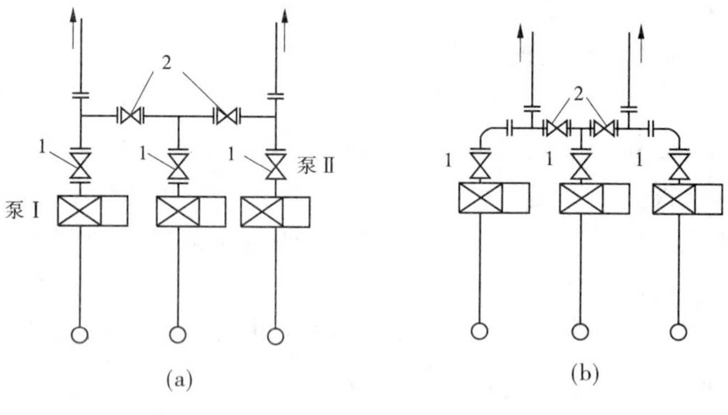

图 13-12 压水管不同布置方式

(四)吸水管路和压水管路的敷设

管路及其附件的布置和敷设应保证使用和修理上的便利。敷设互相平行的管路时,应使管道外壁相距0.4～0.5 m,以便维修人员能无阻地拆装接头和配件。为了承受管路中压力所造成的推力,应在必要的地方(如弯头、三通处)装置支墩、拉杆等,不允许让这些推力传给泵。

管路上必须设置放水口,供放空管路之用。泵站内的水管不能直接埋于土中,视具体情况可以敷设于:①砖、混凝土或钢筋混凝土的地沟中;②机器间下面的地下室中;③泵站地板上。

地沟上应有活动盖板,为了便于安装和检修,从沟底到下管壁的距离不应小于350 mm,从管壁到沟的顶盖的距离应不小于100～200 mm。直径在200 mm以下的水管应敷设在地沟的中间,沟壁与水管侧面的距离应不小于350 mm。直径为250 mm或更大的水管应不对称地敷设于沟中,管壁到沟壁的距离,一侧不应小于350 mm,而另一侧不应小于450 mm。沟底应有向集水坑或排水口倾斜的坡度i,一般为0.01。

地下式泵站所在地地下水位较高时,不宜采用能通行的管沟或地下室,否则会大大增加泵站的造价。

吸、压水管在引出泵房之后,必须埋设在冰冻线以下,并应有必要的防腐、防震措施。如管道位于泵站施工工作坑范围内,则管道底部应作基础处理,以免回填土时发生过大的沉陷。

泵站内管道一般不宜架空安装。但地下深度较大的泵房,为了与室外管路连接,有时不得不作架空管道。管道架空安装时,应做好支架或支柱,但不应阻碍通行,更不能妨碍泵机组的吊装及检修工作。不允许将管道架设在电气设备的上方,以免管道漏水或凝露时,影响下面电气设备的安全工作。

五、给水泵站的工艺设计

(一)设计资料

设计泵站所需资料可分为以下两部分。

1. *基础资料*

基础资料对设计具有决定性作用和不同程度的约束性。它往往不能按照设计者的意图与主观愿望任意变动,是设计的主要依据。主管部门对设计工作的主要指示、决议、设计任务书、有关的协议文件、工程地质、水文与水文地质、气象、地形等,都属于这类资料。

2. *参考资料*

参考资料仅供参考,不能作为设计的依据,如地区内现有泵站的运行情况调查资料,地区内现有泵站的设计图、竣工图或实测图,地区内已有泵站的施工方法和施工经验,施工中可能利用的机械和劳动力的来源等都属于这一类。

(二)泵站工艺设计步骤和方法

泵站工艺设计步骤和方法分述如下:

(1)确定设计流量和扬程。

(2)初步选泵和电动机或其他原动机,包括选择泵的型号、工作泵和备用泵的台数。由于初步选泵时,泵站尚未设计好,吸水、压水管路也未进行布置,水流通过管路中的水头损失是未知的，所以这时泵的全扬程不能确切知道，只能假定泵站内管道中的水头损失为某一个数值。一般在初步选泵时，可假定此数为 2 m 左右。根据所选泵的轴功率及转数选用电动机。如果机组由水泵厂配套供应，则不必另选。

（3）设计机组的基础。在机组初步选好后，即可查泵及电动机产品样本、机组的安装尺寸（或机组底板的尺寸）和总重量，据此可进行基础的平面尺寸和深度的设计。

（4）计算泵的吸水管和压水管的直径。

（5）布置机组和管道。

（6）精选泵和电动机。根据地形条件确定泵的安装高度。计算出吸水管路和泵站范围内压水管路中的水头损失，然后求出泵站的扬程。如果发现初选的泵不合适，则另行选泵。根据新选的泵的轴功率，再选用电动机。

（7）选择泵站中的附属设备。

（8）确定泵房建筑高度。泵房的建筑高度取决于泵的安装高度、泵房内有无起重设备以及起重设备的型号。

（9）确定泵房的平面尺寸，初步规划泵站总平面。

（10）向有关工种提出设计任务。

（11）审校、会签。

（12）出图。

（13）编制预算。

（三）取水泵站工艺设计举例

【卧式离心泵取水泵站设计实例】

某厂新建水源工程近期设计水量为 250 000 m^3/d，要求远期发展到 400 000 m^3/d，采用固定式取水泵房，用两条直径为 1 400 mm 的自流管从江中取水。水源洪水位标高为 37.00 m（1% 频率），枯水位标高为 23.53 m（97% 频率）。净化场反应池前配水井的水面标高为 57.83 m，自流取水管全长 200 m，泵站到净化场的输水干管全长 1 150 m，见图 13-13。试进行泵站工艺设计。

1. 设计流量确定和设计扬程估算

1）设计流量 Q

考虑到输水干管漏损和净化场本身用水，取自用水系数 $\alpha = 1.05$，则近期设计流量为

$$Q = 1.05 \times \frac{250\ 000}{24} = 10\ 937.5(m^3/h) = 3.038\ m^3/s$$

远期设计流量为

$$Q = 1.05 \times \frac{400\ 000}{24} = 17\ 500(m^3/h) = 4.861\ m^3/s$$

2）设计扬程 H

（1）泵所需净扬程 H_{st}。

通过取水部分的计算已知在最不利情况下（即一条自流管检修，另一条自流管通过 75% 的设计流量时），从取水头部到泵房吸水间的全部水头损失为 0.89 m，则吸水间中最

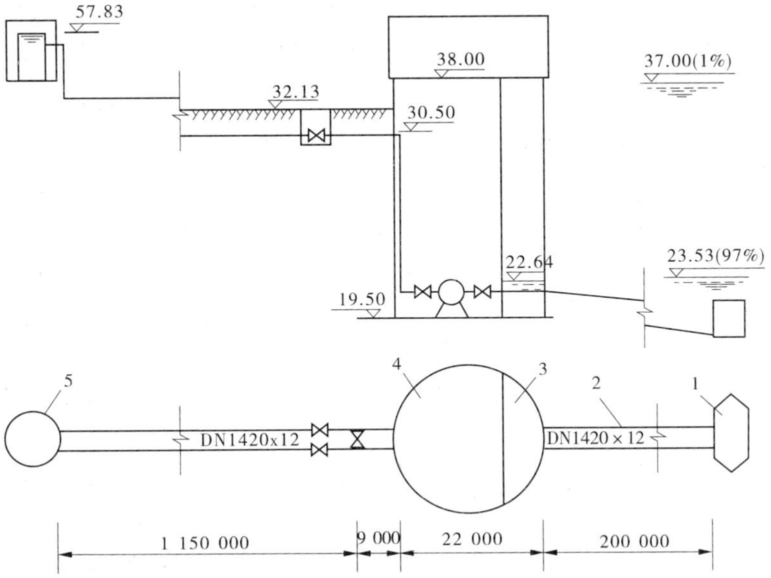

1—箱式取水头部;2—取水自流管;3—吸水间;4—机器间;5—净化场配水井

图 13-13　某取水泵站枢纽布置（高程单位:m,尺寸单位:mm）

高水面标高为 37.00 − 0.89 = 36.11(m)，最低水面标高为 23.53 − 0.89 = 22.64(m)。所以泵所需净扬程 H_{st} 为:

洪水位时　　　　$H_{st} = 57.83 - 36.11 = 21.72$(m)

枯水位时　　　　$H_{st} = 57.83 - 22.64 = 35.19$(m)

(2)输水干管中的水头损失 $\sum h$。

设采用两条 DN1420×12 钢管并联作为原水输水干管，当一条输水管检修时，另一条输水管应通过 75% 的设计流量(按远期考虑)，即 $Q = 0.75 \times 17\,500\ m^3/h = 13\,125(m^3/h) = 3.646\ m^3/s$。

查“水力计算表”得管内流速 $v = 2.37$ m/s，$i = 0.003\,9$，所以 $\sum h = 1.1 \times 0.003\,9 \times 1\,150 = 4.93$(m)(其中 1.1 即包括局部损失而加大的系数)。

(3)泵站内管路中的水头损失 h_p。

粗估为 2 m，则泵设计扬程为

枯水位时　　　　$H_{max} = 35.19 + 4.93 + 2 + 2 = 44.12$(m)

洪水位时　　　　$H_{min} = 21.72 + 4.93 + 2 + 2 = 30.65$(m)

2. 初选泵和电机

近期三台 32SA − 10 型泵($Q = 1.00 \sim 1.71\ m^3/s$, $H = 52.43 \sim 41.65$ m, $N = 752$ kW, $H_S = 4.7$ m)，两台工作，一台备用。远期增加一台同型号泵，三台工作，一台备用。

根据 32SA − 10 型泵的要求选用 YKS630 − 10 型异步电动机(1 000 kW, 10 kV, IP44 水冷式)。

3. 机组基础尺寸的确定

查泵与电机样本，计算出32SA－10型泵机组基础平面尺寸为5 200 mm×2 000 mm，机组总重量 $W = W_p + W_m = 81\ 340 + 87\ 710 = 169\ 050(\mathrm{N})$。

基础深度 H 可按下式计算：

$$H = \frac{3.0W}{LB\gamma}$$

式中 L——基础长度，$L = 5.2$ m；

B——基础宽度，$B = 2.0$ m；

γ——基础所用材料的容重，对于混凝土基础，$\gamma = 23\ 520\ \mathrm{N/m^3}$。

故 $$H = \frac{3.0 \times 169\ 050}{5.2 \times 2.0 \times 23\ 520} = 2.07(\mathrm{m})$$

基础实际深度连同泵房底板在内，应为3.25 m。

4. 吸水管路与压水管路计算

每台泵有单独的吸水管与压水管。

1）吸水管

已知 $$Q_1 = \frac{17\ 500}{3} = 5\ 833(\mathrm{m^3/h}) = 1.62\ \mathrm{m^3/s}$$

采用DN1220×12钢管，则 $v = 1.45$ m/s，$i = 1.77 \times 10^{-3}$。

2）压水管

采用DN1020×10钢管，则 $v = 2.06$ m/s，$i = 4.56 \times 10^{-3}$。

5. 机组与管道布置

为了布置紧凑，充分利用建筑面积，将四台机组交错并列布置成两排，两台为正常转向，两台为反常转向，在订货时应予以说明。每台泵有单独的吸水管、压水管，引出泵房后两两连接起来。泵出水管上设有液控蝶阀（（c）HDZs41X－10 ）和手动蝶阀（$D_2$241X－10），吸水管上设手动闸板闸阀（Z545T－6）。为了减少泵房建筑面积，闸阀切换井设在泵房外面，两条DN1400的输水干管用DN1400蝶阀（GD371Xp－1）连接起来，每条输水管上各设切换用的蝶阀（GD371Xp－1）一个。

由于管径较大，相应的连接配件（如三通、大小头等）没有全国通用的标准系列产品，本设计中便采用了一些自制的配件，在其他设计中，以选用全国通用标准产品为宜。

6. 吸水管路和压水管路中水头损失的计算

取一条最不利线路，从吸水口到输水干管上切换闸阀为止为计算线路。

经计算知：吸水管路中水头损失 $\sum h_s = \sum h_{fs} + \sum h_{ls} = 0.20$ m

压水管路中水头损失 $\sum h_d = \sum h_{fd} + \sum h_{ld} = 2.60$ m

从泵吸水口到输水干管上切换闸阀间的全部水头损失为：

$$\sum h = \sum h_s + \sum h_d = 2.80\ \mathrm{m}$$

因此，泵的实际扬程为：

设计枯水位时 $H_{\max} = 35.19 + 4.93 + 2.80 + 2 = 44.92(\mathrm{m})$

设计洪水位时　　$H_{min}=21.72+4.93+2.80+2=31.45(m)$

由此可见,初选的泵机组符合要求。

7. 泵安装高度的确定和泵房筒体高度计算

为了便于用沉井法施工,将泵房机器间底板放在与吸水间底板同一标高处,因而泵为自灌式工作,所以泵的安装高度小于其允许吸上真空高度,无需计算。已知吸水间最低动水位标高为22.64 m,为保证吸水管的正常吸水,取吸水管的中心标高为20.80 m(吸水管上缘的淹没深度为$22.64-20.80-D/2=1.24$ m)。取吸水管下缘距吸水间底板0.7 m,则吸水间底板标高为$20.80-(D/2+0.7)=19.50$ m。洪水位标高为37.00 m,考虑1.0 m的浪高,则操作平台标高为$37.00+1.0=38.00(m)$。故泵房筒体高度为

$$H=38.00-19.50=18.50(m)$$

8. 附属设备的选择

1)起重设备

最大起重量为YKS630-10型电机质量$W_m=8\ 950$ kg,最大起吊高度为$18.50+2.0=20.5(m)$(其中2.0 m是考虑操作平台上汽车的高度)。为此,选用环形吊车(定制,起重量10 t,双梁,跨度22.5 m,CD1-10电动葫芦,起吊高度24 m)。

2)引水设备

泵系自灌式工作,不需引水设备。

3)排水设备

由于泵房较深,故采用电动泵排水。沿泵房内壁设排水沟,将水汇集到集水坑内,然后用泵抽回到吸水间去。

取水泵房的排水量一般按20~40 m^3/h考虑,排水泵的净扬程按17.5 m计,水头损失大约5 m,故总扬程在$17.5+5=22.5(m)$左右,可选用IS65-50-160A型离心泵($Q=15\sim28\ m^3/h$,$H=27\sim22$ m,$N=3$ kW,$n=2\ 900$ r/min)两台,一台工作,一台备用,配套电机为Y100L-2。

4)通风设备

由于与泵配套的电机为水冷式,无需专用通风设备进行空-空冷却,但泵房筒体较深,仍选用风机进行换气通风。选用两台T36-11型轴流风机(叶轮直径700 mm,转速960 r/min,叶片角度15°,风量10 127 m^3/h,风压90 Pa,配套电机YSF-8026,$N=0.37$ kW)。

5)计量设备

在净化场的送水泵站内安装电磁流量计统一计量,故本泵站内不再设计量设备。

9. 泵房建筑高度的确定

泵房筒体高度已知为18.50 m,操作平台以上的建筑高度,根据起重设备及起吊高度、电梯井机房的高度、采光及通风的要求,吊车梁底板到操作平台楼板的距离为8.80 m,从平台楼板到房顶底板净高为11.30 m。

10. 泵房平面尺寸的确定

根据水泵机组、吸水与压水管道的布置条件以及排水泵机组和通风机等附属设备的设置情况,从《给水排水设计手册》中查出有关设备和管道配件的尺寸,通过计算,求得泵房内径为22 m,如图13-14所示。

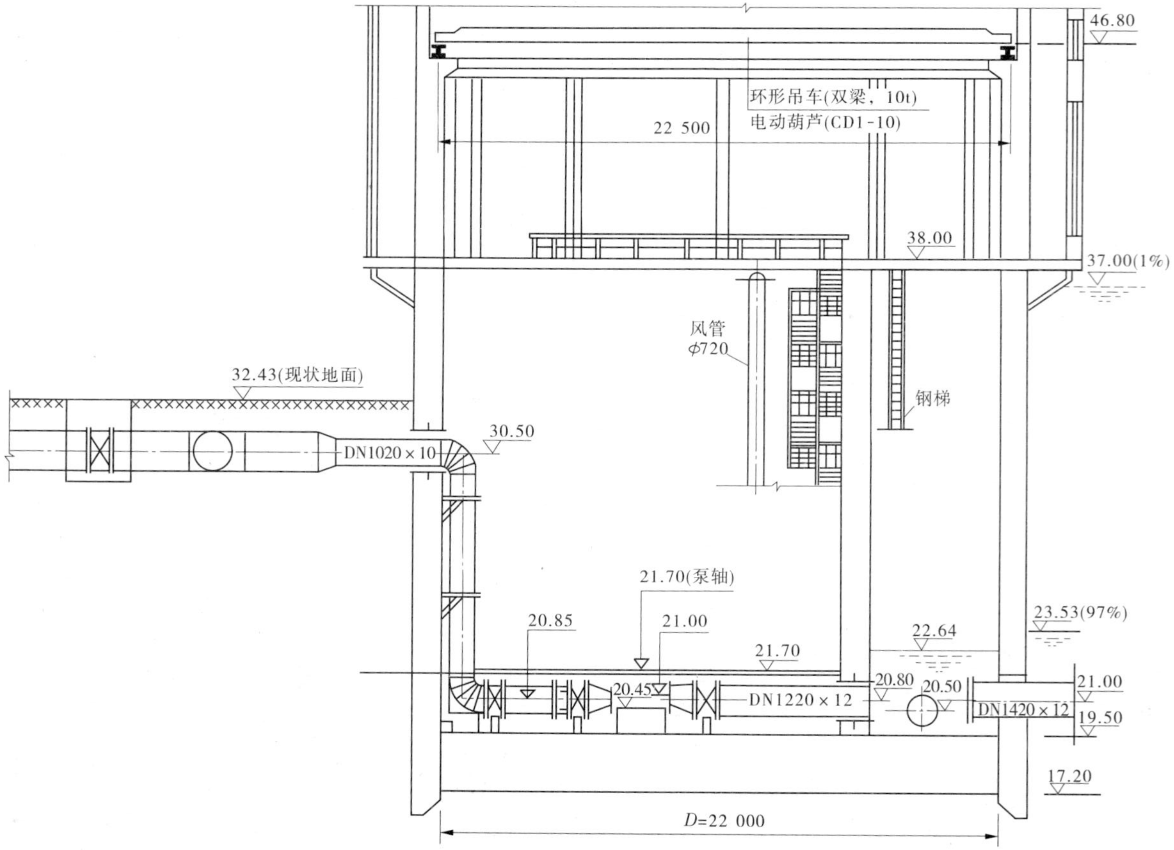

I — I

(a)剖面图

图 13-14　某取水泵站设计图　（高程单位:m,尺寸单位:mm）

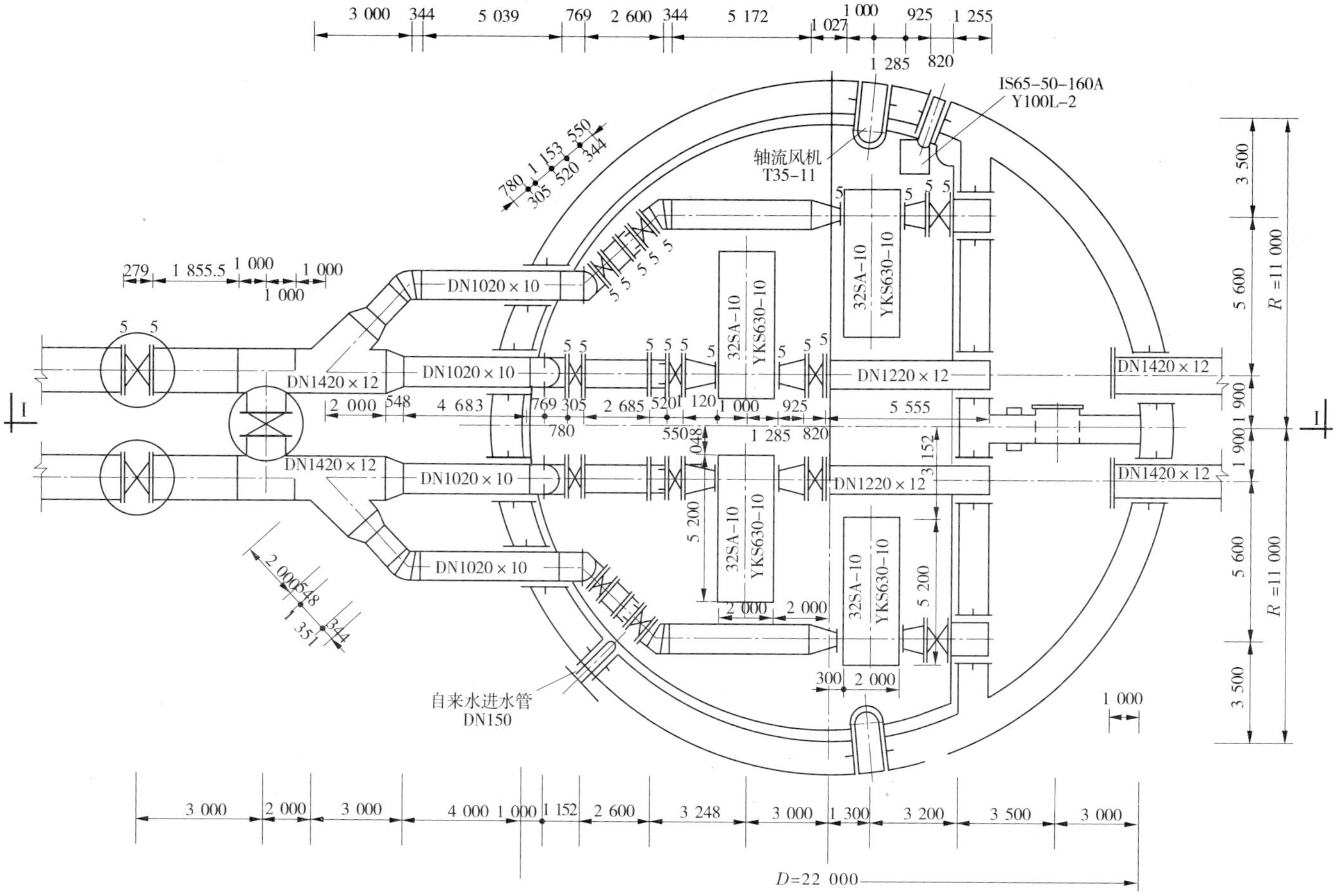
IS65-50-160A
Y100L-2
轴流风机
T35-11
32SA-10
YKS630-10
DN1020×10
DN1420×12
DN1220×12
自来水进水管
DN150
R =11 000
D=22 000

(b)平面图

续图 13-14

第二节 排水泵站

一、排水泵站的分类与特点

（一）组成与分类

排水泵站的工作特点是它所抽升的水是不干净的，一般含有大量的杂质，而且来水的流量逐日逐时都在变化。

排水泵站的基本组成包括：机器间、集水池、格栅、辅助间，有时还附设有变电所。机器间内设置泵机组和有关的附属设备。格栅和吸水管安装在集水池内，集水池还可以在一定程度上调节来水的不均匀性，以使泵能较均匀工作。格栅作用是阻拦水中粗大的固体杂质，以防止杂物阻塞和损坏泵，因此格栅又叫拦污栅。辅助间一般包括贮藏室、修理间、休息室和厕所等。

排水泵站按其排水的性质，一般可分为污水（生活污水、生产污水）泵站、雨水泵站、合流泵站和污泥泵站。

按其在排水系统中的作用，可分为中途泵站（或叫区域泵站）和终点泵站（又叫总泵站）。中途泵站通常是为了避免排水干管埋设太深而设置的。终点泵站就是将整个城镇的污水或工业企业的污水抽送到污水处理厂或将处理后的污水进行农田灌溉或直接排入水体。

按泵启动前能否自流充水分为自灌式泵站和非自灌式泵站。

按泵房的平面形状，可分为圆形泵站和矩形泵站。

按集水池与机器间的组合情况，可分为合建式泵站和分建式泵站。

按采用的泵特殊性又分为潜水泵站和螺旋泵站。

按照控制的方式又可分为人工控制、自动控制和遥控三类。

（二）排水泵站的基本类型及特点

排水泵站的类型取决于进水管渠的埋设深度、来水流量、泵机组的型号与台数、水文地质条件以及施工方法等因素。选择排水泵站的类型时应从造价、布置、施工、运行条件等方面综合考虑。下面就几种典型的排水泵站说明其优缺点及适用条件。

图 13-15 为合建式圆形排水泵站，装设卧式泵，自灌式工作，适合于中小型排水量，泵不超过 4 台。圆形结构受力条件好，便于采用沉井法施工，可降低工程造价，泵启动方便，易于根据吸水井中水位实现自动操作。缺点是：机器内机组与附属设备布置较困难，当泵房很深时，工人上下不便，且电动机容易受潮。由于电动机深入地下，需考虑通风设施，以降低机器间的温度。

若将此种类型泵站中的卧式泵改为立式离心泵（也可用轴流泵），就可避免上述缺点。但是，立式离心泵安装技术要求较高，特别是泵房较深，传动轴甚长时，须设中间轴承及固定支架，以免泵运行时传动轴发生振荡。由于这种类型能减少泵房面积，降低工程造价，并使电气设备运行条件和工人操作条件得到改善，故在我国仍广泛采用。

图 13-16 为合建式矩形排水泵站，装设立式泵，自灌式工作。大型泵站用此种类型较

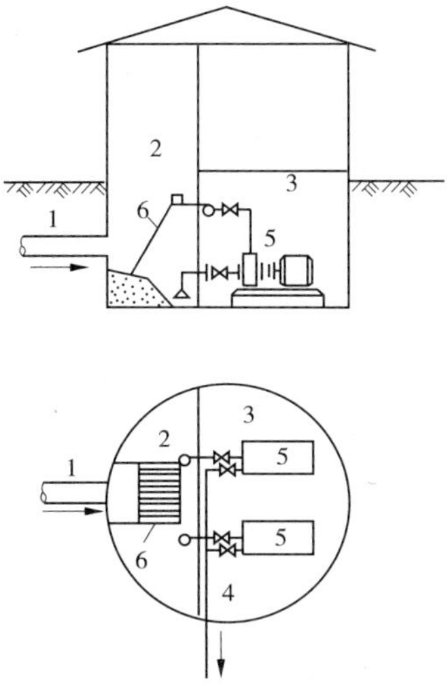

1—排水管渠;2—集水池;3—机器间;4—压水管;
5—卧式污水泵;6—格栅

图 13-15 合建式圆形排水泵站

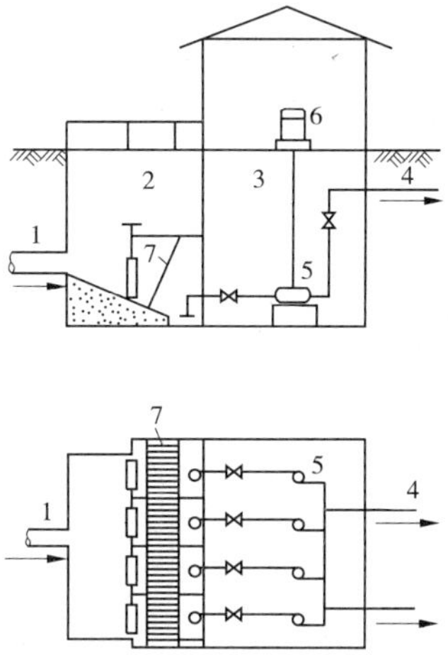

1—排水管渠;2—集水池;3—机器间;4—压水管;
5—立式污水管;6—立式电动机;7—格栅

图 13-16 合建式矩形排水泵站

合适。泵台数为 4 台或更多时,采用矩形机器间,在机组、管道和附属设备的布置方面较为方便,启动操作简单,易于实现自动化。电气设备置于上层,不易受潮,工人操作管理条件良好。缺点是建造费用高。当土质差,地下水位高时,因不利施工,不宜采用。

图 13-17 为分建式圆形排水泵站。当土质差、地下水位高时,为了减少施工困难和降低工程造价,将集水池与机器间分开修建是合理的。将一定深度的集水池单独修建,施工上相对容易些。为了减小机器间的地下部分深度,应尽量利用泵的吸水能力,以提高机器间标高。但是,应注意泵的允许吸上真空高度不要利用到极限,以免泵站投入运行后吸水发生困难。因为在设计当中对施工时可能发生的种种与设计不符情况和运行后管道积垢、泵磨损、电源频率降低等情况都无法事先准确估计,所以适当留有余地是必要的。

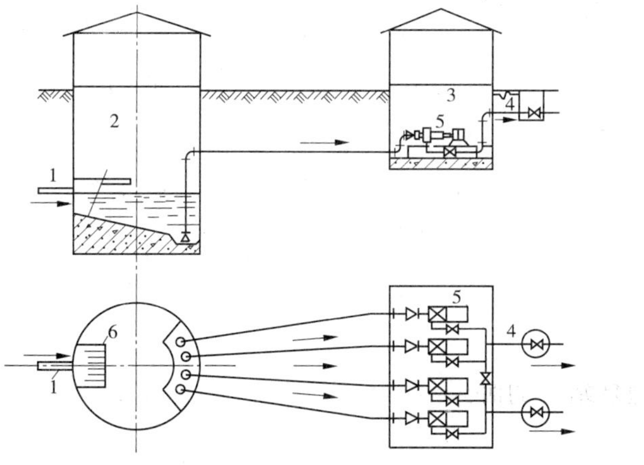

1—排水管渠;2—集水池;3—机器间;4—压水管;5—水泵机组;6—格栅

图 13-17 分建式圆形排水泵站

分建式泵站的主要优点是，结构上处理比合建式简单，施工较方便，机器间没有污水渗透和被污水淹没的危险。它的最大缺点是要抽真空启动，为了满足排水泵站来水的不均匀，启动泵较频繁，给运行操作带来困难。

合建式排水泵站当机器间中泵轴线标高高于集水池中水位时（即机器间与集水池的底板不在同一标高时），泵也要采用抽真空启动。这种类型适应于土质坚硬、施工困难的条件，为了减少挖方量而不得不将机器间抬高。在运行方面它的缺点同分建式一样，实际工程中采用较少。

随着各种国产潜水泵质量的不断提高，越来越多的新建或改建的排水泵站都采用了各种型式的潜水泵，包括排水用潜水轴流泵、潜水混流泵、潜水离心泵等，其最大的优点是不需要专门的机器间，将潜水泵直接置于集水井中，但对潜水泵尤其是潜水电机的质量要求较高。

在工程实践中，排水泵站的类型是多种多样的。例如，合建式泵站，集水池采用半圆形，机器间为矩形；合建椭圆形泵站，集水池露天或加盖，泵站地下部分为圆形钢筋混凝土结构，地上部分用矩形砖砌体等。究竟采取何种类型，应根据具体情况，经多方案技术经济比较后决定。根据我国设计和运行经验，凡泵台数不多于四台的污水泵站和三台或三台以下的雨水泵站，其地下部分结构采用圆形最为经济，其地面以上构筑物的形式必须与周围建筑物相适应。当泵台数超过上述数量时，地下及地上部分都可采用矩形或由矩形组合成的多边形；地下部分有时为了发挥圆形结构比较经济和便于沉井施工的优点，也可以采取将集水池和机器间分开为两个构筑物的布置方式，或者将泵分设在两个地下的圆形构筑物内，地上部分可以处理为矩形或腰圆形。这种布置适用于流量较大的雨水泵站或合流泵站。对于抽送会产生易燃易爆和有毒气体的污水泵站，必须设计为单独的建筑物，并应采用相应的防护措施。

二、污水泵站的工艺设计

（一）泵的选择

1. 泵站设计流量的确定

城市的用水量是不均匀的，因而排入管道的污水流量也是不均匀的。要正确地确定泵的出水量及其台数以及确定集水池的容积，必须知道排水量最高日中每小时污水流量的变化情况。而在设计排水泵站时，这种资料往往是不能得到的。因此，排水泵站的设计流量一般均按最高日最高时污水流量决定。一般小型排水泵站（最高日污水量在5 000 m^3以下）设1 ~2 套机组，大型排水泵站（最高日污水量超过15 000 m^3）设3 ~4 套机组。

2. 泵站扬程

泵站扬程可按下式计算

$$H = H_{ss} + H_{sd} + \sum h_s + \sum h_d + H_c \tag{13-6}$$

式中 H_{ss}—— 吸水地形高度，m，为集水池内最低水位与水泵轴线之高差；

H_{sd}——压水地形高度，m，为泵轴线与输水最高点（即压水管出口处）之高差；

$\sum h_s$ 和 $\sum h_d$——污水通过吸水管路和压水管路中的水头损失,m；

H_c——安全压力,一般取 1 ~2 m。

污水泵站应根据污水的性质来确定相应的污水泵或杂质泵等水泵的型号。对于排除含有酸性或其他腐蚀性工业废水的泵站,应选择耐腐蚀的泵。排除污泥,应选用污泥泵。由于污水泵站一般扬程较低,可选用立式离心泵、轴流泵、混流泵、潜水污水泵等。

小型泵站,水泵台数可按 2 ~3 台配置;对于中小型泵站,可按 3 ~6 台配置;对于大中型泵站,可按 4 ~8 台配置。

应尽量选择同型号水泵,以便运行管理,也可用大小泵搭配的方式,以适应流量的变化。

尽可能选择性能好、效率高的水泵,使水泵长期处于高效率区。

为了保证泵站的正常工作,需要有备用机组和配件。如果泵站经常工作的泵不多于四台,且为同一型号,则可只设一套备用机组;超过四台时,除安设一套备用机组外,在仓库中还应存放一套。

污水泵站的流量随着排水系统的分期建设而逐渐增大,在设计时应考虑这一因素。

(二)确定集水池容积

污水泵站集水池的容积与进入泵站的流量变化情况、泵的型号、台数及其工作制度、泵站操作性质、启动时间等有关。

集水池的容积在满足安装格栅和吸水管的要求,保证泵工作时的水力条件以及能够及时将流入的污水抽走的前提下,应尽量小些。因为缩小集水池的容积,不仅能降低泵站的造价,还可以减轻集水池污水中大量杂物的沉积和腐化。

全昼夜运行的大型污水泵站,集水池容积是根据工作泵机组停车时启动备用机组所需的时间来计算的。一般可采用不小于泵站中最大一台泵 5 min 出水量的体积。

对于小型污水泵站,由于夜间的流入量不大,通常在夜间停止运行。在这种情况下,必须使集水池容积能够满足贮存夜间流入量的要求。

对于工厂的污水泵站的集水池,还应根据短时间内淋浴排水量来复核它的容积,以便均匀地将污水抽送出去。

抽升新鲜污泥、消化污泥、活性污泥的泵站的集泥池容积,应根据从沉淀池、消化池一次排出的污泥量或回流和剩余的活性污泥量计算确定。

对于自动控制的污水泵站,其集水池容积用下式计算(按控制出水量分一、二级):

(1)泵站为一级工作时

$$W = \frac{Q_0}{4n} \tag{13-7}$$

(2)泵站分两级工作时

$$W = \frac{Q_2 - Q_1}{4n} \tag{13-8}$$

式中 W——集水池容积,m^3;

Q_0——泵站一级工作时泵的出水量,m^3/h;

Q_1、Q_2——泵站分二级工作时,一级与二级工作泵的出水量,m^3/h;

n——泵每小时启动次数,一般取 $n=6$。

(三)机组与管道的布置特点

1. 机组布置的特点

污水泵站中机组台数一般不超过 3 ~4 台,而且污水泵都是从轴向进水,一侧出水,所以常采取并列的布置形式。常见的布置形式有以下几种,如图 13-18 所示。

图 13-18(a)适用于卧式污水泵;图 13-18(b)及(c)适用于立式污水泵。

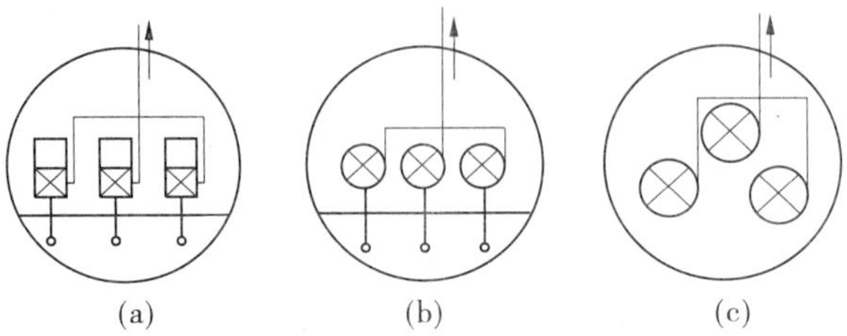

图 13-18　污水泵站机组布置

机组间距及通道大小可参考给水泵站的要求。

为了减小集水池的容积,污水泵机组的"开"、"停"比较频繁。为此,污水泵常常采取自灌式工作。这时,吸水管上必须装设闸门,以便检修泵。但是,采取自灌式工作,会使泵房埋深加大,增加造价。

2. 管道的布置与设计特点

每台泵应设置一条单独的吸水管,这不仅改善了水力条件,而且可减少杂质堵塞管道的可能性。

吸水管的设计流速一般采用 1.0 ~1.5 m/s,最低不得小于 0.7 m/s,以免管内产生沉淀。吸水管很短时,流速可提高到 2.0 ~2.5 m/s。

如果泵是非自灌式工作的,应利用真空泵或水射器引水启动,而不允许在吸水管进口处装置底阀,因底阀在污水中易被堵塞,影响泵的启动,且增加水头损失和电耗。吸水管进口应装置喇叭口,其直径为吸水管直径的 1.3 ~1.5 倍。喇叭口安设在集水池的集水坑内。

压水管的流速一般不小于 1.5 m/s,当两台或两台以上泵合用一条压水管而仅一台泵工作时,其流速也不得小于 0.7 m/s,以免管内产生沉淀。各泵的出水管接入压水干管(连接管)时,不得自干管底部接入,以免泵停止运行时,该泵的压水管内形成杂质淤积。每台泵的压水管上均应装设闸门,污水泵出口一般不装设止回阀。

泵站内管道敷设一般用明装。吸水管道常置于地面上,压水管由于泵房较深,多采用架空安装,通常沿墙架设在托架上。所有管道应注意稳定。管道的布置不得妨碍泵站内的交通和检修工作。不允许把管道装设在电气设备的上空。

污水泵站的管道易受腐蚀。钢管抵抗腐蚀性能较差,因此一般应避免使用钢管。

(四)泵站内部标高的确定

泵站内部标高主要根据进水管渠底标高或管中水位确定。自灌式泵站集水池底板与机器间底板标高基本一致,而非自灌式(吸入式)泵站,由于利用了泵的真空吸上高度,机器间底板标高较集水池底板高。

集水池中最高水位,对于小型泵站即取进水管渠渠底标高;对于大中型泵站可取进水管渠计算水位标高。而集水池的有效水深,从最高水位到最低水位,一般取为 1.5 ~2.0

m，如图13-19所示，池底坡度 $i=0.1\sim0.2$，倾向集水坑。集水坑的大小应保证泵有良好的吸水条件，吸水管的喇叭口放在集水坑内，一般朝下安设，其下缘在集水池中最低水位以下0.4 m，离坑底的距离不小于喇叭口进口直径的0.8倍，清理格栅工作平台应比最高水位高出0.5 m以上。平台宽度应不小于0.8～1.0 m。沿工作平台边缘应有高1.0 m的栏杆。为了便于下到池底进行检修和清洗，从工作平台到池底应有爬梯上下。

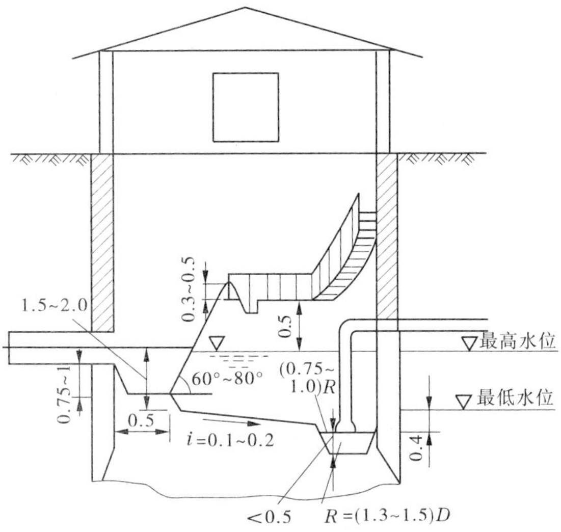

图13-19 集水池

对于非自灌式泵站，泵轴线标高可根据泵允许吸上真空高度和当地条件确定。泵基础标高则由泵轴线标高推算，进而可以确定机器间地板标高。机器间上层平台标高一般应比室外地坪高出0.5 m。

对于自灌式泵站，泵轴线标高可由喇叭口标高及吸水管上管配件尺寸推算确定。

（五）污水泵站中的辅助设备

1. 格栅

格栅是污水泵站中最主要的辅助设备。格栅一般由一组平行的栅条组成，斜置于泵站集水池的进口处。其倾斜角度为60°～80°。

格栅后应设置工作台，工作台一般应高出格栅上游最高水位0.5 m。

为了减轻工人的劳动强度，通常采用机械格栅。机械格栅不宜少于2台，如果采用1台，应设人工格栅备用。

2. 仪表及计量设备

排水泵站应设置的仪表有吸水管路上的真空表、出水管路上的压力表；当泵站为液体润滑时设液位指示器，当采用循环润滑时设温度计和压力表，用以测量油的温度；监控水位及控制水泵的水位控制器等。配电设备应设电流表、电压表、计量表等。

由于污水中含有机械杂质，其计量设备应考虑被堵塞的问题。设在污水处理厂内的泵站，可不考虑计量问题，因为污水处理厂常在污水处理后的总出口明渠上设置计量槽。单独设立的污水泵站可采用电磁流量计，也可以采用弯头水表或文氏管水表计量，但应注意防止传压细管被污物堵塞，为此应有引高压清水冲洗传压细管的措施。

3. 引水装置

污水泵站一般设计成自灌式，无需引水装置。当泵为非自灌式工作时，可采用真空泵或水射器抽气引水，也可以采用密闭水箱注水。当采用真空泵引水时，在真空泵与污水泵之间应设置气水分离箱，以免污水和杂质进入真空泵内。

4. 反冲洗设备

污水中所含杂质，往往部分地沉积在集水坑内，时间长了，腐化发臭，甚至填塞集水坑，影响泵的正常吸水。

为了松动集水坑内的沉渣，应在坑内设置压力冲洗管。一般从泵压水管上接出一根直径为 50 ~ 100 mm 的支管伸入集水坑中，定期将沉渣冲起，由泵抽走。也可在集水池间设一自来水龙头，作为冲洗水源。

5. 排水设备

当泵为非自灌式时，机器间高于集水池。机器间的污水能自流泄入集水池，可用管道把机器间的集水坑与集水池连接起来，其上装设闸门，排集水坑污水时，将闸门开启，污水排放完毕，即将闸门关闭，以免集水池中的臭气逸入机器间内。当吸水管能形成真空时，也可在泵吸水口附近（管径最小处）接出一根小管伸入集水坑，泵在低水位工作时，将坑中污水抽走。

如机器间污水不能自行流入集水池，则应设排水泵将坑中污水抽到集水池。

6. 采暖与通风设施

集水池一般不需采暖设备，因为集水池较深，热量不易散失，且污水温度通常不低于 10 ~ 20 ℃。机器间如必须采暖，一般采用火炉，也可采用暖气设施。

排水泵站的集水池通常利用通风管自然通风，在屋顶设置风帽。机器间一般只在屋顶设置风帽，进行自然通风。只有在炎热地区，机组台数较多或功率很大，自然通风不能满足要求时，才采用机械通风。

7. 起重设备

起重量在 0.5 t 以内时，设置移动三角架或手动单梁吊车，也可在集水池和机器间的顶板上预留吊钩；起重量在 0.5 ~ 2.0 t 时，设置手动单梁吊车；起重量超过 2.0 t 时，设置手动桥式吊车。深入地下的泵房或吊运距离较长时，可适当提高起吊机械水平。

8. 事故溢水井或出水井

事故溢水井作为应急排水口，当泵站或电源发生故障而停止工作时，进水管网中的水流继续流向泵站。为了防止污水淹没集水池，在泵站进水管前设一专用闸门井，当发生事故时关闭闸门，将污水从溢流排水管排入自然水体或洼地。溢流管上可根据需要设置阀门，通常应关闭。事故排水应取得当地卫生监督部门同意。

（六）排水泵站的构造特点

由于排水泵站的工艺特点，泵大多数为自灌式工作，所以泵站往往设计成为半地下式或地下式。又因为排水泵站总是建在地势低洼处，所以它们常位于地下水位以下，因此其地下部分一般采用钢筋混凝土结构，并应采取必要的防水措施。泵房地上部分的墙壁一般用砖砌筑。

通常集水池应尽可能和机器间合建在一起，使吸水管路长度缩短。只有当泵台数很多，且泵站进水管渠埋设又很深时，两者才分开修建，以减少机器间的埋深。机器间的埋深取决于泵的允许吸上真空高度。分建式的缺点是泵不能自灌充水。当集水池和机器间合建时，应当用无门窗的不透水的隔墙分开。集水池和机器间各设有单独的进口。

在地下式排水泵站内，扶梯通常沿着房屋周边布置。如地下部分深度超过 3 m，扶梯应设中间平台。

在机器间的地板上应有排水沟和集水坑。排水沟一般沿墙设置，坡度 $i=0.01$，集水坑平面尺寸一般为 0.4 m×0.4 m，深为 0.5 ~0.6 m。

对于非自动化泵站，在集水池中应设置水位指示器，使值班人员能随时了解池中水位变化情况，以便控制泵的开或停。

当泵站有被洪水淹没的可能时，应设必要的防洪措施。如用土堤将整个泵站围起来，或提高泵站机器间进口门坎的标高。防洪设施的标高应比当地洪水水位高 0.5 m 以上。

集水池间的通风管必须伸到工作平台以下，以免在抽风时臭气从室内通过，影响管理人员健康。

图 13-20 所示为设卧式泵（6PWA 型）的圆形污水泵站。泵房地下部分为钢筋混凝土结构，地上部分用砖砌筑。用钢筋混凝土隔墙将集水池与机器间分开。内设三台 6PWA 型污水泵（两台工作，一台备用）。每台泵出水量为 110 L/s，扬程 $H=23$ m。各泵有单独的吸水管，管径为 350 mm。由于泵为自灌式，故每条吸水管上均设有闸门。三台泵共用一条压水管。

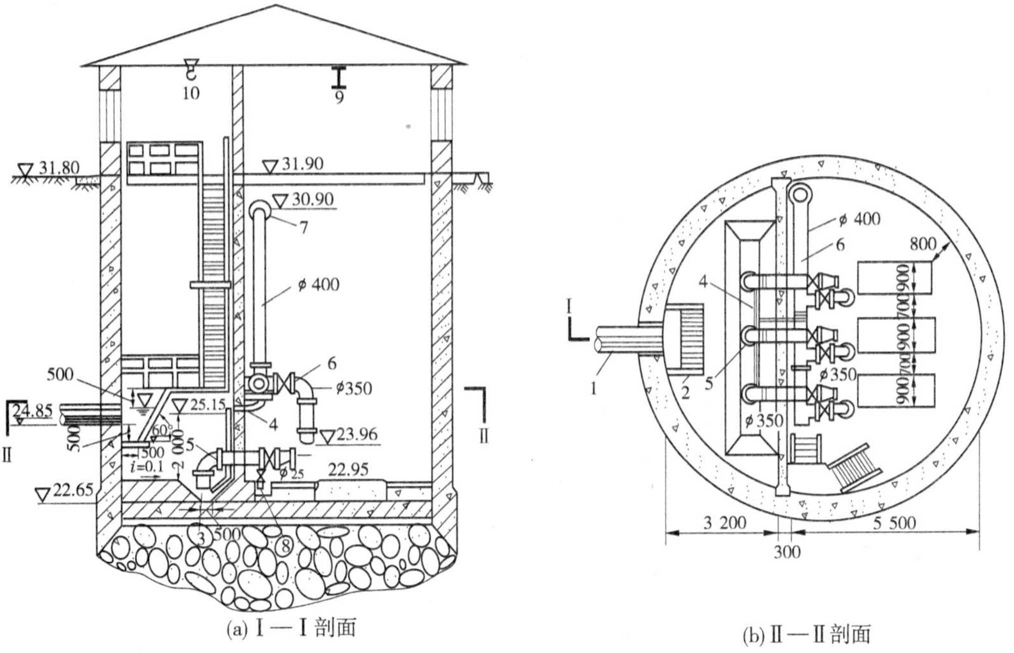

1—来水干管；2—格栅；3—吸水坑；4—冲洗水管；5—水泵吸水管；6—压水管；

7—弯头水表；8—ϕ25 吸水管；9—单梁吊车；10—吊钩

图 13-20 6PWA 型污水泵站 （高程单位：m，尺寸单位：mm）

压水管上的弯头可作为计量设备。吸水管上接出管径为 25 mm 的小管伸到集水坑内，当泵工作时，可把坑内积水抽走。

从压水管上接出一条直径为 50 mm 的冲洗管（在坑内部分为穿孔管），通到集水坑内。

集水池容积按一台泵 5 min 的出水量计算，其容积为 33 m^3，有效水深为 2 m，内设一个宽 1.5 m、斜长 1.8 m 的格栅。格栅用人工清理。

图 13-21 为设三台立式泵机组的圆形污水泵站。集水池与机器间用不透水的钢筋混

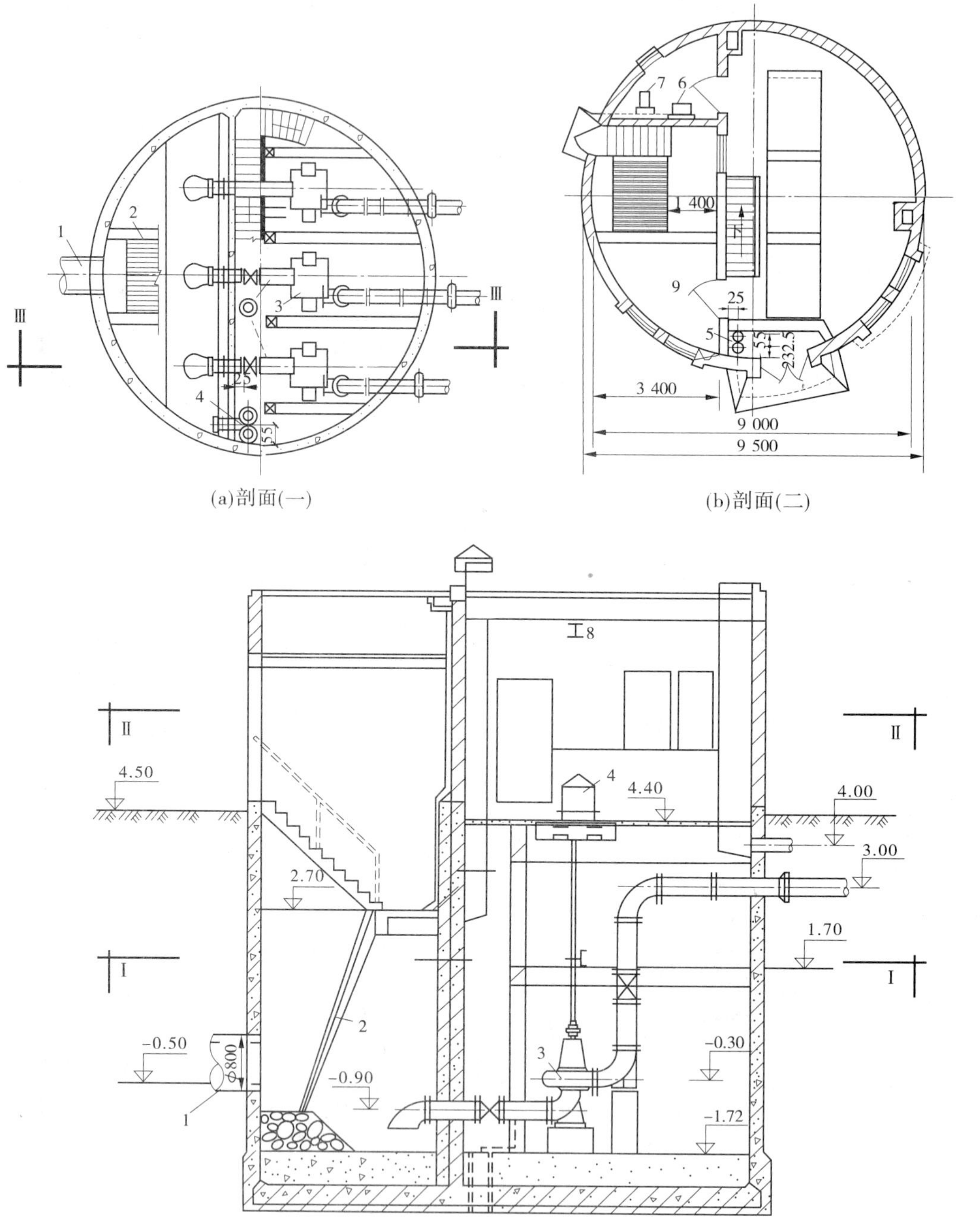

(a)剖面(一)　(b)剖面(二)

(c)Ⅲ—Ⅲ剖面图

1—来水干管;2—格栅;3—水泵;4—电动机;5—浮筒开关装置;6—洗面盆;7—大便器;8—单梁手动吊车;9—休息室

图 13-21　立式泵的圆形污水泵站　(高程单位:m,尺寸单位:mm)

凝土隔墙分开，各有单独的门进出。集水池中装有格栅，休息室与厕所分别设在集水池两侧，均有门通往机器间。泵为自灌式，机组开或停用浮筒开关装置自动控制。各泵吸水管上均设有闸阀，便于检修。联络干管设于泵房外。电动机及有关电气设备设在楼板上，所以泵间尺寸较小，以降低工程造价。而且通风条件良好，电动机运行条件和工人操作环境也好。起吊设备用单梁手动吊车。

三、排水泵站的节能及 SCADA 系统

随着城市范围的不断扩张，同时为改善日益恶化的城市水环境，城市排水泵站的数量、规模日益增大。采用合理的工程技术措施和先进的监控系统，对排水泵站的安全、高效运行具有重要的意义。

（一）排水泵站的节能

在泵站设计阶段，应合理地确定泵站的设计流量和扬程，正确地进行机组的选型配套，合理地设计管路，这是泵站节能的基础。

对于实际运行中的大型排水泵站，因其流量及扬程随时间而变化，泵的运行常常偏离设计工况，从而造成泵的运行效率下降。此时，应根据泵站的运行特点，合理地进行泵站运行工况的调节，以达到节能的目的；对于轴流泵和导叶式混流泵，常采用变角调节；对于离心泵和蜗壳式混流泵，常采用变速调节。

此外，对于大型的排水泵站，其进水流态对泵站效率有一定的影响。有研究表明，前池中的不良流态（所谓不良流态，是指进水系统中产生环流、旋涡或螺旋流导致泵站进口不能满足均匀压力场和均匀速度场的条件）会降低泵站效率，甚至会引起机组振动和泵的汽蚀。由于受城市用地及地形地质条件的限制，城市排水泵站一般采用箱涵引水，进出水构筑物较为短小，来流进入前池后，水流难以均匀扩散，容易形成回流旋涡等不良流态，从而影响泵的工作性能。因此，必须采用合理的水力措施加以改善。这些水力措施包括前池设置底坎、前池增设导流墩、泵吸水口下设置导流板等。

（二）排水泵站的 SCADA 系统

排水泵站的 SCADA 系统是指通过检测仪表、控制装置和计算机等设备对污水泵站进行自动检测、控制和管理，以保证排水系统安全、经济、有效地运行。

排水泵站的特点是数量多、分布的地理位置非常分散、工作环境较恶劣。因此，建立排水泵站的 SCADA 系统，实施对泵站的远程监控，既可实现泵站的无人值守，又能大大提高泵站的生产效率和现代化管理水平。排水泵站 SCADA 系统的组成与给水泵站 SCADA系统是基本相同的，一般由设备层、现场控制层、管理（调度）层构成。图 13-22 是某一排水泵站远程 SCADA 系统的结构示意图。

该系统中的泵站现场监控层采用 PLC 及 I/O、A/D 模块构成测控主体。PLC 监控的主要设备和信号包括泵、格栅机、启闭机、集水井水位、出水口（池）水位以及配电柜等。当排水泵站安装有触摸屏操作终端，通过现场总线连接 PLC，可直接对泵站的设备进行监控。因此，每个泵站的 PLC 都是一个完整的系统，在脱离调度中心时都可独立操作。

系统的调度中心由多台 PC 机和服务器组成，集中采集各个排水泵站的实时运行数据，并根据系统需求提高各种应用功能，实现泵站的远程监控和统一调度。

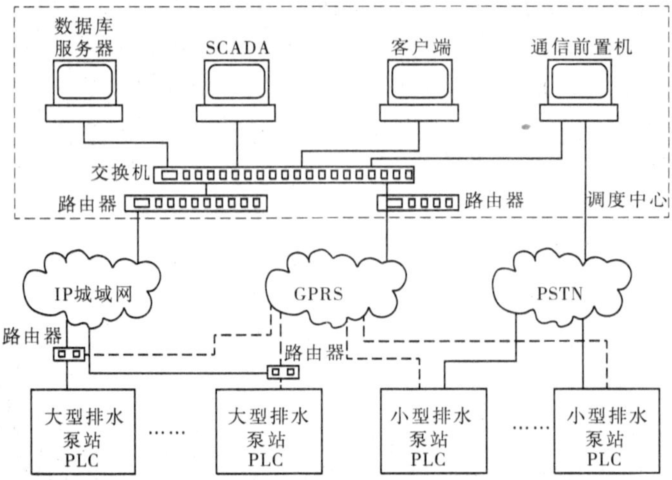

图 13-22　排水泵站远程 SCADA 系统结构示意图

系统采用了三种远程通信方式:城市 IP 城域网、GPRS(General Packet Radio Service)以及 PSTN(Public Switched Telephone Network)。IP 城域网是中国电信铺设的覆盖整个城市的宽带数据网,其特点是通信速度快,但通信费用高。GPRS 采用中国移动的手机网络通信,信号覆盖广,而且由于采用无线方式,接入方便,使用费用低,但其带宽有限。PSTN 即公共交换电话网,这种网络通信时的费用为市话通信费,如果长期不间断通信,其费用较高。该系统通过对各种通信方式优缺点的比较,对不同规模的排水泵站采用不同的通信方式。规模较大的排水泵站通信数据量大,远程监控重要,故选用 IP 城域网作为与调度中心的主要通信方式,以 GPRS 通信作为备份。而对于小型排水泵站,由于条件限制,采用有线通信费用太高,而且其通信数据量相对较小,因此选用 GPRS 作为主通信方式,以 PSTN 通信作为备份。

远程 SCADA 系统的建立和完善将逐步实现排水泵站的监控自动化、管理信息化、决策智能化,进一步提高泵站的管理水平和降低泵站的运行能耗。

本章小结

(1)在给水工程中,常见的是按泵站在给水系统中的作用分类,可分为取水泵站、送水泵站、加压泵站及循环泵站四种,这四种泵站均有各自的工艺特点。

(2)排水泵站的类型取决于进水管渠的埋设深度、来水流量、泵机组的型号与台数、水文地质条件以及施工方法等因素,排水泵站按其排水的性质,一般可分为污水泵站、雨水泵站、合流泵站和污泥泵站。

(3)选泵的主要依据是所需的流量、扬程及其变化规律。通常对于小城市的给水系统,由于用水量不大,泵站的设计流量按最高日平均时用水量计算。选泵就是要确定泵的型号和台数。对于各种不同功能的泵站,选泵时考虑问题的侧重点也有所不同。

(4)泵机组的排列是泵站内布置的重要内容,它决定泵房建筑面积的大小。机组间距以不妨碍操作和维修的需要为原则。机组布置应保证运行安全，装卸、维修和管理方便，管道总长度最短，接头配件最小，水头损失最小，并应考虑泵站有扩建的余地。

(5)吸水管路和压水管路是泵站的重要组成部分，正确设计、合理布置与安装吸、压水管路，与保证泵站的安全运行、节省投资、减少电耗有很大的关系。

习　题

13-1　简述给水泵站分类及特点。

13-2　给水泵站的设计流量和扬程如何确定?

13-3　简述给水泵站选泵的原则、要点及主要依据。

13-4　水泵机组有几种常见的布置形式?

13-5　水泵对吸水管路的布置有哪些要求? 为什么?

13-6　简述给水泵站、污水泵站的设计工艺。

13-7　污水泵站的流量和扬程如何确定? 辅助设备有哪些? 其作用是什么?

13-8　简述泵站 SCADA 系统的含义和组成。

第十四章　泵站运行与管理

第一节　水泵机组的安装与运行管理

机组与管道设备的安装，是一项非常重要和十分繁重的工作，安装质量的好坏将直接影响泵站的运行和管理。因此，必须以高度的责任心认真对待，全面做好各方面的工作。水泵站的水泵装置安装必须遵循正确的安装顺序，应先安装水泵，再安装动力机、传动装置，然后安装管路及管路附件。

一、机组安装前的准备工作

泵站机组安装是一项技术性强且较复杂的工作，安装前必须做好各方面的准备工作，否则，将很难顺利地按要求完成安装任务。

（一）组织安装队伍

安装前要组织好安装队伍，明确负责人，合理配置技术人员和安装工人。安装人员必须熟悉有关资料和图纸，懂得安装规范，熟悉安装步骤和安装方法。大中型泵站或重要泵站的机组安装工作应根据规定实行监理制，确保机组安装工作的质量。

（二）工具准备

安装工具是机组安装工作中不可缺少的，一般包括扳手、管钳、手钳、手锤、锉刀、棕绳、钢丝绳、起重设备、钢尺、塞尺、百分表、水准仪、千斤顶、电焊机、花杆、水准尺、撬杠等。

（三）材料准备

安装前根据安装工作的需要，一般应准备以下材料：煤油、铅油、机油、黄油、青壳纸、橡胶垫、油麻绳、棉纱、线绳、油漆、电焊条等。

（四）编制安装进度计划

为保证安装工作能够如期完成，安装前必须制订详细的切实可行的安装进度计划，安排好各项工作的顺序和时间。

（五）设备的清点检查

设备运到工地现场后，应由专业技术人员进行技术验收，检查设备规格、数量及质量是否符合要求，检查有关技术文件与资料是否齐全。

二、卧式机组的安装

卧式机组分为有底座和无底座两种。小型机组的水泵和电动机一般多采用直接传动，其底座是共用的。有底座机组安装时，先将底座放于浇筑好的基础上，套上地脚螺栓和螺帽，调整位置，使底座的纵横中心位置和浇筑基础时所定的纵横中心线一致。若由于地脚螺栓的限制，不能调整好位置时，其误差不能超过 ±5 mm。然后调水平，拧紧地脚螺母。机座安好后，再将水泵安装在机座上。再次安装动力机（电动机），当采用直接传动时，在动力机固定之前，应先进行同心度量测和调整，再进行轴向间隙量测和调整，两者反复进行，直到满足规定要求为止。最后固定动力机。

对于无底座直接传动的卧式水泵机组，安装时，先将水泵吊到基础上，与基础上的地脚螺栓对正并穿入泵体地脚螺孔使水泵就位。然后在水泵底脚的四角各垫一块楔形垫片，进行水泵的中心线校正、水平校正及标高校正。反复校正后，再用水泥砂浆从缝口填塞进基础与泵体底脚间的空隙内。灌浆时为不使水泥砂浆流出，四周应用木板挡住，并保证内部不得存有空隙。待砂浆凝固后，拧紧地脚螺母。动力机的安装与水泵安装基本相同，即先将动力机吊到基础上就位，再采用与水泵相同的调整方法反复进行同心度和轴向间隙的量测与调整。最后进行灌浆固定。安装流程如图 14-1 所示。具体安装步骤如下。

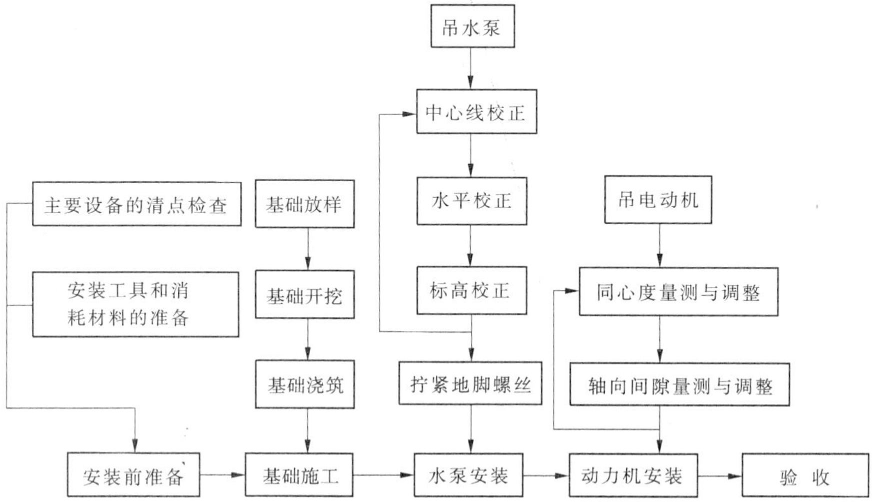

图 14-1　卧式机组安装流程

（一）基础施工

机组基础是按基础放样、基础开挖和基础浇筑三个步骤进行的。机组基础施工按浇筑方法可分为一次浇筑法和二次浇筑法两种。一次浇筑法是把地脚螺栓按机组的安装尺寸固定在基坑顶部的横木上（如图 14-2 所示），然后浇筑基础混凝土，一次性地将地脚螺栓埋固于基础之中。但在施工中应注意避免地脚螺栓受碰撞而变位造成机组安装困难。二次浇筑法是在浇筑基础时，根据安装尺寸，预留出地脚螺栓孔（孔径比螺栓直径大 50 mm 左右，也可为方孔），在安装机组时，在预留孔中插入地脚螺栓，将机组安装于基础上，然后用细石混凝土灌注预留孔，将地脚螺栓固定。这种方法的优点是可保证机组位置的正确性，但地脚螺栓的抗拉能力不如一次浇筑法。小型机组一般采用一次浇筑法，大中型机组一般采用二次浇筑法。

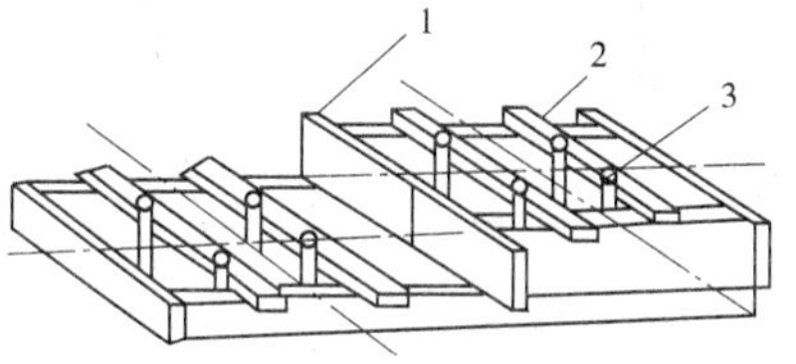

1—模板；2—横木；3—地脚螺栓

图 14-2　一次浇筑法立模图

(二)水泵安装

水泵安装前应先检查机组基础面是否水平,顶部高程是否符合要求。

1. 水泵就位

用起重设备将水泵吊至基础上方,然后缓慢下降,让地脚螺栓穿入泵体的地脚螺孔,使水泵就位。

2. 中心线校正

中心线校正就是要求找正水泵的纵横中心线的位置,使水泵安装到位。根据图纸要求,先在机组基础面上画上泵轴中心线和水泵进、出口中心线,再在水泵进、出口中心和泵轴中心分别吊垂线,然后调整水泵位置,使垂线与基础面上画的纵横中心线相对应,使水泵就位。图 14-3 为 Sh 型水泵中心线找正图。

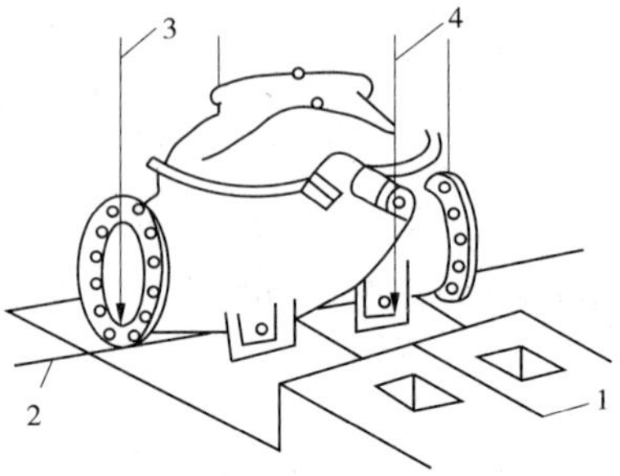

1、2—基础中心线;3—管路中心线;
4—泵轴中心线

图 14-3　Sh 型水泵中心线找正

3. 水平校正

水平校正就是校正水泵纵、横向的水平度,使水泵轴线水平。小型离心泵可在泵轴和出口法兰面上测量,如图 14-4 和图 14-5 所示。双吸离心泵可在水泵进、出口法兰上进行测量。对于没有达到水平的水泵,可通过调整水泵底脚下垫片厚度来达到纵、横向水平。

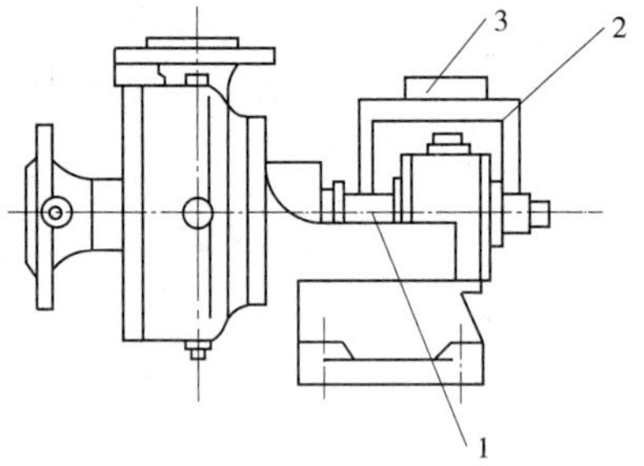

1—水泵轴;2—支架;3—水平仪

图 14-4　纵向水平找正

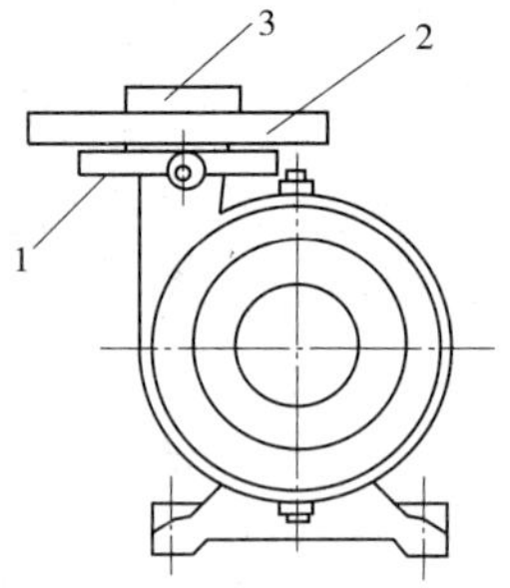

1—水泵出口法兰;2—水平尺;3—水平仪

图 14-5　横向水平找正

4. 标高校正

标高校正就是校正水泵的安装高程,校核的方法是用水准仪和水准尺进行量测,如图 14-6 所示。利用已知水准点上的水准尺读数和泵轴上的水准尺读数,按式(14-1)计算水泵的安装高程 H_A。

$$H_A = H_B + L - C - \frac{d}{2} \tag{14-1}$$

式中　H_A——水泵的安装高程,m;

H_B——已知水准点 B 处的高程,m;

L——B 点水准尺读数,m;

C——泵轴上水准尺读数,m;

d —— 泵轴直径,m。

标高若不符合设计要求,可通过垫片厚度进行调整。

但应注意的是,中心线校正、水平校正和标高校正三个方面必须反复校正才能满足要求,因为这三个方面都与水泵的位置有关,任何一个方面的变化都会引起其他两方面的变化,必须反复进行,否则就不可能同时满足上述三个方面的要求。

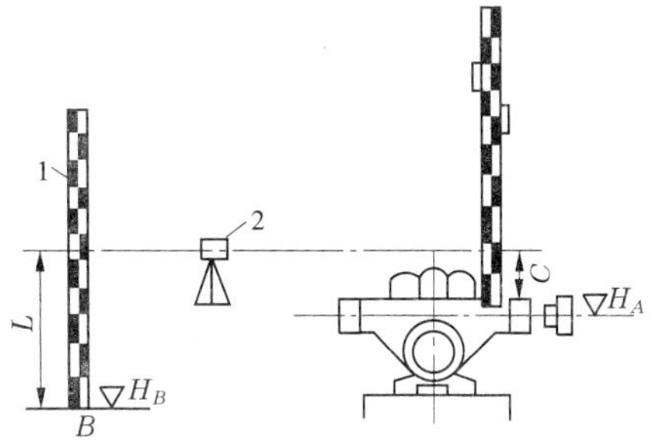

1—水准尺;2—水准仪

图 14-6 用水准仪找正标高

5. 固定水泵

水泵的中心线校正、水平校正及标高校正经反复校正后,再用水泥砂浆从缝口填塞进基础与泵体底脚间的空隙内。灌浆时为不使水泥砂浆流出,四周应用木板挡住,并保证内部不得存有空隙。待砂浆凝固后,拧紧地脚螺母,固定水泵。

(三)电动机安装

卧式水泵机组大多采用联轴器传动,其电动机的安装以水泵为准,通过移动电动机的位置,使水泵轴和电动机轴位于同一直线上,并使联轴器安装符合要求。具体安装按以下步骤进行。

1. 电动机就位

用起重设备将电动机调运到机组基础上方,缓慢下降,使电动机就位。

2. 同心度量测和调整

安装电动机时,先装上联轴器。量测前,在联轴器上固定两只百分表,如图 14-7 所示。慢慢地转动联轴器,测出在 0°、90°、180°与 270°四个位置上的径向间隙 a_1、a_2、a_3、a_4 和轴向间隙 b_1、b_2、b_3、b_4。计算径向偏差($a_1 - a_3$)或($a_2 - a_4$)、轴向偏差($b_1 - b_3$)或($b_2 - b_4$)。要求径向偏差不大于 0.1 mm,轴向偏差不大于 0.2 mm。不满足要求时,可通过移动电动机或调整电动机底板下的垫片调节间隙值,以保证水泵轴和电动机轴的同心度要求。

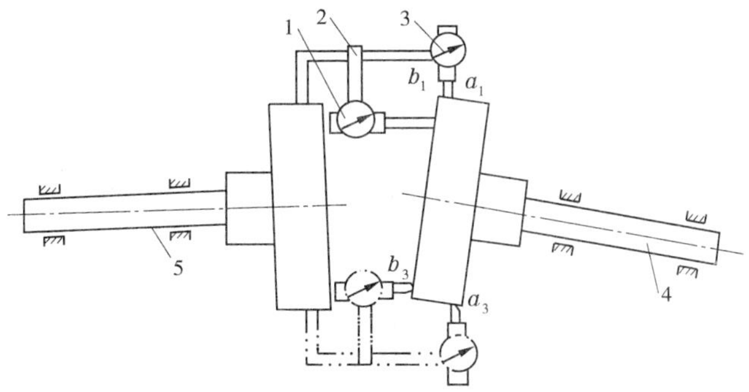

1—轴向百分表;2—表架;3—径向百分表;4—水泵轴;5—电动机轴

图 14-7 用百分表测两轴相对位置

3. 轴向间隙量测与调整

轴向间隙是指联轴器两半轮中间的间隙,轴向间隙不宜过大或过小,通常为 2 ~ 8

mm,以防止机组工作时两轴窜动而相互顶撞。间隙的大小用塞尺量测。但应注意的是,轴向间隙量测与调整必须和同心度量测与调整配合进行,既要满足同心度要求,又要同时满足轴向间隙要求。

4. 电动机固定

当同心度和轴向间隙的量测、调整都满足要求后,按照水泵的固定方法,便可以拧紧螺帽,将电动机进行固定。

三、立式机组的安装

立式机组的安装与卧式机组有所不同。其水泵安装在专设的水泵梁上,动力机安装在水泵上方的电机梁上。图 14-8 为中小型立式轴流泵机组安装示意图。机组安装流程如图 14-9 所示。

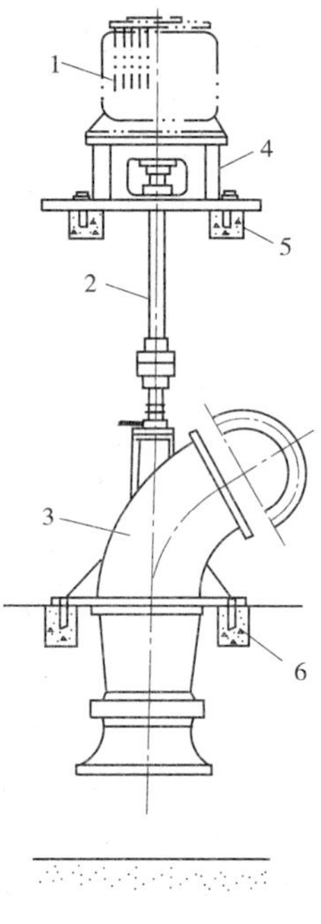

1—电动机;2—传动轴;3—水泵;
4—电机座;5—电机梁;6—水泵梁

图 14-8 立式机组安装示意图

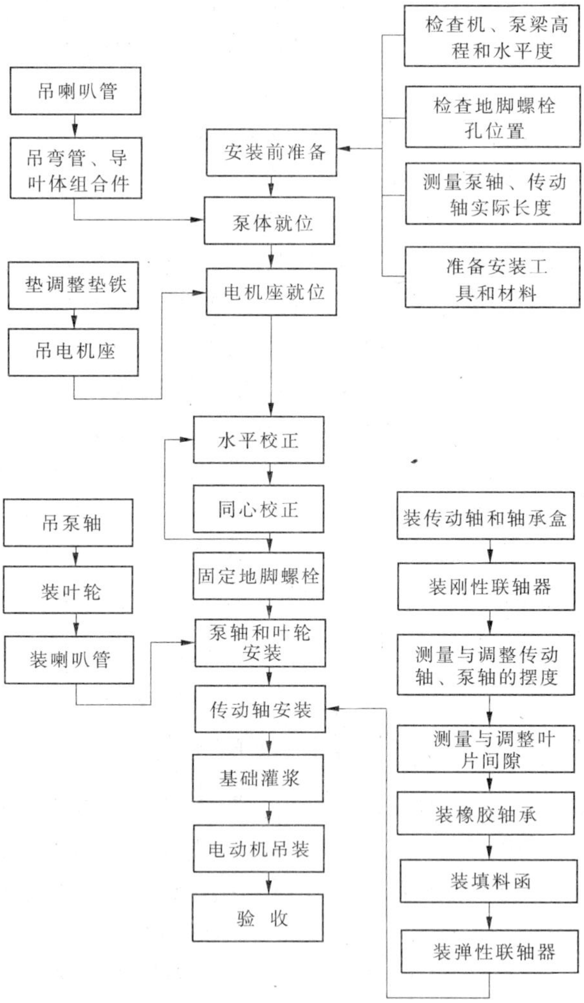

图 14-9 立式机组安装流程

立式机组安装按以下步骤进行。

(一)检查水泵梁和电机梁

主要是检查水泵梁和电机梁的高程、地脚螺栓孔的位置和孔径大小、梁是否水平等,如不满足要求,需进行调整、处理。

(二)弯管与导叶组合体安装

水泵梁安装就位,经检查满足要求后,将出水弯管、导叶组合体吊到水泵梁上。使弯管上的地脚螺栓孔与水泵梁上的地脚螺栓孔对应,穿入地脚螺栓(暂不拧紧);再以出水弯管上的导轴承面为校准面,用水准仪校正出水弯管的水平度,不满足时通过调整垫片使之水平;然后将出水弯管固定在水泵梁上;最后把出水弯管上口垫上橡胶止水垫圈,将出水弯管与出水管连接起来。

(三)电机座安装

电机座安装位置应通过预装确定,预装时将泵轴吊入导轴承孔内,试装叶轮与叶轮外壳,测出泵轴上端联轴器的平面高程,计算出电机座的安装高程。以电机座的上轴承面为校准面,用水准仪量测其水平度,调整机座下面的垫片厚度,使之满足要求。

(四)同心校正

同心校正是校正电机座上传动轴孔与水泵弯管上泵轴孔的同心度,施工中通常称为找正或找平校正。同心度的校正可采用不同的方法,但工程中最常用且最简便的方法是吊锤校正法,如图 14-10 所示。其步骤是:先找两轴孔的中心点,再使两中心点位于同一垂线上。具体方法是:在上、下两轴孔内分别嵌入一块不能松动的薄木板,用圆规在木板上画出轴孔中心(注意:不能有丝毫的差错),在电机座轴孔内的木板上的轴孔中心位置钻一个小孔,以能穿过测锤的细线或细钢丝为宜,将吊锤钢丝穿过小孔,下垂到下轴孔处,然后调整机座位置,以吊锤对准下轴孔中心为准。为了找正方便,测锤距离下木板面应不超过 1 mm,将测锤绷紧即可。总之,要使测锤的尖端与下木板的中心重合为止。找正和找平应多次反复校正,直至水平和同心度均完全符合要求方可。

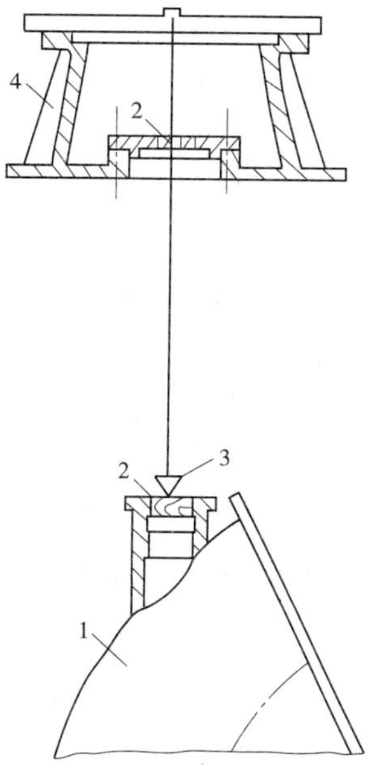

1—出水弯管;2—定位圆木板;
3—吊锤;4—电机座

图 14-10 吊锤校正同心度

(五)传动轴及泵轴摆度的量测与调整

测量与调整传动轴、泵轴摆度,目的是使机组轴线各部位的最大摆度在规定的允许范围内。其方法是:先将机组的推力头、刚性联轴器和下导轴承三个部件的外圆等分成八等份(等分时必须上下相互对应),定为八个测点。然后在这三个部件上各取互成 90°的地方分别固定一只百分表,使表的测杆接触被测部件的外圆周表面,用人工盘车方法使机组慢慢旋转,同时依次记录各测点的百分表读数。将同一部位上互成 180°的各点读数相减,求出全摆度值,然后将刚性联轴器和推力头同一方位上的全摆度值相减,求出刚性联轴器的净摆度值,即传动轴的摆度。

传动轴的支承面为推力头，推力头在推力轴承上转动，造成传动轴摆动的原因主要是推力头底面与传动轴轴线不垂直。当求出的摆度值不满足规定要求时，通常是采用刮磨推力盘底面的方法进行调整。

传动轴摆度调整好后，再调整泵轴摆度。泵轴摆动的原因主要是联轴器平面与泵轴线不垂直，用铲削传动轴联轴器平面的方法解决。

第二节　泵站技术经济指标及节能技术

一、泵站技术经济指标

为了提高泵站的科学管理水平及泵站的运行效率，降低泵站的能源消耗，充分发挥泵站的效益，《泵站技术管理规程》(SL 255—2000)中提出了如下技术经济指标。

(一)工程完好率

工程完好率是指在泵站管理机构负责技术管理范围内的全部工程中，完好的工程数占工程总数的百分比，即

$$\text{工程完好率} = \frac{\text{完好的工程数}}{\text{工程总数}} \times 100\% \tag{14-2}$$

一般泵站的工程完好率应在80%以上。

(二)设备完好率

设备完好率是指水泵机组的完好台套数占总台套数的百分比，是反映泵站机组设备技术状态的重要指标，用式(14-3)表示

$$\text{设备完好率} = \frac{\text{完好台套数}}{\text{总台套数}} \times 100\% \tag{14-3}$$

设备完好率，对于电力泵站不应低于90%，对于内燃机泵站不应低于80%。

(三)泵站装置效率

泵站装置效率是抽水装置输出功率与输入功率比值的百分数。泵站装置效率反映了泵站运行中水泵、动力机、传动装置、管路系统、进水池的综合效率，其表达式为

$$\eta_{站} = \frac{P_{出}}{P_{入}} \times 100\% \tag{14-4}$$

或

$$\eta_{站} = \eta_{动} \cdot \eta_{传} \cdot \eta_{泵} \cdot \eta_{管} \cdot \eta_{池} \tag{14-5}$$

式中　$P_{出}$——某一时段泵站输出功率，$P_{出} = \gamma Q H_{净}/102$，kW；

$P_{入}$——同一时段泵站输入功率，kW；

$\eta_{站}$、$\eta_{动}$、$\eta_{传}$、$\eta_{泵}$、$\eta_{管}$、$\eta_{池}$——同一时段内的泵站、动力机、传动装置、水泵、管道系统和进水池等的效率(%)。

(四)能源单耗

能源单耗是指水泵机组每提水1 000 t、扬高1 m所消耗的能量，其计算公式为

$$e = \frac{E}{3.6\rho Q t H_{st}} \tag{14-6}$$

式中　e——能源单耗，kWh/(kt·m)(电)或kg/(kt·m)(油)；

Q——泵站在某一时段运行时的平均流量，m^3/s；

H_{st}——同一时段平均泵站扬程，m；

t——同一时段泵站运行总时数，h；

E——泵站运行某一时段消耗的总能量（kWh）或燃油量（kg）。

泵站能源单耗指标应符合如下规定：对于电力泵站能源单耗不应大于 5 kWh/（kt · m），对于内燃机泵站能源单耗不应大于 1.35 kg/（kt · m）。

（五）泵站的供排水成本

泵站的供排水成本包括：电（油）费、水资源费、工资、管理费、维修费、固定资产折旧率、大修理费等。泵站工程固定资产折旧率和大修理费，应按《泵站技术管理规程》（SL 255—2000）附录 B 的规定计算。供排水成本的核算有如下三种计算方法：

（1）以面积为单位的计算

$$U=\frac{f\sum E+\sum C}{\sum A}\quad (\text{元}/\text{hm}^2) \tag{14-7}$$

（2）以水量为单位的计算

$$U=\frac{f\sum E+\sum C}{\sum V}\quad (\text{元}/\text{m}^3) \tag{14-8}$$

（3）以“千吨 · 米”为单位的计算

$$U=\frac{1\,000(f\sum E+\sum C)}{\sum V\cdot H_{净}}\quad [\text{元}/(\text{kt}\cdot\text{m})] \tag{14-9}$$

式中　U——供排水成本；

f——能源单价，元/kWh（电）或元/kg（油）；

$\sum E$——供排水所消耗的总电量或燃油量，kWh 或 kg；

$\sum C$——除能源费用外的其他费用总和，元；

$\sum A$——供水（灌溉）受益总面积或排水受益总面积，hm^2；

$\sum V$——供水或排水的总水量，m^3；

$H_{净}$——平均提水净扬程，m。

应当指出的是，供排水成本并不等于收取水费的标准，只是用于制定水费标准的依据。若水费高于成本，说明供排水作业有盈利；若低于成本，说明作业亏损。所以，进行成本核算有利于了解供排水作业的盈亏情况。

（六）单位功率效益

泵站单位功率效益是指每千瓦装机所发挥的效益。考核效益的大小，应综合考虑受益面积和扬程。计算方法如下：

单级泵站

$$a=\frac{AH_{净}}{\sum P} \tag{14-10}$$

式中　a——泵站单位功率效益，$hm^2\cdot m/(kW)$；

A——泵站的实际受益总面积，hm^2；

$H_净$——泵站平均净扬程，m；

$\sum P$——泵站装机总功率，kW。

多级泵站

$$a = \frac{A_1 H_{1净} + A_2(H_{1净} + H_{2净}) + \cdots + A_n(H_{1净} + H_{2净} + \cdots + H_{n净})}{\sum P_1 + \sum P_2 + \cdots + \sum P_n} \tag{14-11}$$

式中 A_1、$H_{1净}$、$\sum P_1$——一级泵站的受益面积（hm^2）、净扬程（m）和装机功率（kW）；

A_2、$H_{2净}$、$\sum P_2$——二级泵站的受益面积（hm^2）、净扬程（m）和装机功率（kW）；

A_n、$H_{n净}$、$\sum P_n$——末级泵站的受益面积（hm^2）、净扬程（m）和装机功率（kW）。

供排两用站应分别计算单位功率效益。

对于有些地区配有机电双套动力，有电用电、无电用油的泵站，可化为统计一种动力的单位功率效益。

（七）安全运行率

安全运行率是泵站建筑物和机组安全运行时间的考核指标，按式（14-12）计算

$$K_a = \frac{t_a}{t_a + t_s} \times 100\% \tag{14-12}$$

式中 K_a——安全运行率（%）；

t_a——泵站机组安全运行的台时数，h；

t_s——因设备或工程事故，机组停机台时数，h。

二、泵站的节能技术

根据对能源单耗与泵站效率的研究分析，泵站节能的关键在于提高动力机、水泵、传动设备、管道和进出水池五个方面的效率。

（一）提高动力机效率

（1）电动机。当接近满载时效率最高，负载越小，效率越低，因此要求泵机应合理配套，避免“大马拉小车”。若为异步电动机，可采用变极、变转差率和变频等手段实现变速调节。若为同步电动机，则可采用改变励磁电流，调整其功率因数，使动力机的负载达到配套要求。

（2）柴油机。动力机为柴油机，当存在“大马拉小车”时，应根据柴油机的特性曲线，进行变速调节，使柴油机在其允许工作范围内耗油率最低的区域内正常运行。当存在“小马拉大车”时，应在水泵工作允许条件下，适当降低水泵转速，使水泵性能适应柴油机的动力要求。

提高动力机效率主要从以下几方面考虑：①合理选型配套，动力机功率与水泵轴功率相配套；②控制动力机温度，采取良好的通风降温措施，使动力机在规定温度下运行；③加强维护保养和检查，使动力机始终处于良好的工作状态。

（二）提高水泵效率

水泵是泵站内主要设备，提高水泵效率的途径可从以下几方面进行：

（1）设计时选用效率高、高效率区宽、耗能少的泵型。

(2)提高加工制造精度。叶轮流槽、盘面等过流表面光滑，可以减少水力损失，有利于提高水泵效率。

(3)保证机组组装和安装质量。若水泵组装粗糙和安装精度不符合要求，水泵运行时会加速磨损，产生振动，使水泵效率降低。

(4)加强技术改造和设备更新。对于能耗大、效率低的泵站，可采取改变水泵转速、车削叶轮外径、轴流式水泵调节叶片安装角度等措施来降低能耗。经调节和改造后仍不能满足实际要求时，应考虑更换性能好、效率高、能耗低的水泵，进行设备更新。

(5)合理选择机组。水泵的效率与流量、扬程有关，只有在水泵设计工况下，才能保证水泵的效率最高。偏离设计工况点，其效率就会下降。所以，对于扬程、流量随时有变化的泵站，最好采取大、小水泵搭配工作，满足多数工作点在水泵高效区内运行。

(6)合理确定水泵安装高程。安装过高，会发生汽蚀现象，使流量、扬程、效率大幅度下降。

(7)加强维护管理。使水泵保持最佳技术状态。水泵运行一定时间后，不可避免地会产生机件磨损，增大泵内损失，降低水泵效率。所以，及时进行维护保养，更换已损坏零部件是保证水泵高效、正常工作的必要措施。

(三)提高传动效率

传动效率与传动方式有关，直接传动效率最高。因此，当动力机的转速满足水泵运行工况要求时，应选择直接传动。当水泵与动力机转速不配套时，可采用变速调节，除采用皮带传动方式外，根据实际情况，还可采用齿轮变速箱、塔形皮带轮等传动方式。机组在运行时，应保持传动设备的安装质量，首先应保持泵轴和动力机轴的同心度安装标准，对于皮带传动设备，应避免皮带打滑并保持皮带轮包角值，以提高传动效率。

(四)提高管道效率

(1)采用经济管径。要使管道通过一定的流量，可以采用不同的管径。管径越大，水头损失越小，管道效率就越高，但加大管径将使工程造价提高。所以，在管道节能和增加管径两个方面应进行技术经济比较，选择投资少、耗能低的最优方案。当管径小于经济管径的条件下，加大管径也是提高管道效率的重要措施。

(2)改善管道布置，减少不必要的管道附件。尽量减少管道长度，管道长度与管道损失成正比，管道越短，损失越小，管道效率就越高。管道中附件越多、形状越复杂，管道水头损失越大，效率就越低。所以，尽量缩短管道长度、减少管道附件不仅可减少工程投资，而且还可减少能耗，提高管道效率。

(3)提高管道的严密性。当管道安装质量较差，接口漏水并处于负压状态时，将会吸入空气，减少过流断面，引起管道效率下降。故提高管道的严密性，也可提高管道的效率。

上述措施可提高管道效率，减少能耗，但在具体应用时应注意，若水泵运行工作点长期处于额定工作点左侧时，采用减少管道损失措施之后，不仅可以提高管道效率，而且也可使水泵效率提高，轴功率接近水泵额定工作点的轴功率，负荷系数增大，电机效率也可提高，泵站可以获得良好的节能效果。相反，水泵运行工作点长期处于水泵额定工作点右侧，仅采用减少管道损失的措施，则会使水泵运行工作点偏离额定工作点更远，其水泵效率下降会使电动机超载，有可能产生汽蚀，造成泵站总效率下降。对于此种情况，要考虑采取调速、车削叶轮直径等措施，达到节能的目的。

（五）提高进出水池效率

计算进出水池效率的公式如下：

$$\eta_{池} = \frac{H_{净}}{H_{净} + \Delta h} \times 100\% \tag{14-13}$$

式中　$H_{净}$——泵站净扬程，m；

Δh——进出水池的水头损失，m。

由式(14-13)可知，要提高进出水池效率，必须减少进出水池的水头损失。这就要求水泵机组在运行时，应保持进出水池中的水流均匀、水位平稳。若因设计、施工、管理工作的不完善影响水泵正常工作，降低泵站进出水池效率时，应根据实际情况，加以改进。此外，泥沙、水草等杂物进入水泵，将会影响水泵正常工作，甚至会发生事故。所以，增设沉砂、拦污等设备，改善水质，保持水流正常流态都可提高进出水池效率。

第三节　泵站的工程管理

一、泵站的工程管理

在泵站建设迅速发展的同时，经营管理工作也积累了许多经验，取得了一定的成绩。但长期以来受“重建轻管”思想的影响，管理工作中也存在着一定的问题。如何管好、用好、经营好泵站工程，并将其纳入正规化、规范化、科学化管理的轨道，真正按照基础设施、基础产业的要求进行经营管理，是泵站管理的中心任务，也是促进水利可持续发展的重要举措。

工程管理的主要任务是：搞好工程的控制运用、配套更新，以保证工程完好，确保工程安全，延长使用寿命，充分发挥效益。工程管理的主要内容是：枢纽建筑物的管理和运用，渠道（河道）及其建筑物的管理和运用。

建筑物在长期使用过程中，经常受到自然和人为因素的影响，遭受不同程度的损坏。如不及时养护维修，就会直接影响供排水的可靠性，缩短建筑物的使用寿命；工程设施控制运用的合理与否对发挥工程的效益也有很大的影响。

（一）泵站枢纽的管理

泵站管理人员要熟悉土建施工详图，了解土建施工、机电设备安装、泵房及其他建筑物结构、各种预埋件等，以利于今后的管理工作。

泵站工程竣工时，要严格执行验收交接手续，把所有勘测设计和施工资料接收下来，归档保管。然后根据这些原始资料，水工建筑物的具体情况和现行有关规程、规范，制定工程管理制度和方法。

泵站枢纽一般由进水建筑物、出水建筑物和泵房三部分组成。

1. 进水建筑物

进水建筑物与引渠相连接，将来水进行均匀的扩散，使水流平顺而均匀地进入水泵或水泵的吸水管路。前池的池底一般在最低水位以下 1 ~ 2 m，由反滤段与护底段组成，两侧与护坡相连接。池内常布置拦污栅,以防止水草杂物进入泵内。池旁装有水尺,供观测水位用。对进水建筑物的管理要注意以下几点。

(1)检查护坡工程有无冲刷损坏现象。发现问题,应及时修复,以免发生塌坡。

(2)检查护底工程的反滤排水是否畅通,有无流土、管涌现象。如有,要及时降低上游水位,查明原因,进行修复,以免淘空泵房底板下基础,引起重大事故。

(3)在供排水期间,严禁在池内游泳,以免发生危险。

(4)不准在池内捕鱼、炸鱼,不准扒石或抛投杂物。

(5)泵站运行时要及时清除拦污栅前的水草杂物,否则,一方面会增加水流过拦污栅的水头损失,降低进水池的效率;另一方面又会使进水池内的流速分布不均匀,影响水泵的性能,降低水泵运行的效率。

(6)每年供排水结束后,应清除池底淤泥、杂物,保持进水池处于清洁完好状态。

2. 出水建筑物

出水建筑物与泵房或管道相连接。它由墙身、护底、渐变段等几部分组成。池壁装有水尺,用以观测水位。

(1)对墙身和底板分开砌筑的出水池,往往由于不均匀沉陷出现裂缝,造成漏水。如漏水严重,可能引起地下水位过高,危及泵房的稳定。因此,要经常注意观察有无裂缝,一经发现,要及时修补。

(2)当出水池与泵房合建时,靠近泵房一侧往往因回填土过厚,引起不均匀沉陷,致使出水池底板产生裂缝,两侧墙身断裂。因此,要经常注意观察,如有裂缝,要将其凿开,用水泥砂浆填塞,必要时进行灌浆处理。

(3)当用拍门断流时,要加强拍门的检查与维护,对转轴处要经常加润滑油。否则,会造成拍门不能全部打开或不能顺利关闭,给泵站运行造成事故。

(4)出水池墙身禁止堆放重物,池底禁止撞击。

(5)出水池内禁止洗衣、游泳和抛投杂物。

3. 泵房

泵房由电机层、水泵层、进水层及四周壁墙等组成。对泵房的管理要求如下:

(1)及时修理漏雨屋顶。

(2)泵房内应保持清洁,防止灰尘进入机器;室外排水要畅通,以免雨水进入泵房,影响机组的安全运行。

(3)要经常检查泵房的墙身、中墩、板、梁、柱以及相互之间的连接处,如有裂缝,应查明原因,及时处理。

(4)做好地基沉陷观测工作。若沉陷不均匀,会破坏机组的同心,危及机组的安全运行。一旦发现,应及早处理。

(二)涵闸的管理

泵站枢纽及供排水区涵闸(如进水闸、泄水闸、节制闸及各种分水涵闸等)是供泵站引水及渠道配水使用的。为确保涵闸启闭灵活,正确控制和调配水量,必须设专人管理,并制定操作规程和养护制度。

1. 对涵闸的要求和启闭原则

(1)涵闸各部分应完整无缺,开闸时无冲刷和破坏现象。

(2)闸门应启闭灵活,且开启过程中和开启后无振动现象。

(3)闸前壅水高度应不超过设计水位,过水能力要符合设计要求,并能正确控制水流,运用自如。

(4)对于多孔闸,如用机械启闭,要做到各孔同时启闭,且开启程度相同;如用人力或移动式启闭机启闭,首先开中孔,而后逐次对称开两侧闸孔。如提升高度较大,应分组逐次提升,以防对下游护坡的冲刷。关闸时逐次对称先关两侧闸孔,后关中孔。这样可防止水流过分集中或产生偏流。

2. 启闭闸门注意事项

(1)闸门启闭前,应检查启闭机、闸门、闸门槽等有无故障。在运用前应先试行启闭一次,以保证启闭时启闭灵活。

(2)开闸时如下游无水,或上、下游水位差在 1 m 以上,为避免下游渠道及护坡发生冲刷,闸门应先开少许,待下游水位抬高后,再逐步提升到所需高度。

(3)手摇启闭机启闭时,用力要均匀。如遇故障,严禁强行操作。

(4)开闸时如发现下游水流分布不均匀或闸门有扭曲、振动、噪声等异常现象,应及时检查处理,以免故障扩大。

(5)关闸前应清除底槛处的碎石、淤泥等障碍物,以免闸门关闭不严。当闸门快落到底槛时,要降低下落速度,以免下落过猛,撞坏机件或闸门。

(6)关闭闸门时,要随时注意闸门的开度指示标尺,以免闸门到底仍在旋转摇臂,致使螺杆压弯,甚至顶坏工作桥。

(7)对无限位开关的直升闸门,用绳鼓式启闭机时,要防止闸门到顶,钢丝绳被拉断。

二、水泵常见故障及排除

(一)水泵常见故障及排除

水泵在运行中可能会发生这样或那样的故障,若不及时排除,将会导致损坏零件,影响正常抽水。水泵的故障现象很多,产生的原因也各不相同,但正确判断故障原因是排除故障的前提。只要根据现象找出故障原因,提前预防和采取有针对性的排除方法及时排除,就能使机组继续正常运转。现将水泵常见故障、产生原因及排除方法列于表 14-1,以供参考。

(二)排除水泵故障应注意问题

(1)详细了解故障发生前的情况,并进行系统的检查,以便分析、判断故障的原因。

(2)水泵发生一般故障,尽可能不要马上停机,以便在运行中观察故障情况,正确分析故障原因。

(3)先不急于拆卸水泵,应先用听声音、听振动、看仪表等外部检查法来判断,弄清事故的原因、位置,然后决定是否需要拆卸水泵进行检修或修理。

(4)水泵产生故障的原因很多,情况也比较复杂,涉及范围较广,必须针对具体情况作具体分析,先检查经常发生及容易判断的故障,再检查较为复杂的故障。

表 14-1　水泵常见故障及排除方法

故障现象	产生原因	排除方法
启动后水泵不出水或出水量少	1. 启动前没有充水或未充满水 2. 底阀未打开或滤水网堵塞 3. 进水管口未淹没在水中或淹没深度不够 4. 叶轮流道被堵塞 5. 水泵转向不对或叶轮装反 6. 转速不够 7. 填料函及进水部分漏气 8. 进水管路安装不合理，存有气囊 9. 水面有旋涡，带入空气 10. 进水池水位下降或水泵安装过高 11. 水泵装置扬程大于水泵性能扬程	1. 停车重新充水 2. 修理或清除杂物 3. 降低进水管口，增加水下淹没深度 4. 打开泵盖，清除杂物 5. 调整转向，重新安装叶轮 6. 检查电压是否降低，调整转速 7. 加强密封、水封或修补管路 8. 改装进水管路，消除形成气囊部位 9. 加大进水口淹没深度或采取其他措施 10. 调整水泵安装高度 11. 更换水泵型号
水泵开启不动或功率过大	1. 填料压得过紧，泵轴弯曲磨损 2. 联轴器间隙过小 3. 电压过低 4. 转速过高 5. 泵内有杂物 6. 进水管吸入泥沙和泥沙堵死水泵 7. 流量过大	1. 松压盖，矫直修理泵轴 2. 调整间隙 3. 检查电路 4. 降低转速 5. 清除杂物 6. 排除泥沙 7. 适当关闭出水闸阀，调节流量
机组有异常振动和噪声	1. 基础螺栓松动或安装不完善 2. 联轴器不同心或轴有弯曲 3. 转动部分松动或损坏 4. 轴承磨损 5. 进水管漏气 6. 叶轮孔道堵塞 7. 泵轴缺油 8. 发生汽蚀 9. 有石块落入泵内	1. 拧紧螺栓，填实基础 2. 调整同心度，矫直或更换泵轴 3. 加固松动部分，更换损坏部件 4. 更换或修理轴承 5. 检查漏气部位，进行修补 6. 清除堵塞杂物 7. 加油至要求油位 8. 降低吸水高度 9. 清除石块
轴承过热	1. 轴承安装不良 2. 轴承磨损或松动 3. 轴承缺油和油太多 4. 油质差，不干净 5. 轴承损坏 6. 滑动轴承的甩油环不起作用 7. 轴向推力不平衡	1. 校正轴承 2. 修理或更换轴承 3. 调整加油量 4. 更换新油 5. 更换轴承 6. 调整油环位置和更换油环 7. 检查平衡装置
填料函过热	1. 填料压得过紧 2. 填料环位置不准 3. 填料函内冷却水不通 4. 泵轴与填料环的径向间隙过小	1. 调节填料压盖松紧 2. 调正填料环位置 3. 检查水封管路，保持畅通 4. 调整好泵轴与填料函的径向间隙

续表 14-1

故障现象	产生原因	排除方法
填料函漏水过多	1. 填料磨损 2. 填料压得不紧 3. 水封水水质差,泵轴磨损 4. 水封水压力过大	1. 更换填料 2. 拧紧压盖或更换填料 3. 换清洁水,并修理泵轴 4. 减小水封水的压力
运行中扬程降低	1. 转速降低 2. 出水管道损坏 3. 叶轮损坏 4. 水中进入空气	1. 检查原动机及电源 2. 关小出水阀门,检查管道 3. 拆开修理 4. 检查进水管道及填料函的严密性
电机过载(轴流泵)	1. 叶片安装角过大 2. 水泵转速过大 3. 出水拍门开启度过小或闸阀没有全部打开	1. 减小叶片安装角度 2. 降低转速 3. 检查拍门和闸阀开启度过小的原因

(5)进行不停机检查时,一定要注意安全,只容许进行外部检查,不能触及旋转部件。

(6)突发严重故障时,应立即关机,以防止事故扩大,并采取相应的措施保证人身安全与设备安全,避免事故发生。

(三)水泵的维护

做好水泵的维修与养护工作是十分重要的,通过对水泵的日常维护,可以及时发现水泵的事故隐患并加以排除,恢复其正常工作性能,延长使用寿命。水泵的维护包括日常保养、定期保养、小修和大修。日常保养主要指水泵部件及管道的养护与防腐保洁;定期保养是指每隔一段时间由操作人员进行的一次全面养护;小修是每年进行一次的检查维修,工程上通常称为岁修;大修是指每隔几年对水泵解体进行仔细清洗、检查的全面检修。由于各地机组情况、运行条件和正常维护检修的水平各异,大修周期可根据实际情况确定。有关水泵保养与检修的情况见表 14-2。

表 14-2　水泵保养与检修

级别	保养检修内容	周期	完成人员
日常保养(一级保养)	1. 保持水泵清洁 2. 观察水泵的运行,有无杂音或振动,保持正常运转 3. 检查各部位螺丝的松动情况、填料函松紧情况、轴承油质和油量,保持各部件正常 4. 填写水泵运行记录	每天进行	操作人员
定期保养(二级保养)	1. 完成日常保养的全部内容 2. 压力表、真空表及其导管的清扫,保持各种表计的指示准确 3. 保持水封管正常冷却和密封	运行 720 h 进行一次	操作人员

续表 14-2

级别	保养检修内容	周期	完成人员
小修（岁修）	1. 完成定期保养的全部内容 2. 打开泵盖，取出转动部件 3. 轴承盖解体，清扫、换油，重新调整间隙 4. 对各零部件进行肉眼检查和尺寸测量，并记录设备检修档案 5. 修理在运行中发生的各种缺陷，更换零部件，紧固全部螺丝 6. 仔细调整联轴器同心度 7. 确定是否提前或推迟大修	运行 2 000 h 左右进行一次	检修人员
大修	1. 对水泵进行解体，拆卸所有零件，仔细检查并清洗 2. 更换所有带有缺陷和损坏的零件 3. 测量并调整泵体间隙和同心度	运行 5 000 ~ 12 000 h 进行一次	检修人员

在水泵检修过程中应注意以下事项：

（1）水泵的拆卸与装配应严格按照拆装顺序进行，易于混淆的零部件应做好标志，以避免错装。

（2）在水泵的拆卸和装配过程中，应注意合理地使用工具，禁止使用大锤直接敲打部件，必须使用时，应垫木块操作。

（3）螺帽锈死时，应先浇煤油或喷松锈剂，待渗入螺纹后再拧松，以免拧断螺栓或拧滑螺帽而造成拆卸的麻烦。螺帽拆下后应带在螺栓上一起保存，最好放入煤油中浸泡。

（4）检修过程中一定要提高安全意识，注意人身和设备的安全，特别是起吊工作更应注意进行仔细检查，以免发生事故。

值得注意的是，机组的大修还包括检修安装后的试车和验收。试车前应进行全面的检查，经检查合格后，先进行空转试验，然后进行带负荷试验。水泵在设计负荷下运转不少于 2 h。机组经过带负荷试车合格后，即可办理验收手续。

三、经营管理

泵站经营管理是指以工程的安全、效益为中心内容的全部技术经济活动，将工程的管理与水资源的开发和有偿服务结合起来，建立服务经营化、产业化体系，形成水利服务的良性循环。只有树立市场经济观念、工程经营观念，才能从单纯的生产服务型转变为生产经营服务型。管理单位经营管理是手段，为社会服务是目的。只有经营，才能讲成本、讲经济核算、讲经济效益。泵站经营管理要做好如下几方面的工作。

（一）财务管理

泵站管理部门要严格进行经济核算，要管好、用好上级专用拨款和维修基金，做到专款专用，不得挪用，并加强财务审计力度，财务人员及财务计划和资金管理等业务应严格执行国务院和水利部门颁发的各类财务条例和规章制度。

（二）业务管理

强化泵站内部各部门、生产班组的机务管理、用水管理。建立健全各类规章制度和奖惩制度；按照《泵站技术管理规程》（SL 255—2000）的要求，全面落实各部门在安全运行、工程管理、供排水管理等方面的技术经济指标。加强综合经营和对外服务，搞好以泵站管理为主的多种经营，积极参与市场竞争，并加强多种经营服务。

（三）水费管理

强化泵站排水、灌溉、调水和调相发电的成本和核算。水费成本应按照国家产业政策中的有关规定逐步过渡到按动力费、工作福利费、固定资产折旧费、大修费、维修费、其他直接生产费用和管理费用的总和来计算，并按照供水对象和有关规定来核定供排水费标准。加强水费的征收工作，实行有偿服务和有偿供水，在取得社会效益的同时要扩大和增强自身的经济效益，泵站管理单位应按照国家的规定向用水单位收取水费。

本章小结

（1）水泵机组的安装。机组安装工艺流程、步骤及注意问题，安装质量控制方法，找平、找正及同心度校正方法。

（2）泵站的工程管理。工程的控制运用、配套更新等具体要求。

（3）泵站的运行。泵站运行管理内容，泵站运行前、运行中的检查工作，启动和停机的要求，泵站管理的具体内容。

（4）水泵常见故障及排除。水泵常见故障的原因及排除方法。水泵的日常保养、定期保养、小修、大修的区别，水泵检修时应注意事项。

（5）泵站技术经济指标。泵站的七项指标的内容及其计算方法。

（6）泵站节能技术。泵站节能的途径及具体方法。

（7）泵站经营管理内容。

习　题

14-1　水泵机组安装前应做哪些准备工作？

14-2　卧式和立式机组安装的步骤有哪些？安装时应注意哪些问题？

14-3　泵站的工程管理内容有哪些？

14-4　泵站运行内容主要有哪些？泵站运行前和运行中的检查内容有哪些？

14-5　水泵应按照哪些步骤启动？

14-6　水泵检修时应注意哪些问题？

14-7　水泵常见故障的原因有哪些？

14-8　国家规定考核泵站的七项技术经济指标是什么？泵站节能的途径有哪些？

参 考 文 献

[1] 杜广朝. 电工与电气[M]. 郑州:黄河水利出版社,2008.
[2] 王慧玲. 电路基础[M]. 北京:高等教育出版社,2008.
[3] 吴雪琴. 电工技术[M]. 北京:北京理工大学出版社,2007.
[4] 王兵利. 电工基础及测量[M]. 西安:西安电子科技大学出版社,2011.
[5] 谢珍贵,汪永华. 发电厂电气设备[M]. 郑州:黄河水利出版社,2009.
[6] 羊本勇. 供用电设备与系统[M]. 北京:中国电力出版社,2007.
[7] 杨建林. 电气控制系统与 PLC[M]. 北京:电子工业出版社,2007.
[8] 周文俊. 电气设备实用手册[M]. 北京:中国水利水电出版社,2000.
[9] 万良婷,袁俊森. 水泵与水泵站[M]. 郑州:黄河水利出版社,2003.
[10] 谷峡. 水泵与水泵站[M]. 北京:中国建筑工业出版社,2005.
[11] 刘家春,杨鹏志,刘军号,等. 水泵运行原理与泵站管理[M]. 北京:中国水利水电出版社,2009.
[12] 武汉水利电力大学. SL 255—2000 泵站技术管理规程[S]. 北京:中国水利水电出版社,2001.
[13] 湖北省水利水电勘测设计院. GB/T 50265—2010 泵站设计规范[S]. 北京:中国计划出版社,2010.
[14] 江苏省水利厅. SL 317—2004 泵站安装及验收规范[S]. 北京:中国水利水电出版社,2005.